U0226957

月球无人钻取采样器设计技术

殷　参　张　明　赖小明　王国欣　等著

科　学　出　版　社

北　京

内 容 简 介

本书融入了研制团队十余年的科研成果和工程经验,将技术原理与工程实践相结合,系统论述了空间机械系统与月球钻探领域深度融合的钻取采样技术,构建了完整的技术体系。内容包括:双管单动、无滑差原位柔性取芯方法、采样机具与月壤物质相互作用及颗粒流场分布规律、无人钻取采样总体设计、高适应性取芯机具设计技术、钻进状态感知及钻取规程设计技术等。

本书内容丰富,创新性强,是我国星球采样技术领域的专著,可为从事航天工程领域的科技人员及相关专业高校师生提供学习参考。

图书在版编目(CIP)数据

月球无人钻取采样器设计技术/殷参等著. —北京:
科学出版社,2024.6
ISBN 978-7-03-078563-3

Ⅰ. ①月… Ⅱ. ①殷… Ⅲ. ①月球物质—采样 Ⅳ.
①P184

中国国家版本馆 CIP 数据核字(2024)第 105857 号

责任编辑:徐杨峰/责任校对:谭宏宇
责任印制:黄晓鸣/封面设计:殷 靓

科 学 出 版 社 出版
北京东黄城根北街 16 号
邮政编码:100717
http://www.sciencep.com

南京展望文化发展有限公司排版
苏州市越洋印刷有限公司印刷
科学出版社发行 各地新华书店经销

*

2024 年 6 月第 一 版 开本:787×1092 1/16
2024 年 6 月第一次印刷 印张:21 3/4
字数:477 000
定价:240.00 元
(如有印装质量问题,我社负责调换)

本书编写组

序

一

2020年12月17日1时59分,嫦娥五号返回器安全准确降落于内蒙古四子王旗,带回了在月面上获得的月壤样品,这标志着嫦娥五号探测器月球采样返回任务取得了圆满成功,我国的"绕""落""回"探月三期工程完美收官。

为了在月球上可靠完成采样任务,嫦娥五号探测器采用了钻取和表取相结合的月面采样方案,这种方案属于国际首例。月面采样系统由钻取子系统、表取子系统和密封封装子系统组成,钻取子系统是月面采样系统的重要组成部分,用于获取月球次表层样品。

钻取子系统是一套复杂的月面采样产品,采用单杆钻进、软袋取芯的原理实现剖面月壤取样,由支撑结构、钻进机构、取芯钻具、加载机构、整形机构、展开机构和钻取控制单元组成,采样动作多、作业节拍衔接紧密。月面作业时,还需面临剖面月壤条件苛刻、剖面内颗粒具有随机性等难题,钻进取芯难度大。

研制团队历经十多年的艰苦攻关,面对采样对象复杂且有不确定性,以及采样装置质量、功耗和安装接口等严格约束,研制团队攻坚克难,解决了一系列难题,突破了一系列关键技术,如月球钻取子系统总体设计与验证技术、月壤钻进技术、月壤剖面层序取芯技术、钻进取芯适应性技术等,在解决难题和突破关键技术的同时,积累了大量的技术资料。

该书是研制团队十多年研制工作的全面总结,内容包括月球采样环境分析、钻取采样原理介绍、钻取采样总体设计、钻取采样结构和机构设计、取芯钻具设计、钻取月壤制备及试验验证技术等方面。内容系统完整,图文并茂,既有理论分析又有技术实现,是一本系统全面介绍地外天体钻取采样技术的专著。

感谢研制团队在撰写本书的过程中所付出的辛勤劳动。我相信该书的出版必将推动地外天体钻取采样技术的发展,必将为未来的深空探测活动提供有益借鉴,也可以为从事相关领域研究的人员提供参考。

中国科学院院士

2024年1月

序 二

月球钻取采样需克服月面低重力、真空干钻、月壤力学特性苛刻、岩块分布随机、月壤导热性极低等特殊困难,因此,在月面上可靠开展钻取采样作业属国际公认的技术难题。

2020 年 12 月 2 日,我国研制的嫦娥五号月面钻取采样装置圆满完成了钻取采样任务,获取月壤样品 260 克,刷新了世界月球无人钻取采样量记录,所获得的样品对揭示月球形成及演化规律的科学研究价值极大。标志着中国探月工程绕、落、回三步预定任务圆满完成。

面向我国首次月面钻取采样技术与工程实现难题,研制团队提出了双管单袋取芯总体方案,并构建了完整的技术体系;分析了采样机具与月壤物质相互作用及颗粒流场分布规律;提出了钻取采样状态感知及自主控制的钻进规程;攻克了高可靠取芯钻具、高功率密度驱动部件、精密测试传感器等一系列关键技术。

书中介绍了工程约束、接口条件和任务指标,详细阐述了取芯钻具、动力驱动装置、钻进支撑及导向结构、样品整形与传送机构、展开避让机构等核心功能部组件的设计方法;研制了预编程和人工遥控自动转换方式的控制系统。

月球无人自主钻取采样研究丰富和发展了星球采样探测技术,拓展了星球物质模拟与应用等国际前沿学术方向,形成的学术理论和工程经验为我国后续星球探测的创新发展奠定了重要技术基础。全书内容丰富,逻辑严谨,创新性强,是我国星球采样技术领域的首部专著。该专著可为从事航天工程领域的科技人员及高等学校相关专业研究生提供重要学习参考。

邓宗全

中国工程院院士
2024 年 1 月

前言

　　2020 年 12 月 17 日,嫦娥五号返回器安全降落于四子王旗着陆场,带回了从月球上采集的月球样品。这标志着我国嫦娥五号探测器的月球采样返回任务取得了圆满成功。回想当时那一历史时刻,月面采样研制团队的内心是无比激动而自豪的。历经十多年的攻坚克难,我们研制的月面采样产品不辱使命,向国家交上了完美答卷。

　　回想人类的采样月球探测历史,在 1969 ~ 1972 年,美国的 Apollo 计划先后六次成功实现载人登月,并在月球上采回了 380 多公斤月球样品。在 1970 ~ 1976 年,苏联的 Luna 计划先后三次成功实现了无人自主钻取采样任务,在月球上采回了 300 多克月球样品。2011 年,我国的探月三期"采样返回"工程正式启动,在时隔四十多年以后,我国将以什么样的科学与技术面貌来实现月球采样返回任务,将带回什么样的月球样品来丰富并深化人类对月球的科学认知,如何继承、如何创新,如何保成功、如何保样品的科学品质等一系列问题,摆在了我国深空探测领域的决策者和技术团队面前。值得骄傲的是,我国的嫦娥五号探测器制定了钻取和表取复合的方式实施月球采样方案,可通过一次任务同时获取表层和次表层两种形态的月球样品,这种方案在世界上属首次。

　　嫦娥五号月球钻取采样任务,是我国实施的首次地外天体钻取采样任务,国内没有任何经验可以继承。苏联和美国虽执行过月球采样任务,但在我国仅能检索到探测器图片及样品科学研究成果,在采样器设计和技术实现层面及在轨操控方面,披露的信息很少,很难借鉴其成功经验用于指导采样器设计。"月壤剖面""无人自主""钻进""取芯"等是我国钻取采样器研制过程中必须面临的关键词,相关设计与工程实现充满了"探索性"。

　　面向月面钻取采样这一艰巨任务,国家组建了由北京卫星制造厂有限公司和哈尔滨工业大学等优势单位为一体的月面钻取采样联合研制团队。早在 2011 年国家任务立项之前,联合研制团队便提前开展了月球地质剖面特性调研分析与物质模拟、月球采样机具与月壤物质相互作用机理、取芯钻具设计与验证等预先研究工作,为钻-表复合式月面采样方案的提出与固化、钻取采样装置工程研制奠定了坚实的技术基础。在 2011 年国家任务立项实施以后,研制团队面向探测器系统的严格约束,历经了关键技术攻关、初正样型号产品研制、在轨飞控等历史阶段,成功研制了嫦娥五号月面钻取子系统型号产品,并于 2020 年 12 月 2 日,用时 3 h 圆满完成了我国首次月面钻取采样任务。

在型号产品研制过程中,研制团队充分发挥了举国体制的优势,航天工程部门和各高等院校以及中国科学院的科研院所纷纷投入优势力量,共同保障了钻取采样子系统型号任务的成功研制,并以科学而合理的方式解决了月面钻取采样过程中出现的各类异常状况。面向月球钻取采样这一世界性难题,研制团队创造性解决了力学等效型月壤模拟物制备、剖面层序信息保持、高适应性取样钻具设计、钻取采样总体设计与验证等系列技术与工程实现难题。从实现结果来看,中国成为第三个从月球采回月壤样品的国家,也是第二个利用无人自主钻取采样方式获得月球样品的国家,单次钻取采样量也打破了历史记录。

在实施嫦娥五号月面钻取采样任务产品研制的过程中,研制团队还并行承担了嫦娥六号月球背面采样返回、嫦娥七号月球水冰采样探测、火星采样返回等任务,工程研制任务越来越重,在平行实施的工程任务中也遇到了很多钻取采样的共性机理和技术问题。

在这一历史背景下,由北京卫星制造厂有限公司牵头组织,并和哈尔滨工业大学等参研单位协商,本着“总结历史、面向未来”的原则,撰写并出版《月球无人钻取采样器设计技术》这本专著,出版宗旨是将嫦娥五号月面钻取采样的技术成果进行系统性总结和归纳,展示内容以工程产品研制和后续攻关为主体内容,汲取关键技术阶段奠定的研究基础,为展现我国首次采样探测工程实施提供普适性参考,也为我国后续的月球、火星乃至小天体采样探测工程实施提供普适性参考。

在接到撰写并出版本书这个历史重任之后,本人怀着忐忑不安的心情开始了组稿的策划工作。嫦娥五号探测器系统总指挥兼总设计师杨孟飞院士对本书的出版给予了坚定支持,并在百忙中对本书的主旨思想和体系框架进行了指导。哈尔滨工业大学采样探测领域开创者邓宗全院士对本书的核心要点、章节编排等进行了热情指导。北京卫星制造厂有限公司领导和参研骨干们对本书出版也给予了宝贵的政策支持和各类人力和物力条件保障。

本书的核心内容源于嫦娥五号月面钻取采样关键技术攻关、型号产品研制以及在轨飞控阶段形成的技术成果和技术素材,系统阐述了月球无人钻取采样器设计技术,论述了我国首次地外天体采样返回任务,描述与采样密切相关的月球环境,解析出复杂且不确定月壤剖面特性、月壤密实干粉土样品获取等瓶颈问题。

在月球无人自主采样技术中面临两个牵动性、核心性难题,即层理样品采集与约束空间样品收纳。面对干粉密实月壤填充由于“粮仓拱效应”难以进样的难题,运用矛盾转化原理展示了突破性创新思想,提出了一种双管单动软袋取芯技术原理,将阻碍月壤填充的摩擦力转化为推动进样的动力,规避"粮仓拱效应"阻塞,解决了干粉保持层理填充技术瓶颈,掌握了获取极高科学价值的高保真原位样品技术。同时,该技术原理由于具有柔性可以定型约束形状,突破了米级大深度样品转移与收纳的难题,原理创新使无人自主采样操控简易可行,牵动采样器总体设计技术路线,也蕴含了丰富的科学问题。

无人自主采样器是空间科学钻探类有效载荷,蕴含丰富的科学问题与技术创新,多学科纵横交叉,展示了空间机械系统与科学钻探学科的深度融合。在科学认知上首次深入揭示了螺旋钻与月壤作用机理,建立"类固体断裂-块体碰撞-颗粒流运移"拉格朗日保能作用体系模型,运用断裂力学、有限元板块碰撞二次断裂理论、弹塑性滑移线理论、颗粒流力学理论演化,描述月壤破碎与运移过程,建立了孔底应力场、速度场的理论解,揭示了钻进取芯内在规律及钻取控制方法,解决了月壤与钻具相互复杂耦合作用的难题,获得了临界进样条件与关联参数域,解算与试验相互指导与修正,并相互印证。

本书较系统地展示了月球无人自主钻取采样器独特的设计技术,深度融合了地球钻探科学与空间技术,开展任务分析与总体方案设计、作用边界界定,规划采样系统能量流、信息流及动作流程。细长型钻取采样器形成了哑铃形技术特征,即钻进取芯与样品收纳与传送,抽象出"取芯"与"钻进"两大主线,体现了对月球钻探的科学理解、运用及贯通。"取芯线"采用原位包裹取芯新原理,突破了狭小空间运动复杂样品可靠密闭等技术;"钻进线"设置了冲击回转钻进模式,针对月壤剖面不确定性设计了切、冲、挤、拨及孔底护芯能力的多功能一体化钻具,地面试验与在轨应用表明,这是一款对月球地质环境具有高适应性的取芯钻具。形成了针对性月球业地质环境下,为适应不同颗粒级配包络性需求,突破性创新设计高适应性螺旋钻具与维护孔底护芯与拱效应力链溃塌效应综合平衡设计方法,突破了取芯钻具狭小空间运动复杂样品可靠密闭等技术。

在结构与机构创新方面,发明了冲击与回转双自由度滚滑一体化轴系,形成一种新型双自由度轴系;发明的样品收纳传送机构,单电机实现顺序回转、螺旋回转、反向分离传送三个动作功能,实现最小资源配置;利用行星增力原理解决1/6重力面分离面临大力载展开分离驱动,突破在1/6重力面分离面临大力载驱动难题;采用大行程柔性钢丝绳驱动技术,解决力链传递、热力环境适应性问题,如针对月球特殊环境,解决宽温域下传动卡滞、复杂结构膨胀系数协调性、精度与刚度合理匹配等问题。

在抗力学环境及轻量化设计方面,介绍了复合材料壳体主结构设计及有限元拓扑优化方法,既解决轻量化问题又规避热力耦合效应影响,同时开展细长钻杆钻进非线性动力学行为、时变约束下动力学特性研究,保证采样过程安全性。在控制系统设计方面,开展月昼环境下传感技术研究,突破千瓦级大功率驱动技术等。在拟实月球环境验证方面,介绍真空钻进热特性、冲击波碎岩试验、低重力展开与低重力钻取试验,试验矩阵具有包络性。

本书首次阐述了钻取用模拟月壤制备方法与工艺,根据 Apollo、Luna 获得的碎片化月壤土力学数据,提取、凝练处理及挖掘,建立了钻取用模拟月壤包络性指标体系,提出了研制模拟月壤及剖面"等效性、包络性"准则,运用归纳推理、局部等效推出整体的方法。在组构方面,使模拟月壤整体特性指标满足指标体系;在剖面方面,识别出钻取影响、钻取苛刻度土力学参数,以此参数维度展开、构建具有包络性钻取剖面,使模拟月壤微观组构与宏观构造无限逼近实际模拟月壤。

产品研制过程中,研制团队构建了钻取用模拟月壤试验样本,开展了钻具与月壤相互作用机理的研究,建立了多类理论架构,构建了保证钻取过程连续性描述的完备全局解模型与算法,理论与试验密切结合,持续迭代优化,摸索出钻取式采样器动力与运动基线参数,获得了临界进样条件及关键变量阈值。针对实现"钻得动""取得着"关键特性月壤破碎与运移过程,开展钻具与月壤作用研究,通过理论指导与 1 000 余次钻取试验数据挖掘与反演分析,提取不确定月壤剖面的共性规律,设计了自适应智能钻进规程。通过大量钻取苛刻度维度剖面正向与反演试验,提炼出特征信息集与故障模式关联关系,制定风险严苛度排序故障模式及解决预案。

无人自主钻取采样器是中国首次研制的一套复杂空间机电钻探类新产品,属于嫦娥五号关键有效载荷,设计难度大。2020 年 12 月 2 日在轨成功应用,在风暴洋月海区钻取遇到了苛刻的玄武岩颗粒群剖面,月球实际月壤表现出极端摩擦与黏性,钻取采样阈值多次超限,展示了钻取采样器设计的高适应性、健壮性,获取了科学价值较高的 17 亿~19 亿年的年轻深层月球样品,无人自主单次采样量刷新了世界纪录,嫦娥五号成功获取样品为我国航天史留下了浓墨重彩的一笔。

本书吸取了哈尔滨工业大学和北京卫星制造厂有限公司联合关键技术攻关的成果,涵盖了 14 年来北京卫星制造厂有限公司自主研制钻取采样器的科学认知、设计技术突破等内容,通过钻取采样器的设计透析采样器研制主脉络与设计理念及特色,系统性展示月球钻取采样器的设计内涵。希望本书能给从事深空探测的人员、青年学者及航天爱好者带来启发性信息与参考价值,寄望于更多莘莘学子关注乃至热爱深空探测技术。由于撰写人员水平有限,难免出现疏漏与错误,敬请深空采样探测领域同行们的原谅与斧正。

2023 年 10 月

目 录

第1章

绪　论

1.1　月球采样探测意义

月球是离地球最近的一个天体,是人类深空探测的前哨站,也是迈向深空探测的第一步。月球和地球有着千丝万缕的联系,它能够影响地球的旋转速度、地球的涨潮和落潮,它是地球的守护神。从古至今,人们对月球充满了神秘而美好的想象与向往,彻底地了解月球也是全人类渴望实现的梦想。

进入 20 世纪 50 年代后期,随着近代科学技术发展,全球掀起了探测月球的高潮,于 1969 年 Apollo 载人成功登月和无人自主探测与采样成功,人类揭开月球神秘的面纱,带回的月球样品利用各类地面精密仪器开展岩相学、行星比较学等多学科研究,取得了丰硕成果,极大推进了月球科学发展,也说明采样探测与采样是深入认识月球活动与演化的最有效途径。

随着我国综合国力与航天技术发展,于 2004 年提出了探月"绕""落""回"三步走,探月三期工程的核心任务是无人自主采样返回,也是我国航天史上首次实施地外天体采样的任务。

1.1.1　推动月球科学发展

长期以来,由于我国科学家缺乏月球样品第一手研究样本,失去了大量研究月球科学的机会。2020 年 12 月探月三期嫦娥五号探测器完成月面采样任务,获得珍贵月球样品,尤其钻取采样器获得了保持层理 17 亿~19 亿年新鲜月球样品,填补了人类获得年代月壤的空白,开启了 Apollo 样品 31 亿~35 亿年过程中月壤演化新发现,终于实现了我国科学家使用自己样品从事月球科学研究的梦想。现已取得大量前沿成果,如结晶水、新矿物等。这些成果将会推动宇宙科学、月球起源及演化等的发展,进而带动更多的基础学科发展,推动我国月球科学发展。

1.1.2　推动我国航天技术与深空探测采样技术发展

月球探测工程是一项多学科高技术集成的系统工程,开展月球采样探测活动将推动航天工程大系统集成技术的跨越式发展。在探月三期工程率先牵引下,突破了液氢液氧大火箭技术,为嫦娥探月工程、火星天问一号、空间站建设奠定基础,嫦娥五号探测器首次突破了更先进的节能轨道和第二宇宙速度弹跳式技术。地外天体无人自主采样是世界性难题,风险大、难度大,月球采样成功为后续深空探测采样任务积累宝贵经验,为未来火星、小天体采样奠定基础,通过月球采样探测,可以深入了解月球的成因与演化和构造等方面的信息,有助于了解月球-地球的原始态、太阳系乃至整个宇宙的起源和演化,为月球资源利用及迎接商业航天新曙光迈出坚实第一步。

1.1.3　维护中国月球权益

联合国在 1984 年通过的《指导各国在月球和其他天体上活动的协定》(简称《月球协定》)中规定,月球及其自然资源是人类共同财产,任何国家、团体不得据为己有。但是,任何条约都有不完善之处,为更好地维护我国的空间利益,我国必须开展月球采样探测,取得一定成果,才具有分享开发月球权益的实力,才能维护合法的月球权益。

1.1.4　激发民族热爱航天情怀

钻取采样器研制凝聚了中国力量,体现中华民族的智慧与神韵。首次月球无人自主钻取采样成功获取了 260 g 保持层理黑色年轻玄武岩蕴含更丰富科学价值的剖面样本,唤起人们对陪伴我们的神奇月球的向往,使我国成为第三个获得月球原位样品的国家,激起了我们的民族自豪感,激发了中华民族热爱航天的情怀。

1.2　人类月球采样活动

随着科学技术的进步,空间飞行器自诞生起就不断地更新换代、高速发展。20 世纪 50 年代,第一颗人造地球卫星的发射开启了人类航天时代;然后随着月球探测活动的实施,人类首次揭开地外天体的神秘面纱,利用月球样品获得丰富的科学研究成果,并在其后将探索领域陆续拓展到太阳系其他天体;进入 21 世纪,人类迈进探索深空星体的新时代,深空探测逐渐成为全人类共同关注的科学命题。

美国的深空探测活动包络太阳系,曾用航天器观测或接触式探测过月球、金星、木星、水星、火星、土星、海王星、天王星、冥王星及彗星、小行星,并进行过载人登月。近 20 年美国探测活动极为活跃,完成了诸多深空探测项目,目前还有多项针对火星、太阳、小行星的探测任务正在执行中。苏联多次成功地进行了深空星体的探测与月球无人自主钻取采样。近年来,美国针对小行星"贝努"开展"奥西里斯-REx"探测任务,日本针对小行星"龙宫"开展隼鸟 2 号探测任务,日本提出了探测月球和火星的"日本宇宙航空研究开发机构 2025 年构想"[1]。2020 年中国成功实施了火星车登陆考察,中国、印度都在实施月球新的载人登月和探测计划。近十几年来,火星、月球、小天体接触式探测成为探测热点,尤其小天体矿物资源可能成为人类可持续发展的有效途径,将逐步成为商业航天新热点。

在浩瀚星宇中,月球是离地球最近的一个天体,是人类深空探测前哨站,也是迈向深空探测的第一步。1959 年,苏联的月球 2 号实现了月球硬着陆,成为第一个月球探访者,也开启了人类征服太空的征程。1969 年 7 月 20 日,人类登上月球,迈出了载人登月人类历史的伟大一步。截至 2021 年 2 月,全世界共实施了 119 次无人月球探测任务,实现了月球飞越、环绕、着陆、巡视和采样返回探测。其中俄罗斯完成了 3 次无人月球采样返回任务,此外,美国还实现了 6 次载人登月[2]。

在蒙昧时期的人类,对月球的探知主要是通过月亮与一定的自然现象的联系。进入文明时代之后,古代人类对月球的认识更进一步,古希腊天文学家阿里斯塔克斯(Aristarchus)有一个大胆的想法,他计算出地月距离是地球半径的 20 倍,虽然差得离谱,但这毕竟也是人类在探知月球的过程中具有标志性的一步。随着 18、19 世纪的第一次工业革命和科学发展,人类的想象力不再局限于地面,标志着人类不再满足举头望月,对月球的探测逐渐走到了赴月测量。20 世纪 50~70 年代,美国和苏联掀起了月球探测的高潮,人类从此拉开了地外天体探测的序幕。从 1959 年 1 月 2 日苏联发射世界上第一个无人月球探测器"Luna 1"号开始,在迄今人类近 50 年的航天活动中,月球探测热度一直在持续,如图 1.1 所示。仅 1958~1976 年间,美国就发射了 7 个系列 54 个月球探测器,苏联发射了 24 个月球探测器,苏联共实施 5 次无人采样任务,3 次成功,获得了 375 g 月球样本,月球探测活动加深了人类对月球的认识,并从中获取了大量宝贵的科学信息。

20 世纪 60~70 年代,美国实施了 Apollo 计划,集中发射了 7 艘 Apollo 飞船,目标是把航天员送上月球,进行现场勘测、考察和科学试验,并采集月球样品返回地球。在 1969~1972 年间,先后成功实施了 6 次 Apollo 飞船载人登月活动,共有 12 名航天员登上月球,开展了多种科学试验,获得了大量数据资料,并带回月壤和月岩样品 381.7 kg,对研究月球做出了前所未有的贡献。直到目前,Apollo 计划仍是世界上唯一实现载人登月目标的航天工程,Apollo 极大地促进了整个国家科学技术的进步。图 1.3 为国外月球采样探测历程。

嫦娥五号探测器工作过程如图 1.1 所示。

2020 年 11 月 24 日,04:30:12 嫦娥五号探测器发射入轨;

2020 年 12 月 01 日,23:13:09 嫦娥五号探测器在月球北纬 40.8°、西经 58.1°、风暴洋北区吕姆克山脉(人类从未探索过的区域)实现月面着陆;

2020 年 12 月 02 日,01:45~04:47,嫦娥五号钻取子系统完成钻取采样工作;

2020 年 12 月 02 日,05:15~21:45,嫦娥五号探测器进行表取工作;

2020 年 12 月 17 日,01:59,嫦娥五号探测器在内蒙古四子王旗返回地球,如图 1.2 所示。

嫦娥五号钻取与表取任务共同完成月面 1 731 g 的采样,其中钻取采样量为 259.72 g,居世界首位,获取了最为年轻的月壤钻取样本,其中蕴含丰富的科学信息。

20 世纪 80 年代后期,随着新的探测技术的发展,人们进一步认识到月球潜在的巨大开发利用价值,到了 90 年代,各国更是掀起了月球探测新高潮,焦点之一就是月球土壤和

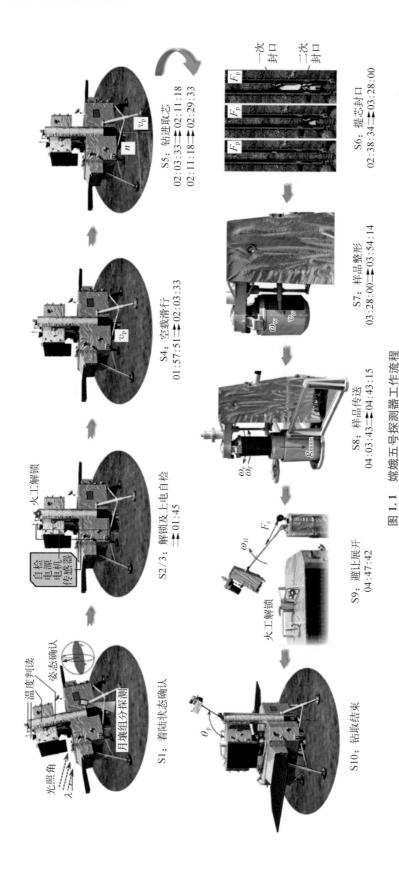

图 1.1 嫦娥五号探测器工作流程

图 1.2 嫦娥五号探测器返回地球

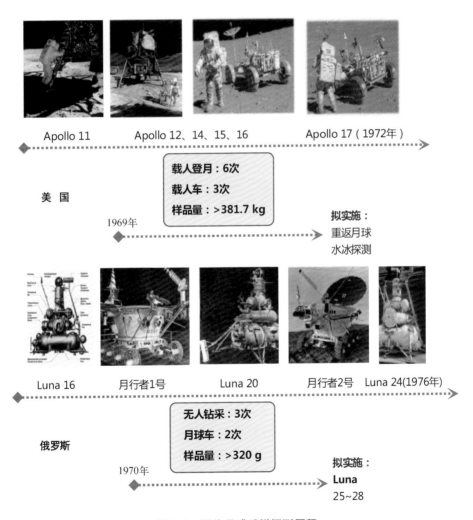

图 1.3 国外月球采样探测历程

5

岩层中蕴藏的矿产资源和新能源。月球蕴藏丰富的铁、镍、磷、碳、铜、钛、钴、钙、镁等多种矿产资源,月球上特有的矿产和能源是对地球资源的重要补充和储备,因此月球将成为继公海和南极之后的又一个国际研究热点,而采样探测技术是人类加深对月球认识、开展月球资源利用的重要基础。

近年来,随着探测技术的发展,人们对月球探测提出新的目标,提出了寻找月球极地水冰资源的目标,进行关键性元素的富集区域大规模资源人工开采及原位利用,建立月球无人地面科研站、可居住月球基地、月球以远深空探测前沿基地等任务构想。基于人类与自然的发展规律,进行接触式探测活动,将是拓展深空探测活动、发展行星科学与开启资源利用的基础。

在接触式探测活动中,样品采集是必要的作业手段,采样探测可分为原位采样在线探测和采样返回地球探测两种方式。其中采样返回地球探测可将月球表面土壤和岩石样品带回地面,进行多学科、精细化的深入研究,获取深入广泛的月球表面地质资源信息。因此,通过采样将获取的关键性样品返回地球进行分析研究,成为了深空探测中具有鲜明特色与重要价值的任务模式。而无论是原位样品采集,还是采样返回分析,钻取采样都被作为一种行之有效的方式而有效应用。美国和苏联探测活动表明,钻取采样是获取最具科学价值剖面月壤的最有效方式。

月球无人自主采样返回任务要求能够实现在月球上可靠采样,并且把月球的样品可靠地封装到真空容器中,再次转移到自身的返回系统中。相比于载人探测,复杂的工作流程完全需要采样器自主完成,要求可靠、自主化程度极高,包括采样技术难点和工程实施难点两方面,与此同时,高真空、低重力、强辐射及昼夜温差大的月球环境也给钻取采样带来了许多挑战。

目前,我国已经具备了开展月球探测的基本条件和能力,制定了月球探测"绕""落""回"三期战略发展阶段[3],目前三期工程均已圆满完成。在探月一期工程中获取了月球地形、地貌、内部构造及典型元素分布丰度成果;在探月二期工程中实现了月球软着陆及巡视勘察探测,获得重要成果;在探月三期工程中实现了对月球土壤样品的自动采集与返回。无人自主钻取采样器是三期工程月球探测器最重要的有效载荷,其钻取采样能力将直接关乎整个工程科学目标的实现。

1.2.1 载人登月采样活动

1. 载人登月钻取采样任务

美国 Apollo 计划从 1961 年宣布实施起,至 1972 年底结束,历经 11 年。除主任务外,为了确保载人登月的顺利实施,美国还进行了 4 项辅助计划,即徘徊者号探测器计划(1961~1965 年)、勘测者号探测器计划(1966~1968 年)、月球轨道环行器计划(1966~1967年)、水星号(1958~1963 年)和双子星座号飞船计划(1961~1966 年)。

1969 年 7 月,Apollo 11 载人飞船首次实现了载人登月,并首次带回了月球样品。随后,Apollo 12、Apollo 14、Apollo 15、Apollo 16、Apollo 17 也相继成功地实现了载人登月、采集样品及返回地球的预定目标[3]。Apollo 系列的所有月面采样工作均由宇航员操作完成。在 Apollo 早期任务中,宇航员用锤击法敲击月壤内贯入岩芯管,将内径为 2 cm 或 4 cm 的岩芯管打入月表约 50 cm 深度进行取样,样品直接封存在岩芯管内。在 Apollo 15、Apollo 16、Apollo 17 后期探月任务中,采用人机联合作业方式获取月球样品,使用了月表钻机,由宇航员操作钻机并完成采样。钻机采用螺旋钻头和螺旋钻杆回转钻进,并通过多根钻杆对接方式实现深层钻进,每根钻杆长度不超过 0.5 m,采样后通过宇航员将钻杆拆卸多段,手工封存与回收。

图 1.4　Apollo 宇航员月面钻取采样

　　Apollo 计划的次表层采样工具完全由宇航员人工操作来完成,如图 1.4,在采样对象选择、钻杆对接操作、钻进参数控制、故障处理、样品回收等各个环节都能借助人的判断与操作来进行,在样品采集作业设计理念与操控模式上与无人自主采样具有本质不同,与我国的探月三期无人自主采样存在根本区别。

　　2. 载人登月钻取采样器

　　1969 年 7 月,Apollo 11 载人飞船首次实现了载人登月,由宇航员人工采样,并首次带回了月球样品。其中 Apollo 15、Apollo 16 和 Apollo 17 使用了由宇航员操作的电动月面采样钻取采样器。Apollo 系列的所有月面采样工作均由宇航员操作完成,针对不同的采样任务,宇航员配备了多种采样工具。

　　Apollo 月面采样钻取采样器采用“空心外螺旋钻杆+螺旋岩芯管和取芯装置+硬质合金钻头”的组合式钻进取芯方法,利用空心外螺旋钻杆的外螺旋来实现孔底钻屑的排出,获得了成功。硬质合金钻头的直径为 26.2 mm,钻深 2.8 m。Apollo 月面采样钻取采样器的最大钻进阻力矩为 27.4 N·m。钻杆和钻头如图 1.5 所示。

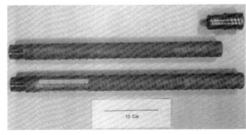

(a) 钻杆结构

(b) 钻头结构

图 1.5　Apollo 月面采样钻取采样器钻杆、钻头

Apollo 系列采样器的取芯能力与钻进规程参数如表 1.1 所示。

表 1.1 Apollo 系列采样器的取芯能力与钻进规程参数

钻 具 参 数	取 芯 能 力	钻 进 规 程	情 况 说 明
钻头：直径 26.2 mm 钻杆：双螺旋	取芯质量：381.7 kg 层理信息：有 钻进深度：2.8 m	转速：300 r/min 冲击频率：2 270 次/min	对月壤钻进，最大钻进阻力矩 27.4 N·m，凸轮作为冲击器产生 4.6 J 冲击能

Apollo 15 任务采用薄壁钻，孔壁内衬氟塑料，采用与月壤共振贯入式单管单动取芯，为消除月壤输送力链致使采样样品松散，月壤的层理受到扰动，宇航员回忆："力载多次超载，有两名宇航受到拉伤，钻杆需要撬杠才能拔出，钻取活动极为艰苦。"

无人自主采样器与 Apollo 人工操控钻取采样器具有本质区别，面临月球作业对象与环境，具有丰富的借鉴价值，但操控模式与任务剖面不同使无人自主采样器演化成空间钻探智能装置，需要正确理解无人自主采样器与人工采样器差异、薄壁钻与厚壁钻作用机理差异，否则会产生误导信息。

1.2.2 月球无人自主采样活动

1. 无人自主钻取返回采样任务

苏联于 1970 年 9 月 12 日发射了 Luna 16 月球探测器，Luna 16 在轨干重约 5 600 kg，高度约 4 m，底部直径约 4 m。Luna 16 搭载的钻孔设备是人类第一台在地球之外的星体钻孔采样的装置，钻孔机全长 0.9 m，安装在着陆器上。Luna 16 月球探测器历经 5 天飞行后在月球表面软着陆。在抵达平坦的月面后，自动采样器伸出钻臂，脱开保护罩，露出空心的钻具，开始对月壤采样。钻臂可以移动以避开过硬的月岩，钻头内的传感器可以测试月岩或月壤的阻力，以确定钻头的转速。钻头只用 7 min 就钻进 35 cm，采集了 101 g 样品。钻取采样结束后，自动采样器将含有月壤的钻管送进返回舱，并进行自动密封，样品随返回舱顺利返回地球，成功完成了人类首次月球无人采样任务。

Luna 20 月球探测器于 1972 年 2 月 14 日发射，其结构和装备与 Luna 16 相似，在轨干重约 4 850 kg。由于采样过程遇到玄武岩，Luna 20 只采到 55 g 样品。

Luna 24 月球探测器于 1976 年 8 月 9 日发射，其月壤采样装置也是钻探采样器，该装置钻杆长 2.5 m，能够在保持月壤层理的情况下采集月壤样品并自动送入返回舱。月壤采样装置包括钻头、带柔性取土器的钻机、用于固定所有执行机构的承力桁架及把样品送入返回舱的分离机构。钻机固定在两个滑杆上，整体长钻头通过钢丝绳上下驱动，具有钻探采样和滚筒回收到下降器的功能。Luna 24 实际钻探深度超 2 m，成功取回 171 g 月壤，是人类至今为止钻探地外天体表面深度最深的无人采样任务。

苏联的月球探测器三次完成了月球表面无人自主采样任务，值得注意的是，它们都采用了钻取采样的方式,在中国 2020 年 12 月完成探月三期工程任务前,只有苏联成功完成月球无人自主采样与返回任务。

与 Apollo 载人登月钻取采样任务相比,苏联采用无人钻取的方式,任务模式为无人自主操控,可靠性要求高,尤其 Luna 24 面对的月壤剖面组构复杂,导致钻进取芯困难,同时采样作业动作复杂,涉及解锁、钻进、取芯、封口、提芯、整形、传送、避让等操作,采样全过程均需要采样器自行完成,任务难度极大。Luna 月球探测器在探测过程中也故障频发,Luna 20 由于钻进月壤中有大量岩石块,导致取芯处丢失样品,Luna 23 着陆后失效;美国洞察号的"鼹鼠"在钻进过程中,由于贯入器尖部反力大于星壤围压力,导致"鼹鼠"无法钻入火星的内部,探测采样失败。地外天体无人钻取探测的案例也充分说明了无人自主钻取任务的不确定性与挑战性。

2. 无人自主钻取返回采样器

苏联采样地点均选择高地,主要考虑高地月壤更古老、成熟,苏联在钻探技术方面是世界领先的,采样器设计简易适用,运用了大量成熟技术并进行空间环境适应性设计。

1) Luna 16

苏联于 1970 年 9 月 12 日发射了 Luna 16 月球探测器,5 天后在月球表面软着陆。如图 1.6 所示,Luna 16 钻探采样装置布置在探测器侧面的摆杆式机械臂上,由回转和进尺电机、空心钻具以及辅助装置组成。钻头与钻杆结合处安装有卡芯装置,可防止进入钻杆内的样品掉出,使得空心钻杆成为样品的存储容器。在抵达平坦的月面后,机械臂摆动一个角度,同时钻具绕机械臂转动 180°,最终使钻具贴近月面;取样器伸出钻臂,脱开保护罩,露出空心的钻具,回转和进尺电机启动,开始对月壤采样。当钻杆钻进至预定深度后,启动月壤密闭装置,电机反向转动,使钻杆缩回至钻具箱内。钻具可以移动以避开过硬的

图 1.6　Luna 16 月球探测器取样装置

月岩,钻头内的传感器可以测试月岩或月壤的阻力,以确定钻头的转速。钻头只用 7 min 就钻进 35 cm,采集了 101 g 样品。取样器将含有月壤的钻管送进返回舱,并进行自动密封,成功返回地球,完成了人类首次无人取样任务,其样品主要成分为玻璃质玄武岩[4,5]。

Luna 16 钻进深度 350 mm,耗时 7 min,采样质量 101 g,样品主要成分为玻璃质玄武岩。摆杆式机械臂将贯入月壤的钻具拿回,由于钻具采样原理基本继承地面取芯方式,带回钻具明显受到强烈磨损,松散样品的原始层理信息无法得到有效保持,还曾出现过样品散落的现象,但松散样品在光滑特氟龙表面突破土拱效应,离心力与低重力耦合作用改变土拱效应。

2)Luna 20

与 Luna 16 相同,Luna 20 同样使用摆杆式钻探取样装置,只是在 Luna 16 的钻具基础上进行了细微改进。钻头的转速为 500 r/min,当下钻 100~150 mm 时,钻头碰到坚硬的岩石。钻孔机继续穿入地面,但由于钻孔环境恶劣,超载保护线路为防止温度过热,钻孔机 3 次自动停机,整个过程大约持续了 120 min。

Luna 20 采集的样品为大约 50 g 的斜长岩,长约 29 cm,钻取过程出现多次超载保护问题,推测由于采样碰到石头,处理故障过程发生掉样,没有采满样品。

3)Luna 24

Luna 24 是苏联月球系列中的最后一个探测器,也是距今最近的一次月球无人自主取样返回任务。Luna 24 探测器的整体构型与 Luna 16 和 Luna 20 类似,如图 1.7 所示,但是其钻探采样系统有了较大改进,它采用了滑轨式钻探采样器。Luna 24 实际钻探深度达到

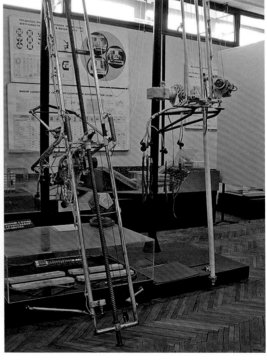

图 1.7　Luna 24 月球探测器

2 m,成功取回 170 g 月壤,是人类至今为止钻取深度最深的一次无人采样任务。

该钻取自动采样机构主要由钻取采样器、传送机构、回收机构、钻杆、支撑桁架、导轨等部分组成,如图 1.8 所示。

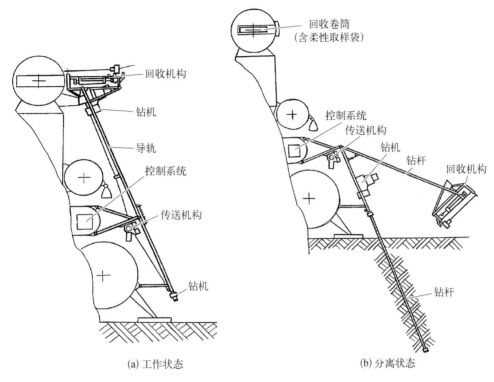

(a) 工作状态　　　　　　　　　　　　　(b) 分离状态

图 1.8　Luna 24 钻取采样机构

整个采样机构通过支撑桁架固连于着陆器侧面,进给机构安装在支撑桁架的中部,可为钻取采样器沿导轨向下运动提供驱动力。进给机构的工作原理类似卷扬机,钢丝绳收紧,对钻取采样器施加了沿导轨向下的作用力。钻取采样器安装于支撑桁架的导轨上,在传送机构钢丝绳的作用下可沿着导轨运动。钻杆横截面为双层同心圆结构,其内层钻杆的内壁上装有多根柔性条带,贴在取芯硬管内壁上[6]。随着钻进深度增大,月壤会逐渐进入钻杆内层的空腔内,同时柱形月壤会被柔性取样袋再次包裹,并收集其中。柔性取样袋顶端封闭并与钢丝绳连接,钢丝绳沿支撑桁架向上缠绕在回收机构的卷筒上。

当钻杆钻入指定深度后,柔性取样袋下端收紧封装所取样品。回收机构安装于支撑桁架的顶端,其工作原理与传送机构相似,即利用回收机构的电机驱动回收卷筒缠绕钢丝绳的方法,将钻杆中的内层条带与外层柔性取样袋双层提出并缠绕至回收卷筒上。回收机构中装有火工分离释放装置,将缠绕了柔性取样袋的卷筒强力弹入返回器内。然后火工品断开支撑桁架与返回器之间的连接,拉簧利用折叠铰链翻转,同时释放密封盖,密封盖依靠扭簧关闭上升器舱盖。

Luna 系列采样器的取芯能力与钻进规程参数说明如表 1.2 所示。

表 1.2　Luna 系列采样器与嫦娥五号技术参数及取芯能力说明

任　务	Luna 16	Luna 20	Luna 24	嫦娥五号
钻具质量/kg	13.6	13.6	41	34
钻具功率/W	140×2	140×2	900	1 100
钻进速度/(cm/7 min)	35	32	8~24	—
采样深度/mm	设计深度：350 实际钻深：350	设计深度：350 实际钻深：290	设计深度：2 250 实际钻深：2 050	设计深度：2 500 实际钻深：2 050
采样直径/mm	18	18	8	15
采样重量/g	101	50	170	260
样品成分	玄武岩质火成岩碎屑、熔融玻璃状结构碎屑	斜长岩碎片	分层的细粒月壤和月尘，长石颗粒	—
备注	—	出现卡钻、提钻困难，转移过程有样品掉出	软袋缠绕，软袋取芯长度 1.6 m	—

　　Luna 24 探测器获得了成功,采用软质条带+软袋方式给钻取采样器研制提供了启发信息,Luna 16、Luna 20 采样器采用薄壁钻具,钻具充分继承了地面钻探技术,钻进比是固定常数,有联动机构同时驱动钻进与回转,内径 18 mm 薄壁钻对钻进比不敏感,两个旋转自由度的摆杆臂实现了钻具钻进与回收,花瓣式封口隐藏在内壁护套隔层内,钻进到位后利用触发机构释放封口,密闭月壤,浅层月壤密实度为 70%~90%,对于平均粒径 75 μm 月壤,薄壁钻可以获得月壤,但碰到岩石概率很大,Luna 20 就是钻头侧面碰到月岩,启动两倍裕度电流,卡钻故障解决,同时月壤散落较多。在后期 Luna 24 探测器的无人自主采样器中,加大钻进深度,而减小取芯直径,在该采样器中采用软质取芯方式,经过专利库查询 1934 年美国首先公布原理相同的用于农业方面的专利。为了钻进、破碎坚硬岩石,增加了冲击功能,当钻压超过 500 N 时自动打开冲击功能,Luna 24 在月球高地获得采样成功,在 1.1 m 处遇到斜长岩,利用冲击突破,样品段具有明显白色斜长岩冲击小颗粒,这种采样器的最大缺点是对钻进规程要求高,控制参数与取样量强相关,在 1.1 m 后期力矩逐渐增大,没有达到设计深度及时停止了钻进,获得 1.7 m 月壤柱,采样获得成功[7]。

1.3　嫦娥五号无人自主采样任务

　　探月三期工程 2020 年 11 月 24 日采用长征五号火箭发射嫦娥五号探测器,实施月球样品采样返回任务。嫦娥五号采用无人自主模式首次完成钻取采样任务,带回了风暴洋区月球样品。嫦娥五号探测器由轨道器、着落器、上升器和返回器四器组成,飞抵月球后,轨道器和返回器组合体驻留环月轨道职守,着落器与上升器组合体着陆月面,着陆区位于风暴洋区,月面工作两天,完成采样与其他科学探测任务[8]。采样作业结束后,样品随上升器由月面升至环月轨道,上升器与轨道器和返回器组合体对接将样品转移至返回器,轨道器携返回器转入地月返回轨道,在距离地球约 4 万公里处轨道器与返回器分离,返回器以半弹式进入大气层,在预选着落区内蒙古四子王旗着陆,将月球样品带回地面,任务过程如图 1.9 所示,标志着我国迄今为止最复杂、最艰难的航天深空探测任务顺利完成。

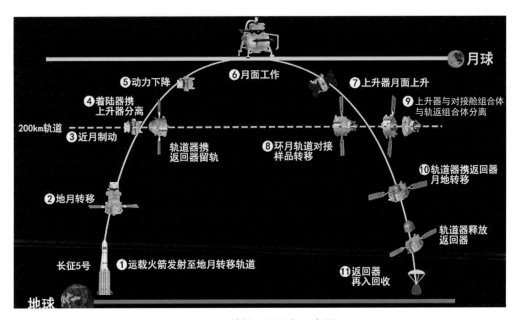

图 1.9　嫦娥五号任务示意图

月球土壤样品采样返回是嫦娥五号的核心任务。嫦娥五号采样返回任务方案采用两种钻铲异构备份方式,以提高采样任务成功概率。月面表面相对密实度较小,土质较松软,利于铲挖作业,嫦娥五号搭载采样机械臂,通过表取形式采集科学价值丰富的月表岩块及月尘样品,以揭示月球反射特性,反映表层月壤特性;为开展月球陨石活动规律推演、月壤成熟度分析及太阳风作用效果等科学研究,嫦娥五号搭载钻取采样器以钻取方式进行次表层钻进取芯采样,以获取保持层理信息的次表层月壤样品,用以揭示月壤剖面科学信息。嫦娥五号的采样方案特点可以概括为表取与钻取组合的采样方式互为异构备份,可以保证工程任务获得样品的可靠性;通过表取和钻取可以获得表层和次表层的多态样品,样品形式丰富。两种异构备份方案结合的作业方式是人类地外天体采样技术领域的创举,体现了中华民族的智慧。嫦娥五号依托于着陆器,横跨着陆器与上升器开展月面无人钻取采样活动,月面工作示意图如图 1.10 所示。

图 1.10 嫦娥五号整器及采样示意图

嫦娥五号采样器具有多项技术创新,其主要技术优势如图 1.11 所示。

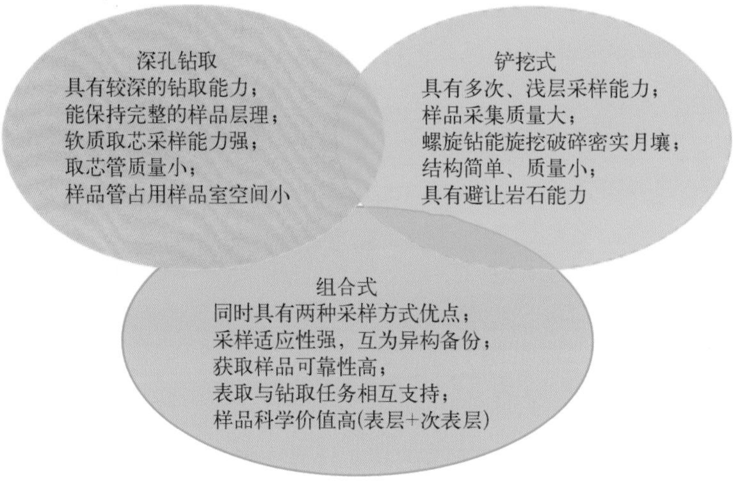

深孔钻取
具有较深的钻取能力;
能保持完整的样品层理;
软质取芯采样能力强;
取芯管质量小;
样品管占用样品室空间小

铲挖式
具有多次、浅层采样能力;
样品采集质量大;
螺旋钻能旋挖破碎密实月壤;
结构简单、质量小;
具有避让岩石能力

组合式
同时具有两种采样方式优点;
采样适应性强,互为异构备份;
获取样品可靠性高;
表取与钻取任务相互支持;
样品科学价值高(表层+次表层)

图 1.11 嫦娥五号采样方案特点分析

1.3.1 采样返回任务的科学目标

(1)开展着陆点月壤的详细调查和分析。通过现场分析数据和实验室测试结果研究月壤的物质构成、物理性质、暴露历史和成因。

(2)开展着陆点月壤结构和稀有气体资源评估。通过月表实测数据和钻取样品,研究月壤结构与形成过程,分析月壤内的稀有气体含量、来源和资源评估。

(3)开展月球岩石的系统分析和研究。对返回的月球岩石样品进行系统的岩石学、矿物学、同位素和月球化学分析,研究月球岩石的成因和月球的演化历史,完成月球钻取采样器使命。

（4）获取深层保持层序的月壤样品，以期揭示月球活动及演化信息等深入拓展研究。

1.3.2 采样返回任务的工程目标

1. 样品采集

实现表层和次表层月球样品获取，通过钻取方式自动采集米级深度的月壤样品，并可保持样品原始层理信息。通过表取方式获取公斤级的表层月壤样品，样品容器在月面实现封装。

2. 月球同步轨道对接与样品传送

上升器以月面为相对目标，并转入惯性坐标系，携带样品容器上升到月面同步轨道，实现月球同步轨道上升器与轨道器对接，并实现样品容器传送到返回器。

3. 返回与着陆

返回器以第二宇宙速度在距地球 4 万公里处与轨道器分离，携带样品以半弹式返回模式载入地球，主着陆场为内蒙古四子王旗。

4. 样品原态保持与转运

样品容器具有使样品不被污染的能力，并转运地面真空装置中进行处理与研究。

1.3.3 钻取采样任务目标

1. 可靠取芯

取芯率不低于 70%，取样量不小于百克量级（设定月壤的平均密度为 1.7 g/cm³）。

2. 样品层序保持

能保持一定的层序信息，层序错位量 ≤ 2 cm。

3. 对样品的有效密闭

月壤样品在钻取采样、提芯整形、缠绕回收、返回各阶段能够实现密闭封口，不散落。

1.3.4 钻取采样器研制历程

北京卫星制造厂有限公司于 2007 年在中国空间技术研究院自主研发课题的支持下，开展月表取样装置关键技术研究，于 2009 年 9 月研制出我国首台无人自主钻取采样器原理样机；2010 年在国家"863"子课题的支持下，开展模拟月壤剖面研究；2011 年，在工业和信息化部探月工程（三期）预先研究专项的支持下，哈尔滨工业大学与北京卫星制造厂有限公司联合开展钻取采样机构关键技术研究及原理样机研制；突破关键技术有效支撑了产品设计，随后开展采样器工程样机与初样产品研制，顺利完成正样产品交付，嫦娥五号无人自主钻取采样器于 2020 年 12 月 2 日成功实现了在轨应用。

1.4 章节安排概要

对于探月三期钻取任务规划、任务目标及约束,钻取采样器研制是一个首创项目。针对无人自主模式、月球环境及探测器资源条件,与地面传统钻取采样器具有本质不同,在操控模式上与 Apollo 任务亦有本质不同,方案上不具有实质参考性。而苏联 Luna 24 号钻取采样器具有类似的任务模式,只能在互联网上获取外形图片与取得成果数据,但由于没有相关具体资料与实质性信息,钻取采样器设计过程充满探索与挑战。

面向全新的空间钻探类产品设计,本书展现给读者钻取采样器设计的较为完整内容,以给予读者面向新需求设计启发与参考。本书内容安排按照航天有效载荷研制规范展开,钻取采样器是自主研制独创空间钻探产品,鲜明特点表现为国内任务首次、载荷学科交叉、具有突破性创新、蕴含全新科学问题,是极具复杂性的机电力热控一体化智能产品,重点展现钻取采样器独特设计技术。设计技术涵盖月面作业环境的不确定性、钻取难点与风险分析、技术突破性创新、机理研究科学引领、无人自主月球采样器设计、试验验证与拟实专项试验研究等方面内容,具体章节如下:

(1)深空探测与采样科学面向探月三期规划提出钻取采样器用于采集米级深层月球样品,引出探月三期月球钻取采样器研制科学与工程目标,针对我国第一次月球钻取采样器面临的全新问题,回顾总结了人类月球探测与采样活动,对无人自主采样任务进行了扼要阐述,作为第 1 章绪论。

(2)航天产品区别于地面产品的本质特征在于环境适应性。首先,对围绕采样任务密切相关的月球环境客观阐述,使钻取采样器适应于月球环境应力下的作业,拟实月球环境作为钻取采样器设计边界条件,为实现钻取采样目标,需进行环境适应性与任务分析,提炼无人自主采样器关键属性,分析月球环境对采样任务的影响,"月球环境与钻取采样任务"作为第 2 章。

(3)针对探月三期无人自主采样需求,为实现保持月壤样本原位包裹的科学目标,需从技术可行性与技术途径有效性进行分析与论证,针对干粉土取芯"粮仓拱效应"无法直接贯入的客观规律,利用矛盾转化原理,提出了核心性、牵动性的采样取芯技术原理,该原理可以解决样品可靠获取与收纳技术的瓶颈问题。分析钻取采样面临的问题,扼要阐述采样器关键技术,作为第 3 章。

(4)机理作用模型与新数据为采样器设计提供依据与约束边界,包括运动、动力参数基线数据,奠定钻取采样器设计基础条件,由于软质取芯嵌入,钻具取芯机构壁厚增加,形成了干粉土下"厚壁钻取芯模型",即进样量只有排粉量的 1/7,需要精细化控制粉土比例。月壤的高密实度、颗粒级配不确定性、极端摩擦角等特性,导致带来孔底临界进样关键参数控制域的丰富科学问题,即干粉厚壁钻取芯,首先需探究钻取土机耦合作用机理,研究月壤从类固体破碎向块体碰撞、散体颗粒流动演化过程,孔底散体应力场、速度场、颗粒流动状态及钻杆颗粒流场运移行为,其中蕴含丰富的交叉学科科学问题。在复杂多变剖面特性上建立以获取样品为目标的钻取作用模型的核心理论问题,揭示获得采样量关键参数域及相互作用内在关系,明确采样器力载基线、进样临界条件,为设计参数与运行参数、钻进规程设计提供理论支撑,作为第 4 章。

(5) 总体设计首先依据任务要求、接口约束、探测器资源条件,对外包络着陆器横跨两器采样器构造与机电热控接口进行共体设计,形成钻取采样器主结构依托着陆器,次结构联结上升器细长构型与布局、形成采样器钻进线、取芯与收纳线功能与组成设计、动作流程设计,以动作紧密衔接且动作可靠性设计优先原则开展设计,形成整杆设计摆杆分离设计理念。开展主结构与次结构动力学分析与轻量化拓扑设计,筛选出满足月球环境的主结构最优形式,开展采样器与探测器动力学建模与力学模拟件试验测试,获得采样器响应动力学条件,形成壳式主结构与箱体次结构复合材料拓扑轻量化优化设计,机电系统设计涵盖能量与信息流、功能部件作用关系及系统参数设计,设计了无人自主自适应钻进规程,作为第 5 章。

(6) 钻取采样器关键部组件设计,主要包括功能部件相互作用功能划分及详细设计,分为钻进-进给驱动部组件、样品收纳与传送及分离、取芯钻具、展开机构、传感与控制及软件。围绕空间环境进行功能、性能设计,裕度、可靠性、摩擦学、热效应、效率、刚度与精度等按空间产品标准规范进行设计。包括创新性的双自由度密珠滚滑轴系解决传统双层轴系带来复杂与大质量问题,创新单电机双回转与螺旋间歇顺序机构及分离功能,避免传统 3 个驱动源设计,发明行星增力展开分离机构设计解决重力面大力载展开难题,控制系统部件突破月球环境下千瓦级大功率电机驱动与热设计技术等,取芯钻具是钻进取芯功能执行部件,直接担负"钻得动、取得着、封得住"的使命,明确取芯钻具设计理念与设计准则,实现软质原位包裹取芯技术原理,面对高密实粗糙级配等月壤苛刻剖面不确定,突破狭小空间运动复杂样品可靠密闭封口,突破性创新设计出冲、切、挤、拨的多功能一体化钻具,维护孔底护芯与拱效应力链溃塌效应,作为第 6 章。

(7) 试验验证与专项试验研究,主要包括钻取模拟月壤研制、采样器钻进热特性研究、钻进规程与钻进策略试验研究以及拟实环境试验验证等。从力学与热学等效性、包络性角度研制模拟月壤,提取了 Apollo 研究成果中月壤土力学碎片化信息,形成钻取用模拟月壤月球土力学与指标体系,以此为依据进行模拟月壤等效性、包络性研究,设计月壤钻取苛刻度剖面,为充分识别钻取多剖面工况风险、采样器设计提供力载基线及钻进规程设计基础条件;通过定点、盲钻试验验证钻进规程有效性,界定不同密实度下可钻进域,为钻进参数阈值提供边界,通过上千钻取试验数据挖掘与凝练出共性与差异性规律,结合第 4 章理论分析,形成钻进策略及解决预案,通过盲钻反演与试错逻辑推演,建立信息集参数及演化特征与钻进工况内在关联逻辑推演关系,并根据参数与阈值状态判读故障工况强度等级及解决预案,实现自主学习与控制能力,预估控制发展趋势与规避策略,最大包络故障种类与故障解决及解决策略,天地协同智能控制能力,剥离与试错反演故障类别,准

17

确定位为钻取作业保驾护航,作为第7章。

(8)钻取采样器设置专用名词注释、后记,在后记中对整个研制历程进行回顾,呈现"大事记"面临全新任务,梳理设计与研制过程思路,凝练技术积累,留给未来探索者以启迪。

1.5 本章小结

嫦娥五号探测器相比国外已成功的任务,具有自身独特的优势。

1)我国首次月球无人自主钻取采样任务,经验缺乏

嫦娥五号探测器月球钻取采样任务是我国第一次执行地外天体钻取采样任务,国内没有任务经验可以借鉴。苏联和美国虽然执行过月球采样任务,在网站文章可以检索探测器图片及作业成果数据,但是在采样器设计和技术实现层面,披露的信息很少,很难借鉴其成功经验用于指导采样器设计。"首次""无人自主""探索""层理"是我国钻取采样器验制过程中必须面临的关键词。

2)空间钻探与地面钻探差异性大

月球钻探面临的空间环境与地面具有显著不同。月面的高真空环境,导致地面成熟钻探技术中常用的液体或气体媒介辅助钻探的手段无法使用,由此带来润滑难、热量传递难、排屑难等一系列技术难题。此外,由于探测载荷能力约束,月面钻取前无法对采样区域进行精确遥感探测,月壤剖面特性分布极具随机性,采样对象具有极强的不确知性。这些问题的解决,在地面需要针对空间环境进行创新性、高适应性设计,开展拟实与最大包络工况研究工作,探索规律,做好解决预案。

3)无人自主下可靠取芯、有效钻进具有挑战性

地面钻探有水与气压,有成熟技术与资源解决进样问题。针对真空环境下次表层干粉月壤钻取任务,保证深层钻取采样保持层序信息样品高可靠取芯新原理,需要平衡好钻进与取样的关系,必须系统考虑有效获取和定型约束与收纳两方面的能力,需要原理创新突破解决保持层序填充获取样品技术瓶颈,应尽可能地保持样品的层理/层序信息,为科学研究提供原位信息。嫦娥五号成功开展月球无人自主钻取采样任务,实现我国首次地外天体采样返回,具有重大的政治、社会、经济、科学效益。成就了我国科学家利用自己的样品从事月球科学研究的梦想。为我国地外天体无人探测任务积累了宝贵的经验和技术参考,可推广应用于我国探月四期工程和后续深空探测工程任务。

参 考 文 献

[1] 中国科学技术协会. 空间科学学科发展报告[M]. 北京:中国科学技术出版社,2016.
[2] 卢波. 世界月球探测的发展回顾与展望[J]. 国际太空,2019(1):12-18.

［3］　欧阳自远. 我国月球探测的总体科学目标与发展战略［J］. 地球科学进展，2004，19（3）：351 −
　　　 358.

［4］　褚桂柏，张熇. 月球探测器技术［M］. 北京：中国科学技术出版社，2007.

［5］　吴伟仁. 奔向月球［M］. 北京：中国宇航出版社，2007.

［6］　杨孟飞，彭兢，张伍，等. 月面自动采样返回探测器技术［M］. 北京：国防工业出版社，2022.

［7］　杨孟飞，张高，张伍，等. 月面无人自动采样返回任务技术设计与实现［J］. 2021，51（7）：738 −
　　　 752.

［8］　于登云，吴学英，吴伟仁. 我国探月工程技术发展综述［J］. 深空探测学报，2016，3（4）：307 −
　　　 314.

第2章

月球环境与钻取采样任务

2.1 月球环境

月球环境包含在太阳系的地月空间环境与月球自身环境,而月球自身环境包括月球重力场、磁场、辐射、静电、大气、月表温度、月壤与月尘、地形地貌等。加深月球环境对采样钻取作业的主要影响因素认识,获得环境应力作用特性,为钻取采样器设计提供边界条件,使钻取采样器适应于月面环境,开展等效作业。月面环境内涵广泛,本章将提取与钻取采样任务密切相关的主要环境要素进行扼要阐述。

2.1.1 月表温度分布

月表温度的变化与月表地形、太阳辐射、地球反照、月球热流以及自身热学性质有关。由于没有大气,月表昼夜温差很大,白昼随太阳辐射增强而迅速升温,可达到约 420 K,夜晚由于不受太阳辐射影响,在日落后迅速降温至 100 K 以下,昼夜温差变化达到 300 K 以上。因为与太阳距离的变化,月球中午的温度在全年内是变化的,从远日点到近日点会升高 6 K。

月壤上层 1~2 cm 处有极低的热导性 $[1.5 \times 10^{-3}\ \mathrm{W/(m \cdot K)}]$,直到 2 cm 的深度,热导性升高 5~7 倍。在 Apollo 着陆场月表下 35 cm 处的平均温度比月表高 40~45 K,主要与月壤上层 1~2 cm 的热导性对温度的影响有关[1]。埋入月表 80 cm 下的温度计未显示出局部与月球昼夜温度循环有关的差异。这些深度以下,热梯度反映的是月壳的热流。图 2.1 是叠加于月壤稳定热流曲线上的近表昼夜温度波动与温度之间的关系。值得注意的是,约 30 cm 厚的月壤绝缘层可充分将月表~280 K 的温度波动减弱到±3 K,这表明埋入厚月壤辐射屏蔽层以下的建筑物将避免温度大幅度波动的影响。

图 2.1 阴影线区域表示的是 30~70 cm 深度以下的昼夜温度波动。在 50 cm 深度以下没有因月球昼夜温度循环引起的温度波动,温度稳定且略有升高,可以认为在 50 cm 深度以下所记录的稳定温度梯度源于内部月球热流。

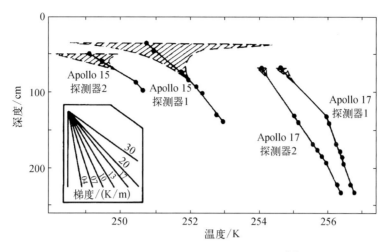

图 2.1　月壤内温度波动与深度的函数[1]

2.1.2　月球热流情况

目前的研究表明,月球在其 46 亿年的历史中已经流失了它的大部分初期热量。现存的大部分热量是其内部约 300 km 深处的放射性同位素,在 Apollo 15、Apollo 17 的原地测量前,月球热流的测量是基于地面站对月球微波带热发射的观测。Krotikov 等确定了一个 0.6°/cm 的亮度温度增量[2]。利用从 1 mm~3 cm 的微波观察推出的电性质和热性质,他们得出了 $3 \times 10^{-6} \sim 4 \times 10^{-6}$ W/cm^2 的热流变化程度。这一热流估测值非常接近月球上的实际测量值。

月昼期间月壤表面反射大量红外热流,即使采样器布置在探测器阴面也会有零上几十摄氏度的温度,对天辐射约 300 W/m^2,而太阳辐射照度正阳面高达 1 300 W/m^2,机构的表面受到这些辐射加热及月面红外反射,极限温度可达 150℃。由于散热与辐射热的差异,对钻取采样器热控技术带来挑战,需结合大系统开展研制,使钻取采样器适应于高温环境作用和自身做功产生的损耗热量带来的热影响。

2.1.3　月球低重力、高真空环境

月球重力场是月球内部物质的作用,科学家建立月球重力场模型,该模型考虑月心距、经度、纬度的影响,月球的质量瘤会产生重力场分布不均匀性影响。月面的重力加速度为地球的 1/6,Apollo 11 探测任务的航天员描述,月球重力场对地球上学到的技能有着不同的效果,虽然月球引力是地球的 1/6,但物体似乎仅有它的地球重量的 1/10。在月球稀少的大气和较小的重力场环境下,物体很容易被移动,并且一旦移动起来,虽然运动得很慢,但会持续下去。

Apollo 12 探测任务的航天员解释道,在电影中看到的宇航员在月球表面的特有"大步慢跑"步法是最自然的行走方式;在较小的月球重力场环境下,足部到脚趾的"地

球"行走方式十分困难并且消耗很多能量。在月球上行走就与在蹦床上行走的感觉一样,虽然低重量迫使采用这种特有步法,但航天员的身体和装备的质量没有改变,因此行动开始与停止异常费力。当重力与惯性力比例发生变化时,人们运动习惯受到改变,通过这个现象揭示运动物质特性与地球相比发生变化。

我国探月三期探测器自重能提供钻压力,据初步估计不大于 800 N。由于重力与惯性力比值变化,向上运动变得容易,惯性效应显著。按单质点经典理论定性分析松散排粉流动工况,低重力下螺旋排粉更加容易,其螺旋钻顺畅排粉下临界转速会更低,临界转数是以刚体质点推导出来的,对于地球上排粉顺畅下是适用的,但实际月球的排粉不那么容易,首先由于月壤间静电力,其次是月壤摩擦系数特殊性,钻具界面摩擦与挤压效应显著,排粉影响效应是综合的。

总之,目前月球是一个高真空环境,真空度达 10^{-11} Pa,这种高真空环境在地球复现极为困难,只有一些原子靶设备可以通过真空技术实现,高真空环境对质损、机构润滑油脂剂挥发、月壤热导率等的影响均需要关注。

2.1.4 月面静电、辐照与月尘

1. 月面静电

太阳光照射下的月面,由于太阳紫外线和 X 射线对月尘造成光电子发射,月尘带轻微正电。在没有太阳光照射的情况下,月尘没有光电子发射,此时由于太阳风的存在,太阳风粒子可对月尘产生轻微充电。月表向阳面聚集正电荷,静电可以高达 1 000 V,静电会激起微细粉尘漂浮与运动,同时也是采样器与探测器系统电位要慎重考虑的因素,这些静电效应会影响月壤内聚力,使月壤富有"黏性"。

2. 月面辐照

月球上三种主要的辐射类型为太阳风、太阳耀斑相关粒子(通常称为太阳高能粒子或太阳宇宙射线)以及银河宇宙射线,辐射主要由重核质子、电子组成。这些粒子以不同方式与月球相互作用,取决于其能量和成分,导致穿透深度从微米级至米级,与暴露的月岩和月壤相互作用的结果差异也很大,影响包括太阳风植入、重核径迹、散裂反应、次级中子和 γ 射线产生等。

到达月球的粒子能量及通量涵盖多个数量级,其成分各不相同,且能够随时间和能量发生变化。其月球穿透深度从低于 1 mm 至几米。太阳耀斑产生的少数极大的太阳粒子事件每十年发生一次,这些事件对月球表面上暴露的人类和设备存在严重辐射危险。

3. 月尘

月尘指颗粒直径小于 1 mm 的月壤颗粒,月壤表层分布为松散尘埃,月球表面空间也有月尘分布。在光照情况下,太阳光照射下的月面,由于太阳紫外线和 X 射线对月尘造成光电子发射,月尘带电。

通过检查和回收 Surveyor 3 自动着陆器部件证实了灰尘的累积和黏附。当 Apollo 12

月球舱在距离该着陆器约 183 m 处登陆时,Surveyor 3 自动着陆器已在月表停留了 2 年半。正如所预期的,太阳辐射引起了上漆部件和铝部件的褪色。而灰尘的累积和黏附却比预计的厚,大部分的灰尘累积是由月球舱着陆时废气引起的"喷砂"造成的,同时 Surveyor 3 上的光学镜有被灰尘累积和点蚀损毁的痕迹。土壤黏附于上漆表面的强度约 10^4 dyn/cm^2(1 dyn = 10^{-5} N),黏附于金属表面的强度为 $2\sim3\times10^3$ dyn/cm^2。显然,未来月球设备的任何暴露的表面都应进行保护或识别其黏附影响。

月球探测器在设计上需要考虑相应的月尘防护措施,外暴露面要考虑月尘黏附、磨损效应及累积作用。另外,需要进行必要的月尘地面模拟试验,以验证设计措施的合理性,但这个拟实试验有较大难度。

2.1.5　月球地貌特征

月球的地形地貌要比地球简单一些,主要包括月海、高地、月海-高地边界(盆地边缘)及一些其他区域。月球的地势受到小行星高速撞击和火山活动两个因素的影响。月球表面布满月坑,月坑的形态不一,有的是浅浅的凹陷,有的是边缘陡峭并杂乱地堆着巨砾等。图 2.2 为取样点地貌特征。月海盆地由高山环绕,因玄武岩火山石完全或部分地填充,很多这种月海盆地是平滑的。

月海并不是像地球上的湖、海等各种水体,而是由于早期的月球探测器无法看清月球正面上的暗黑色板块,根据它们的外貌特征,给它们取名为"月海"。

图 2.2　Apollo 16 任务在 6 号取样点地貌特征

图 2.3　透过月球舱玻璃看到"静海"

月海是月面上宽广的平原,月球上有 22 个月海,直径各不相同。大多数月海为圆形封闭结构,被山脉所包围,并具有多环构造的特点。Apollo 11 的着陆场位于"静海"表面,这是一个直径 180 m,深 30 m 的月坑,随处可见长 5 m 的块状火山喷出物。图 2.3 所示的区域有许多新的月坑,大部分的月坑边缘平缓,包络有小颗粒的月壤。

"风暴洋"与"静海"相似,表面有很多月坑,有的是边缘几乎不可见的浅坑,有的边缘尖锐清晰可见。边缘较陡的月坑还有很多带尖角的石块,较小、新形成的月坑边缘布满碎石。登陆舱附近的大部分大型月坑,直径小到 50 m 大到 250 m,边缘平缓。探月三期着陆点拟定在风暴洋月海区域,月壤层厚度平均 4~6 m,南纬度区存在巨大火山口。

2.2 月壤

2.2.1 月壤的形成与演化

在地球上,由于氧气的存在、风和水的影响、生物活动等因素共同作用,历经独特的演化过程产生了地球土壤。然而,在没有空气、没有生命的月球上,月壤的产生机制则完全不同——38~30 亿年前月球经历火山喷发过程,形成了月海和高地,随后月球经历各种尺度大小流星体连续碰撞、太阳和恒星带电原子粒子对月球表面的持续撞击,近期约每四亿年月壤翻腾一次。高地区月壤较为古老,月壤层较厚,月海区月壤大部分较为平坦,月壤层要薄。

月壤的形成过程可大致分为两个阶段[3]:早期,基岩刚暴露后不久,月壤相对较薄(小于几分米),无论撞击大小均可穿透土壤并形成新的基岩,月壤层迅速堆积,随着时间推移,月壤层厚度增加(至 1 m 或更厚),仅较大的撞击能够穿透土壤并形成新的基岩;后期,小撞击仅对既有月壤层进行破坏和混合(培养),月壤层厚度增加更慢。目前一致认为月海区月壤厚度一般为 4~6 m,古时期高地区平均为 10~15 m。

2.2.2 月壤化学成分与矿物组成

月壤与地球土壤在各方面上存在明显的差异,从矿物组成上也反映了这一点。在月壤甚至整个月球岩石中,矿物的种类非常有限(小于 100 种),而在地球的岩石中可以找到数千种矿物。在月壤矿物组成中以辉石和长石为主,而橄榄石及其他矿物的含量较低。此外,不同地区或不同类型的月壤的矿物组成也存在明显差异。

月壤的基本组成颗粒包括[4]矿物碎屑(这里定义为含某种矿物 80%以上的颗粒,主要为橄榄石、斜长石、辉石、钛铁矿、尖晶石等)、原始结晶岩碎屑(玄武岩、斜长岩、橄榄岩、苏长岩等)、角砾岩碎屑、各种玻璃(熔融岩、微角砾岩、撞击玻璃、黄色或黑色火成碎屑玻璃)、独特的月壤组分——黏合集块岩、陨石碎

图 2.4　金牛座-Apollo 17 号登陆点的橙色土壤

片等。在月海区,主要是玄武质高钛和低钛月壤。

如图 2.4 所示,对 Apollo 17 月海土壤 71501 中 9 种粒度颗粒的 K、Rb、Sr 和 Ba 丰度进行测定,表明这些不相容元素系统存在于小粒度颗粒中。

2.2.3　月壤基本物理力学性质

月壤是钻取采样的主要对象,对其物理力学性质研究是钻探工具研发及钻进规程研究的基础,对月表取芯钻探的顺利可靠实施有着极其重要的影响。月壤的跨尺度跨空间域分布的物理力学性质是我们需要全面认识的科学问题,通过推论与凝练,不断加深对月壤性质的认知水平。

1. 月壤的形成机制

月壤是在氧气、水、风和生命活动都不存在的情况下,由陨石和微陨石撞击、宇宙射线和太阳风轰击、月表温差导致月壤热胀冷缩破碎等因素的共同作用下形成的。因此,月壤的形成基本上是机械破碎作用为主导的。月壤独特的形成过程与月表环境作用,使月壤在粒度分布、颗粒形态、颗粒比重、孔隙比和孔隙率、静电性和电磁性质、压缩性、抗剪性、承载力等方面均与地球土壤存在较大差异,这些参数的平均值和最佳估计值可以作为月表机械设计和操作、宇航员装备设计、月球资源开发和利用的主要依据。

月壤整体暴露于月表的时间有长有短,遭受空间风化(主要是陨石和微陨石撞击、太阳风和高能宇宙射线轰击)的程度和成熟度也各不相同,成熟度的差异导致月壤粒度各异。

2. 粒度分布及颗粒形态

值得说明的是,在地面模拟钻取试验中,影响钻取苛刻度最关键的三个土力学参数为大于 5 mm 颗粒度、大颗粒段颗粒级配、超过 90% 的密实度。

月壤的粒度分布(颗粒级配)范围很宽,分选性普遍较差,颗粒直径以小于 1 mm 为主,绝大部分颗粒直径为 30 μm ~ 1 mm,10% ~ 20% 的颗粒直径小于 20 μm,因此易于漂浮,并附着在宇航服、机械设备等表面,也给采样和封装等带来了诸多困难。

从图 2.5 中可以看出,月壤颗粒直径通常以小于 1 mm 为主,其中,约有 2% 的粗砂(2.0~4.75 mm),14% 的中粒砂(0.425~2.0 mm),33% 的细砂(0.074~0.425 mm)和 51% 的泥沙,月壤的粒径主要在中粒砂到泥沙之间分布,因此月壤颗粒特性接近于粉细砂。Apollo 11~17 各次登月点附近月壤取样得到的样品粒径,粒径小于 1 mm 的样品居多,月壤平均粒径随采样深度的增加略有增大,但相关性不明显。

颗粒级配是粒径的大小及其在土中所占的比例。月壤整体级配良好,根据 Apollo 和 Luna 钻取采样剖面的数据,统计出不同颗粒级配比例和出现的深度,通过这些数据的统计,为各种工况深层模拟月壤级配配制提供依据。

在此级配中,相对较为关注大颗粒样品的级配比例,因大颗粒样品的出现对钻取采样影响比较大,有可能出现卡钻、堵钻、卡芯等事故,影响取芯率,甚至出现无法钻进的现象,

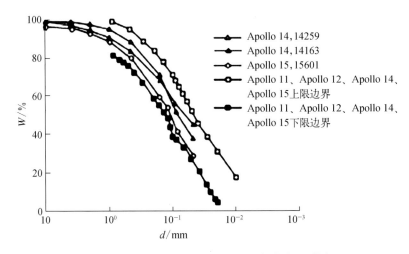

图 2.5　历次 Apollo 月壤样品各粒度分布曲线(颗粒级配)

或者对其钻进需要提供更大的功率。

月壤颗粒组成不均匀性的程度极大地影响月壤可钻性,有关月壤颗粒组成参数的汇总如表 2.1 所示。不均匀性程度可以表示为平均粒度与有效粒度比值,有效粒度比是这样一种粒子大小,即在月壤中质量单元的总面积等同于所有月壤粒子的总面积。

表 2.1　月壤颗粒组成参数

月壤样本	平 均 粒 度		粒度标准偏差(对数单位)	有效粒径 d_e/mm	不均匀度 $(K = d_a/d_e)$
	d_a/mm	$\lg d_a$			
Luna 16	0.085	−1.071	0.623	0.030 3	2.81
Luna 20	0.077	−1.113	0.816	0.013 2	5.83
Apollo 11	0.098	−1.008	0.620	0.035 4	2.77
Apollo 12	0.118	−0.928	0.586	0.047 4	2.49
Apollo 14	0.138	−0.860	0.677	0.040 9	3.38
Apollo 15	0.061	−1.215	0.536	0.028 4	2.15
Apollo 16	0.153	−0.815	0.885	0.019 2	7.97
Apollo 17	0.079	−1.102	0.747	0.017 9	4.41

在 Luna 16 和 Luna 20 着陆站点的月壤粒度分布的调查结果更详细研究数据显示[5-10],因此尽管从不同月球地区得到的月壤样本的颗粒组成的范围广泛,但都有共同的规律性。

月壤的颗粒形态是丰富变化的,从球形到极端棱角状都有出现,但长条状、次棱角状和棱角状的颗粒形态相对更为常见,如表 2.2 所示。通常一个典型月壤颗粒的表面积约为相等大小球体的 8 倍,平均比表面积约为 $0.5 \ \mathrm{m^2/g}$。月壤颗粒的这种不规则、扭曲的形状(图 2.6)很容易造成单个颗粒的脆断,当受到挤压时,颗粒的脆断会导致颗粒间接触面积的增加,月壤则会产生较大的内聚力。

表 2.2　月壤的颗粒形态

参　　数	平　均　值	描　　述
延性	1.35	稍长条状
长度直径比	0.55	稍长条状至中等长条状
圆度轮廓	0.21	次棱角状
平行光	0.22	棱角状
体积系数	0.3	长条状
比表面积	$0.5 \ \mathrm{m^2/g}$	不规则、凹角状

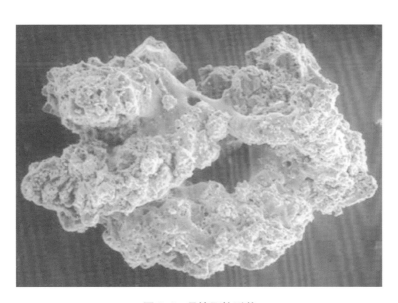

图 2.6　月壤颗粒形状

Heywood[6]通过显微镜将月壤颗粒形状分为渣状团聚体、光滑不透明颗粒和透明颗粒三类,如图 2.7 所示,这三类形状均为非规则体且其形状没有变化规律,这些不规则颗粒之间容易互锁,造成相互滑行困难,导致月壤的内聚力增大。因此,与地球土壤相比,月壤的颗粒形状异形和不规则性非常显著,其内聚力相对也较大。

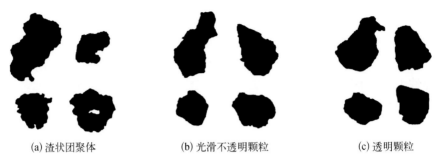

| (a) 渣状团聚体 | (b) 光滑不透明颗粒 | (c) 透明颗粒 |

图 2.7　月壤颗粒分类

3. 月壤的物理力学性质

月壤物理力学性质主要有容重、比重、孔隙比、孔隙率、电性、电磁性质、压缩性、抗剪性等[7]，主要参数及范围如表 2.3 所示。

表 2.3　月壤物理力学性质

序　号	参　数	范　围
1	粒度密度/(g/cm³)	2.9~3.5
2	孔隙率/%	40~50
3	内摩擦角/(°)	25~48
4	内聚力/kPa	0.26~1.8
5	容重/(g/cm³)	1.36~1.8
6	粒径/μm	30~1 000

1) 容重(又称堆积密度)

容重指土壤的自然结构在没有遭到破坏的前提下，单位体积内的土壤重量，以 g/cm³ 表示。Apollo 岩心样品是研究月壤容重随深度变化的最佳实物。对同一采样点的月壤而言，采样越深，容重越大。若采用简化函数关系来表达月壤容重随深度的变化，可用双曲线关系和指数关系两种表达式表示，即

$$\rho = 1.92[(z + 12.2)/(z + 18)] = 1.39z^{0.056} \tag{2.1}$$

式中，ρ 为一定深度的月壤容重(g/cm³)；z 为该点所处的月壤深度(cm)。

月壤相对密实度深度 0.5 m 以上密实度达到 100%，这是月壤密实度普适性分布规律。

2) 孔隙比和孔隙率

月壤的孔隙比 e 是指月壤中孔隙体积与颗粒体积之比，用小数表示。天然状态下月

壤的孔隙比是一个重要的物理性指标,可以用来评价月壤的密实程度。一般 $e < 0.6$ 的月壤是密实的低压缩性月壤, $e > 1.0$ 的月壤是疏松的高压缩性月壤。孔隙率 n 是指月壤中孔隙所占体积与总体积之比,用百分数表示。一般而言,地球上黏性土的孔隙率为 30%~60%,无黏性土的孔隙率为 25%~45%。不同深度原位月壤平均孔隙率和孔隙比的最佳估计值如表 2.4 所示。

表 2.4　月壤平均孔隙率和孔隙比的最佳估计值

深度/cm	平均孔隙率 n/%	平均空隙比 e	平均容重/(g/cm^3)
0~15	52±2	1.07±0.07	1.50±0.05
0~30	49±2	0.97±0.07	1.58±0.05
30~60	44±2	0.78±0.07	1.74±0.05
0~60	46±2	0.87±0.07	1.66±0.05

Carrier 等[8]综合各个研究者的不同研究结论,给出月表不同采样点在松散和紧实两种状态下的月壤容重、孔隙比和颗粒比重的最佳估计值,如表 2.5 所示。

表 2.5　月壤容重、孔隙比和颗粒比重的最佳估计值

月　壤	容重/(g/cm^3)		孔　隙　比		比　重
	松　散	紧　实	松　散	紧　实	
Apollo 11	1.36	1.8	1.21	0.67	3.01
Apollo 12	1.15	1.93	—	—	—
Apollo 14	0.89	1.55	2.26	0.87	2.9
	0.87	1.51	2.37	0.94	2.93
Apollo 15	1.1	1.89	1.94	0.71	3.24
Apollo 16	1.115	1.793	1.69	0.67	3
Apollo 20	1.040	1.789	1.88	0.67	3

3) 内聚力和内摩擦角

月壤的抗剪性通常由内摩擦角 φ 和内聚力 c 两个指标决定。对月壤在不同的压实条件(孔隙比)下进行密实度和剪切强度的测试,在实际月壤中,在月表下部 15 cm 以上的相对密实度约为 65%,而到了 30 cm 以下时,月壤的相对密实度就增加到 90%。很明显,月壤并不完全是疏松的,浅部月壤颗粒之间接触就非常紧实,这对在月表取样造成了极大的影响。

研究其变化趋势和相关性,得到静压力下月壤的平均密实度和剪切强度,如表 2.6 所示。从表中可以得出,月壤的剪切强度可以用库仑定理来描述,其剪切强度和月壤的密实度有一定的关系。较松散月壤的内聚力和内摩擦角均较小,当其被压实时,内聚力和内摩擦角均增加,但是呈非线性变化。这是由于月壤在压实过程中,颗粒间相互滑动和挤压,颗粒压裂和破坏,颗粒摩擦数量增加和颗粒间咬合作用增大,引起内聚力增大。

表 2.6 月壤的平均密实度和剪切强度

月 壤 参 数	孔隙比 e			
	>1.3	1.0~1.3	0.9~1.0	<0.9
压缩系数/(1/MPa)	>40	20	8	<3
内聚力/kPa	<1	1~1.5	1.5~2.5	>2.5
内摩擦角/(°)	<10	10~15	15~20	>20

月壤颗粒组成和粒径分布、容重和孔隙比及内聚力和内摩擦角等参数反映着月壤物理力学特性,各主要参数之间有较强的相关性。月壤的内摩擦角变化规律符合月壤有效粒径分布对数曲线,颗粒越粗,其内摩擦角越大;随着颗粒粒径降低,内摩擦角减小;月壤的内聚力模型符合月壤颗粒的不均匀、不规则和表面积大等特性,月壤在压实过程中,随着孔隙比减小,颗粒间咬合作用增大,导致内聚力增加,剪切摩擦呈非线性相关等特征,这是一个复杂的系统体系。美国岩土工程学家 Mitchell[9] 通过分析勘探者系列探测器原位探测的月壤数据,利用地面玄武岩配制了不同孔隙比的模拟月壤,并进行了大量试验,试验结果反映 $\tan\varphi$ 和 $1/e$ 近似为线性关系。表 2.7 列出了月表不同深度月壤的平均孔隙比 e、内摩擦角 φ 和内聚力 c 的最佳估计值。

表 2.7 不同深度月壤内摩擦角和内聚力最佳估计值

深度/cm	内摩擦角 φ/(°)		内聚力 c/kPa		平均孔隙比 e
	平均值	变化范围	平均值	变化范围	
0~15	42	41~43	0.52	0.44~0.62	1.07±0.07
0~30	46	44~47	0.90	0.74~1.10	0.96±0.07
30~60	54	52~55	3.0	2.40~3.80	0.78±0.07
0~60	—	48~51	—	1.30~1.90	0.87±0.07

参考表 2.7 中不同深度月壤内摩擦角 φ 最佳估计值,通过数据拟合可给出该线性关系,将任意深度月壤堆积密度 $\rho(z)$ 转换为月壤的孔隙率 n 和孔隙比 e,即

$$e = \frac{n}{1 - n} \tag{2.2}$$

$$n = 1 - \left[\rho(z)/\rho_0\right] \tag{2.3}$$

以 2.5 m 深度范围内月壤为例,由式(2.2)和式(2.3)可得 φ 在深度方向的变化规律,如图 2.8 所示。随着月壤深度增加,φ 逐渐增大,并在较深处逐渐趋于稳定。2.5 m 深度范围内,φ 取值为 31.1°~59.9°;c 在深度方向的变化规律如图 2.9 所示。随着月壤深度增加,c 逐渐增大,在较深处增加缓慢。2.5 m 深度范围内,c 取值为 126.7~8 433 Pa。

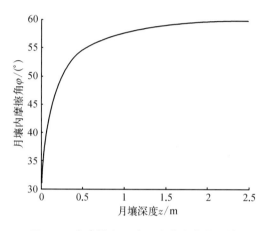

图 2.8　内摩擦角 φ 在深度方向变化规律

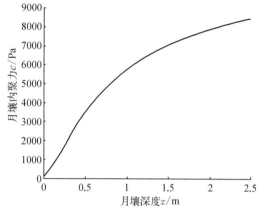

图 2.9　内聚力 c 在深度方向变化规律

月壤内摩擦角与地球相比表现出巨大差异,这是月壤难以刃入的主要原因。在钻取采样器研制中,系统研究了密实度与钻进参数密度问题,发现在模拟月壤密实度达到某阈值时,钻进参数呈现较强相关性,钻进可行域发生急剧收敛,对力载特性形成新的认知。通过力载辨识得出模拟月壤性质与美国 Mitchell 研究结果吻合。

2.2.4　月岩的类型及力学性质

依据探月活动中取样得到的样品,已经证明月壤中含有一定数量的月岩,月球岩石分为四大类:月海玄武岩、克里普岩、高地斜长岩和角砾岩,如图 2.10 所示。

1. 月海玄武岩

月海玄武岩充填于广阔的月海盆地,在月球表面分布有 22 个月海,除东海、莫斯科海和智海外,其他 19 个月海都分布在月球的正面。玄武岩年龄大多数为 39 亿~31 亿年,是由月球内部富铁和贫斜长石的区域部分熔融产生的,不是月壳原始分异的产物。在月海泛滥期间,月球内部的玄武岩流出而充填月海,冷却后形成玄武岩。

从 Apollo 六次登月取样及月球号探测器所带回的岩石样品的分析研究,发现有 20 多种玄武岩的类型;这些玄武岩含二氧化钛的范围为 0.5%~13%。根据二氧化钛的含量可将这些玄武岩分为三大类型,即高钛玄武岩、低钛玄武岩和极低钛玄武岩。由于极低钛玄武岩又可分为极低钛铁玄武岩和高铝极低钛玄武岩,目前大多采用高钛玄武岩、低钛玄武岩和高铝极低钛玄武岩三种岩石类型。

2. 克里普岩

克里普岩最早在 Apollo 12 样品(12013 号样品)中发现,后来尤其是 Apollo 12、Apollo 14 着陆点最多。从化学成分上看,克里普岩本质上属于玄武岩,但与月海玄武岩所不同的是所有的克里普岩都富含 K、P、稀土元素和 Th、U 等不相容元素。

3. 高地斜长岩

月球高地的主要岩石类型有斜长岩和富镁的结晶套岩。高地岩石形成年龄比月海玄武岩要老,一般为 41 亿~43 亿年。高地斜长岩主要由斜长岩、富镁的结晶岩套组成,是月球上保存下来的最古老的台地单元,是岩浆分离作用的产物。

研究表明,高地斜长岩一般具有高 Ca、Al,主要是由 95%的斜长石(富钙斜长石)及少量的低钙辉石组成的岩石类型,除此以外,还含有极少量的橄榄石和单斜辉石,是构成原始月壳的最主要的岩石类型。

(a) 月海玄武岩   (b) 角砾岩

(c) 高地斜长岩   (d) Luna岩屑碎块角砾岩

图 2.10　典型月岩图片

4. 角砾岩

角砾岩是由撞击形成的岩石,成分较为复杂,主要由下覆岩石及玻璃质等组分组成。典型的角砾岩是由厘米级和毫米级的颗粒以细粒度的矩阵锚结在一起的,由于其组成颗粒的成分和年代不同,角砾岩具有各种不同的年龄。

根据形成成因、物质组成特征,月球角砾岩又可进一步细分为岩屑碎块角砾岩、玻璃质角砾岩、结晶熔岩角砾岩、花岗质角砾岩、双组分角砾岩和月壤角砾岩。

综上所述,根据月球地形特征,一般将月岩分为月海玄武岩和月陆斜长岩,这在 Apollo 和 Luna 探月中,已经得到广泛的共识。

2.2.5　月岩的粒度分布特征

Apollo 计划负责月球样品地面接收的部门将颗粒直径 ≥1 cm 的团块定义为月岩,月岩粒度分布较广,直径大于 1 m 的转石在登月舱附近也常见到,有平卧的,也有半埋在浮土中的,如图 2.11 所示。

图 2.11　Apollo 17 登月点第六站的转石

表 2.8 给出了可以查阅到的大粒径的数据来源。在这些数据中,勘测者(Surveyor)计划数据最有用,它给出了 1 mm~1 m 的粒度分布,其与采样操作有关。

表 2.8　大粒径数据来源

数　据　来　源	粒度范围/mm
粒度分布曲线	
Luna 9(smith1967)[10]	10~230
Apollo(Lunar Sourcebook)[11]	~16
Apollo(Lunar Sourcebook)[11]	~8

续　表

数　据　来　源	粒度范围/mm
Apollo(Lunar Sourcebook)[11]	−4
Apollo(McKayetal. 1974)[12]	−8
Apollo(McKayetal. 1988)	−16
SurveyorI(shoemaker and Morris 1969)	1~1 000
SurveyorIII(shoemaker and Morris 1969)	1~256
SurveyorIII(shoemaker and Morris 1969)[13]	1~64
SurveyorVI(shoemaker and Morris 1969)	2~64
SurveyorVII(shoemaker and Morris 1969)	1~512
Lunar Orbiter III(Cintalaetal. 1982)[14]	1 000~30 000
其他形式数据	
Apollo 岩心*	1~10
Apollo 岩石#	10~50

注：＊：粒度分布通过对记录颗粒的计数推导；
#：个别岩石数据,不能用于估算粒径分布。

Carrier 依据现有数据构造和绘制了粒度级配为 1 000 mm 及细粒的半对数图表、对数正态分布图表和威布尔图表,如图 2.12 所示。

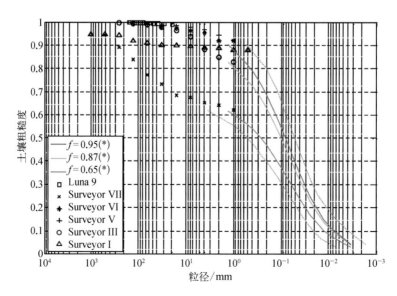

图 2.12　月球风化层粒径分布半对数图表

从图 2.12 中可以看出,着陆点在高地的 Surveyor Ⅶ 的风化层要比月海风化层更粗糙一些,这与月球高地岩屑比月海岩屑粗糙的观点是一致的。

致密的月壤,甚至月岩的出现,对钻进造成巨大的阻力,月岩可能会对钻头进行磨损。根据已有采样信息可得到月球表面不同地区月岩出现概率不同。

根据 Apollo 几次样品剖面统计,最为苛刻的为 Appolo 17 月壤剖面,其硬质块状物体积分数小于 10%,绝大多数小于 20 mm,而且沿深度没有规律性。

2.2.6　月岩物理力学性质

岩石的物理性质主要是岩石容重、密度及孔隙率等性质,力学性质主要是岩石的变形及岩石的抗压、抗拉、抗剪强度。首选着陆区域是风暴洋区,这里可能有成熟度较低的月壤,也就是说有碰到岩石颗粒的概率要大的倾向。

1. 月岩的容重、密度和孔隙率

容重是指月岩的自然结构在没有发生破坏的前提下,单位体积内的月岩重量,以 g/cm³ 表示。密度是指单位体积内月岩的质量,以 g/cm³ 表示。研究表明,对同一采样点而言,采样越深,容重越大,不同的采样点则没有可比性。

孔隙率是指岩石中孔隙体积与岩石总体积的比值。孔隙率的出现是由于磁场强度较低,也就是说原子间的间隙变大了,这可以从月岩极化研究得到验证。对月岩进行雷达射线和广度分析表明 80% 月岩是多孔的,将从月球带回的岩石进行室内试验,发现其孔隙率与地球上的同类岩石相似,但是由于较低的磁磁强度影响,其孔隙率与地球上的常见岩石差异很大。

通过试验手段进行了一系列的测量并分析,得到玄武岩容重为 $2.56 \sim 3.37$ g/cm³,均值为 3.07 g/cm³,颗粒密度为 $3.04 \sim 3.51$ g/cm³,均值为 3.28 g/cm³,孔隙率为 $0.2\% \sim 22.6\%$,均值为 8.6%;部分月海玄武岩的密度和孔隙率如表 2.9 所示。

表 2.9　部分月海玄武岩密度及孔隙率

岩石类型	编号	质量/g	颗粒密度/(g/cm³)	容重/(g/cm³)	孔隙率/%
高钛玄武岩	10017	—	3.42	—	小于 10
	70217	—	3.46	—	小于 10
	70,215,312	9.1	3.46±0.05	3.17±0.08	8.3±2.7
	12002	—	3.31~3.39	—	0~20
	12051	—	3.31~3.39	—	0~20
	12052	—	3.31~3.39	—	0~20
	15555	—	3.31~3.39	—	0~20
	15556	—	3.31~3.39	—	26

续　表

岩石类型	编　号	质量/g	颗粒密度/(g/cm³)	容重/(g/cm³)	孔隙率/%
低钛玄武岩	12051,19	12.2	3.32±0.05	3.27±0.03	1.8±1.7
	15555,62	33	3.35±0.01	3.11±0.03	7.1±0.9
	12063,74	—	3.36±0.01	3.21±0.03	4.7±1.0
	LAP 02205,51	25	3.35±0.02	3.10±0.04	3.4±3.2
	MIL 05305,51	9.3	3.36±0.05	3.24±0.1	8.3±1.9
高铝极低钛玄武岩	NWA 4898	19.1	3.27±0.01	3.30±0.04	7.2±1.2

（1）高钛玄武岩的密度要比低钛玄武岩及高铝玄武岩略高。

（2）由于影响岩石孔隙率的因素较多,各种玄武岩孔隙率总体差异性不大,都分布在平均值周围。岩样 15556 号,孔隙比较大,很大程度上是由于内部的囊泡,这些囊泡是裸露在地表的,因此实际值可能比测得的 26% 要大。

（3）角砾岩分布较广,在不同的区域,密度和孔隙率呈现一定的差异性。

2. 月岩的抗压强度

月岩 60335 是玄武岩质冲击熔融的岩石。图 2.13 是在静水压力下,月岩 60335 和地球玄武岩的线应变曲线,图 2.13(a)中,黑色实心点来自增压过程,空心点来自减压过程,由曲线可以看出,当压强为约 2 kbar(即 200 MPa,1 bar $= 10^5$ Pa)时,岩石开始发生破坏,即月岩 60335 抗压强度约为 200 MPa。图 2.13(b)是地球玄武岩的线应变曲线。

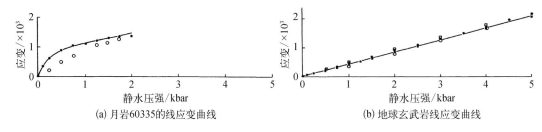

(a) 月岩60335的线应变曲线　　　　　(b) 地球玄武岩线应变曲线

图 2.13　岩石线应变曲线对比

月岩在压缩过程中,初期由于具有孔隙构造,应变急剧上升,后在静水压力下保持到 200 MPa 破坏,同样试验条件抗压强度低于地球玄武岩,推算单轴抗压强度在 80 MPa,可钻性按地矿部标准在 5~6 级,采用切削加冲击可以突破月岩层,但突破颗粒厚度(粒径)还要考虑热的影响。可钻性取决于岩石多方面力学性质,硬度只是关键因素之一,用地球可钻性评价月球岩石是可行的。

3. 月岩的抗拉强度

斜长岩是组成月球高地的主要岩石类型之一,玄武岩是组成月海的主要岩石类型,Cohn 和 Ahrens[15]针对辉长斜长岩和玄武岩进行了动态抗拉强度的研究,并和别的学者的研究成果进行比较,相应结果记录于表 2.10 中。

表 2.10　月岩抗拉强度

岩 石 类 型	抗拉强度/MPa
海狸湾辉长斜长岩	153~174
	157~179
拉斯顿玄武岩	130
	114
	67~88
阿肯色州均密石英岩	38~42
	73~108
	149
	95~116
西风花岗岩	45
	127

调研发现,关于月岩力学性质的研究较少,本书针对中粒火成岩 10017、玄武质冲击熔融岩石 60335 以及和月岩类型相同的地球岩石进行力学性质的阐述,如表 2.11 所示。

表 2.11　月岩的力学性质

岩 石	线性压缩性系数（1/MPa）	体积压缩性系数（1/MPa）	抗压强度/MPa	动态抗拉强度/MPa
粒状火成岩	1.69	5.08	100~150	—
辉长斜长岩	—	—	—	153~174
	—	—	—	157~179

续　表

岩　石	线性压缩性系数 （1/MPa）	体积压缩性系数 （1/MPa）	抗压强度 /MPa	动态抗拉强度 /MPa
拉斯顿玄武岩	—	—	—	130
	—	—	—	114

2.2.7　月球岩石与地球岩石的对比分析

1. 月海玄武岩和地球玄武岩的对比

月岩的岩浆岩可分为月陆深成岩和月海玄武岩。前者大面积分布,后者主要在陨石冲击坑等低洼地中。一般月陆深成岩由富斜长石的斜长岩、苏长岩和橄长岩组成;月海玄武岩为富铁的熔岩(分高钛、低钛和超低钛等亚类)。月海玄武岩与地球玄武岩在许多方面是相似的,主要表现在以下几个方面:

（1）两者主要由斜长石、辉石和橄榄石组成;

（2）两者均产于盆地内,月海玄武岩分布于月球的月海区,地球玄武岩分布于地球的海洋盆地;

（3）两者均具有相似的熔融温度范围,都是部分熔融的产物,均是呈玄武岩岩浆喷发形成,但它们来自成分不同的母体物质;

（4）两者在化学成分上基本相似。

月海玄武岩与地球玄武岩在许多方面是相似的,但也有很多差异,主要体现在以下几点:

（1）月海玄武岩的挥发性组分钾和钠含量较低(1%);

（2）月海玄武岩铬的含量(质量分数为0.25%)接近于陨石丰度,比地球玄武岩高出一个等级;

（3）月海玄武岩难熔元素的含量一般较高;

（4）月海玄武岩稀土元素配分显著不同,铕的含量很低;

（5）月海玄武岩铁含量高(质量分数为15%~20%),钛的含量高;

（6）月海玄武岩二氧化硅的浓度低(40%~45%);K/U比值为1 000~2 000,比地球玄武岩相应比值(1 000)高很多;

（7）月海玄武岩明显亏损碱性元素和亲铁元素。

月海玄武岩是月岩中最年轻的成员,是研究月球演化最理想的样品,可与地球上同类样品进行类比。

2. 物理力学性质等的比较

月球上的主要岩石类型是月海玄武岩、角砾岩、克里普岩和高地岩石,克里普岩目前只在月球上发现,高地岩石主要包括斜长岩、富镁结晶岩套,构成角砾岩的岩屑主要是月海玄武岩、苏长岩、钙长石和微角砾岩,另外,在 Apollo 12 样品中发现有花岗质岩石。综合以上分析,月球和地球上共同存在的主要岩石类型是玄武岩、斜长岩和钙长石,针对主要几种岩石的物理力学性质进行比较分析,如表 2.12 所示。

表 2.12　地球岩石物理力学性质

岩　石	密度/(g/cm^3)	容重/(g/cm^3)	孔隙比	抗压强度/MPa	抗拉强度/MPa	摩擦角/(°)	内聚力/MPa
玄武岩	2.60~3.3	2.40~3.1	0.5~7.2	180~300	15~36	48~55	20~60
钙长石	2.55~2.67	—	—	—	—	—	—
砾岩	2.67~2.71	2.40~2.66	0.8~10	10~150	2~15	35~50	8~50
花岗岩	2.50~2.84	2.30~2.80	0.5~4	100~250	7~25	45~60	14~50
大理岩	2.80~2.85	2.60~2.70	0.1~6	80~150	3~15	35~50	15~30

可以看出,月海玄武岩的密度、容重、孔隙比均比地球玄武岩的要大一些,密度和孔隙比上的差异很可能是由于月海玄武岩铁含量比地球玄武岩大很多,而孔隙比上的差异主要来自月球和地球环境的差异及玄武岩形成过程的不同。

2.3　钻取月壤剖面及颗粒粒度

月表钻进对象及特性研究是可钻性研究的基础。月球环境与地球环境相比存在巨大差异,主要表现为高真空、低重力、无水、高温高、低温低、高低温差大、强辐射、多月尘等特性。月球表面除了极少数非常陡峭的山脉、撞击坑和火山通道的峭壁处可能有基岩出露处,其余部分大都包络着一层厚度不等的月壤,也就是说月球表面不仅有松散的月壤,还有少量的月岩,因此月球表面月壤的强度变化范围很大,从松散的月壤到坚固的未风化玄武岩之间都有发现。月表物质特性差别大,导致可钻性差别极大,在钻进规程和钻头结构等方面均有很大不同,给月球表面的钻取采样技术带来了很高的挑战。

Luna 16 岩心来自风化层,长度为 36 cm,从图 2.14 中可以看出,存在一些岩石碎屑,样品没有明显的分层。样品的晶粒大小及整体特征与 Apollo 带回的月壤类似。Luna 20 岩心较为均匀,有大量的月壤存在,有少量颗粒形态,但不是很明显,从图 2.15 中可以看出岩心各层段所含的岩石类型及其所在的深度。

根据苏联与美国探月的结果,结合上述岩心样品图片可以看出,岩心样品并不是很完

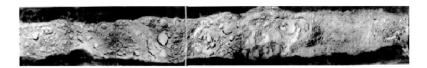

图 2.14 Luna 16 岩心样品

图 2.15 Luna 20 岩心样品

整,月壤中夹杂有一些直径较大的岩石颗粒,并且细小颗粒成分很多;由于钻取内控岩心管直径限制,管中月岩的粒径并不大;月岩颗粒的存在使得月壤的复杂性大大增加,不仅增大了月壤钻进过程中触碰到月岩的概率,也增加了钻头碎岩、钻杆排粉和取芯的难度(Luna 16、Luna 20 岩心管内径 20 mm,钻深 350 mm)。

依据月球钻取采样的岩心管采集及采样深度,分析 Apollo 系列采集的岩心样品和最大深度,如表 2.13 所示。Apollo 系列岩心管直径主要有 2 cm 和 4 cm 两种,如果钻进时遇到大块月岩颗粒,岩心管中很难完成保留直径大于 1 cm 的月岩颗粒,被破碎的可能性很大,很难继续钻进。

表 2.13 Apollo 系列岩心样品

岩心管	A11	A12	A14	A15	A16	A17	合计
2 cm 驱动管岩心							
单管	2	2	2				6
双管		1	1				2
4 cm 驱动管岩心							
单管				1	1	2	4
双管				2	4	3	9
2 cm 钻孔岩心							
数量				1	1	1	3
岩心样品最大深度/mm				237	221	292	

注:A11 为 Apollo 11 简称,A12、A14、A15、A16、A17 均为简称。

表 2.14 给出了全部 Apollo 样品中,月岩(直径大于 1 cm 月球岩石)占总质量的百分比。从表中可以看出,对每次 Apollo 计划,其样品中月岩占了很大的比例,几乎都在 65% 以上(Apollo 11 是 44.9%),在所有 Apollo 样品中,月岩占总质量的约 70%。

表 2.14　月岩占样品的质量百分比

类　型	A11	A12	A14	A15	A16	A17	总计
月岩/%	44.9	80.6	67.3	74.7	72.7	65.9	69.5
斜长岩/%				0.4	10.5	0.5	2.8
玄武岩/%	19.9	52.2	9.1	37.9		29.1	22.9
辉绿岩(粗粒玄武岩)/%		26.3					2.4
其他火成岩/%	2.1	0.2				4	1.3
角砾岩/%	22.9	1.9	58.2	34.1	36.8	32.3	33.4
撞击熔融物质/%				2.3	25		6.7

注:A11 为 Apollo 11 简称,A12、A14、A15、A16、A17 均为简称。

Luna 20 是人类第一次在月球高地采样,在距离月表 10 cm 的地方遇到岩石层(也有称遇到的是玄武岩),不能继续钻进,得到的样品较少;Luna 24 钻进 205 cm 的风化层(与垂线成 30° 角,垂直深度 2 m),但实际得到的岩心样品只有 170 cm,其中有 50~60 cm 长的岩心管是空的。在 100 cm 处,发现有 2 cm 厚的破碎状态的辉长质岩石,在这岩石层上下两端均有明显分界线。

我们可得出初步的分析结果:月表存在较多的大块岩石,直径从几厘米到几米不等;认为在成熟月壤区钻进时遇见月岩的概率基本不会随着孔深的加深而增加;月岩的硬度与可钻性是两个不同概念,这一点对于月岩更为适用,月岩种类对可钻性影响较大,月海区遇到角砾岩与玄武岩概率最大,月壤(月岩颗粒)可钻性一般为 5~6 级(地矿部标准),从成功钻进获取的岩心采样结果中均发现一定数量的岩石颗粒,在 Apollo 15、Apollo 16、Apollo 17 样品剖面中含有大量粒径大于 1 cm 的月岩,体积分数不小于 10%;由于钻进时岩心管的尺寸限制,对岩心管中直径大于 1 cm 的月岩颗粒的原始形态很难判定,有可能是大块月岩颗粒被破碎形成的,也有可能是原始颗粒大小。因此,月表月岩的存在形式及粒径大小还不能由上述资料得到准确判断,但可以肯定的是在月表钻进时遇见月岩的概率很大。

风暴洋北部较为平坦,但月壤具有极度的离散性,这个区域具有年轻月壤分布,成熟度不同,事实上人类采样任务钻取深度 2 m 的月壤,碰到月岩的概率几乎是 100%,这和理论推算不一致,可能是定义尺度不统一造成统计偏差,月岩种类以角砾岩概率最大,其次概率为玄武岩,嫦娥五号在轨钻探也证实了这一点。在地面已经对玄武岩钻取进行了充分试验研究,即使遇到玄武岩也可以获取一定样品。

2.4 月球环境对钻取采样影响分析

本节对钻取过程具有影响的主要环境因素进行分析,如低重力、着陆区月壤特性、月壤剖面性质几个主要影响因素。

2.4.1 低重力影响

理论上低重力下螺旋排粉更加容易,其螺旋钻连续流排粉下临界转速会更低,临界转速是以离散刚体质点推导出来的,对于排粉顺畅流下适用的,塞流排粉滑移界面摩擦带来效应更大,地面用倾斜法等效低重力钻取试验表明,顺畅排粉流态低重力显然利于排粉,载荷略有下降,倾斜法重力产生的摩擦大于月壤沉积力,这与真实情况相悖,研制"低密度粒子"进行试验,密度只有普通玄武岩颗粒的1/3,粉体沉积效应明显减弱,塞流排粉临界转速与地球接近,而连续顺畅流排粉临界转速明显降低,低重力加速度与顺畅流排粉临界转速成反比,取芯管界面摩擦力对低重力下样品沉积具有明显抑制作用。月球实际情况是复杂的,由于月壤剪胀较大,释放更多排粉量,与金属摩擦系数远大于0.7,静电使月壤具有"黏性"效应,会加大黏附摩擦,月球排粉较难,实际在轨应用月壤表现异常的黏附性使排粉需要更大转速。

2.4.2 风暴洋区月壤特性影响

无人自主钻取过程在月昼下进行,选在风暴洋区,其地形整体较平坦,利于着陆,月海的月壤厚度较高地薄,一般为4~6 m深,月壤成分特性图如图2.16。

风暴洋划有4个区域,Region 1地区主要发育极低钛月海玄武岩,因此该地区主要为极低钛月壤。同理,Region 2地区主要发育极低钛月壤,Region 3地区主要发育中低钛月壤,Region 4地区主要发育极低钛月壤。吕姆克山地区由于分布大量富玻璃质火山岩,月壤稍偏酸性;高地地区由于富含斜长岩,发育斜长岩质月壤。除此之外,由于着陆区西部边界距最近的高地单元约150 km,其东部边界距侏罗山不到30 km,月壤成分中可能含有高地成分。

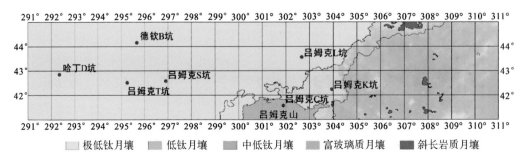

图2.16 嫦娥五号拟着陆区月壤成分特性图

风暴洋区存在约 17 亿年年轻月海区域,这也是人类没有去过的区域,而这个区域的月壤对地球科学研究价值巨大,但对于钻取采样任务确存在更为不确知因素,一般推理,年轻月海成熟度低,颗粒粗糙,钻取苛刻度不确知性强,这也是对钻取采样的严峻考验。

1. 着陆区月壤剖面特征

着陆区有少量月球样品返回,除了可以直接在实验室测得月壤粒度,其余广大地区并无法直接测得月壤粒度分布。因此,对着陆区月壤粒度的研究只能通过有关遥感数据展开。

光学成熟度是衡量月壤成熟程度的指标,也与月壤粒度密切相关,一般来说,月壤光学成熟度越低,月壤越成熟,月壤颗粒粒径越细。嫦娥五号着陆区月壤均值粒径划分。因此,本书试图通过对以往着陆区光学成熟度与月壤粒度关系的研究,确定光学成熟度与月壤粒径之间的关系,进而通过光学成熟度数据限定着陆区月壤均值粒径的范围。

为了比较着陆区与以往着陆区的光学成熟度数据,反演了以往着陆区的光学成熟度值,得到了以往着陆区光学成熟度影像,如图 2.17 所示。

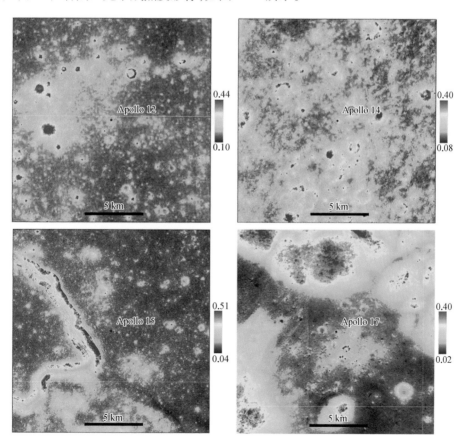

图 2.17　以往着陆区光学成熟度影像

如果将反演所得的 Apollo 和月球地区光学成熟度与对应的月壤均值粒径、地质年龄进行比较,可得到表 2.15。表 2.16 为嫦娥五号着陆区月壤均值粒径划分。

表 2.15 以往着陆区光学成熟度值及地质年龄

着 陆 点	地质年龄/Ga	均值粒径/μm	光学成熟度
Apollo 11	3.58~3.85	98	0.145
Apollo 12	3.15~3.22	118	0.170
Apollo 14	3.77~3.85	138	0.161
Apollo 15	3.28~3.33	61	0.149
Apollo 16	3.77~3.85	153	0.195
Apollo 17	3.5~3.85	79	0.119

表 2.16 嫦娥五号着陆区月壤均值粒径划分

类型	光学成熟度	均值粒径/μm	面积/km²	比例/%
A	<0.10	50~70	4	0
B	0.10~0.14	70~90	7 132	13.0
C	0.14~0.16	90~110	10 751	19.5
D	0.16~0.18	110~140	26 596	48.2
E	0.18~0.20	140~200	6 002	10.9
F	0.20~0.28	>200	4 084	7.4
G	>0.28	—	600	1.1

2. 风暴洋月壤力学特性参数对比

本书将着陆区及以往着陆区的物理特性参数,包括孔隙比、内摩擦角、内聚力、月壤体密度、相对密度、月表温度等参数进行了归纳整理,并进行了对比研究。

可以看出以往典型月海着陆区月壤颗粒相对密度大多在 3.1 g/cm³ 及以上,与着陆区月海区域相当,根本原因在于月壤颗粒基础原料主要来自下伏基岩,基岩的岩性相似,那么月壤颗粒的相对密度自然也相似。大致判断 Region 1 地区、吕姆克山地区平均月壤体密度与以往典型月海着陆区相当,而 Region 2、Region 3 地区可能比以往着陆区密度更大。高地单元月壤体密度可能与 Apollo 14 地区较为相似。

表 2.17　嫦娥五号着陆区及以往着陆区物理特性参数(月表)

地　区	孔隙比	内摩擦角/(°)	内聚力/kPa	月壤体密度/(g/cm³)	相对密度	月表温度/K
Apollo 11	0.67~1.21	18~22	2.2~2.7	1.36~1.8	3.01	—
Apollo 12	0.61~1.70	10~18	1.3~2.2	1.15~1.93	3.1	—
Apollo 14	0.87~2.26	<10	<1.3	0.89~1.55	2.93	—
Apollo 15	0.71~1.94	<10	<1.3	1.1~1.89	3.24	92~374
Apollo 16	0.64~1.11	36~55	2.7~3.4	1.4~1.8	2.95	—
Apollo 17	0.43~1.08	>27	>3.4	1.57~2.29	3.27	102~384
Luna 16	0.67~1.69	10~18	1.3~2.2	1.115~1.793	3	—
Luna 20	0.67~1.88	10~18	1.3~2.2	1.04~1.798	3	—
Region 1	0.70~1.72	10~18	1.3~2.2	1.14~1.82	3.10	81~358
Region 2	0.60~1.10	22~27	2.7~3.4	1.50~1.97	3.15	81~358
Region 3	0.60~1.10	22~27	2.7~3.4	1.52~2.00	3.20	81~358
Region 4	0.62~1.12	22~27	2.7~3.4	1.46~1.91	3.10	81~358
吕姆克山	0.67~1.69	10~18	1.3~2.2	1.08~1.74	2.90	81~358
高地单元	0.90~2.30	<10	<1.3	0.88~1.53	2.90	81~358

从表 2.17 中可以看出,不管是着陆区还是以往着陆区,月海区域月表月壤的内摩擦角基本在 1.3 kPa~3.4 kPa,内聚力基本都在 10°~27°。除此以外,从表中还可以看出不管是着陆区还是以往着陆区,高地单元的内摩擦角、内聚力、月壤体密度和相对密度都较小。

着陆区 Region 1 地区和吕姆克山地区对应的模拟月壤粒径为 75~100 μm,其孔隙比估计值的上限均比模拟月壤高出许多,但其下限位于模拟月壤孔隙比的范围内。Region 1 地区月壤的平均体密度估计值为 1.14~1.82 g/cm³,与模拟月壤吻合较好,其体密度下限仅比模拟月壤天然状态下实测的体密度低 0.01 g/cm³,估计值上限则与 90% 密实度下模拟月壤的体密度相当。Region 1 地区内聚力的估计值比其对应模拟月壤高出约 1.0 kPa,而 Region 2、Region 3、Region 4 地区与其对应的模拟月壤相当或略小于模拟月壤内聚力的测量值。

以钻取月壤作用直径尺度(约 150 mm)和取芯容纳尺度(15~20 mm)来观测月壤,一般月壤区域较为密实,根据月表钻进情况分析,存在超过 10 mm 岩块的概率很小,但事实有存在的可能性,对正常钻进还是有影响的,而超密实性表现出的剪胀性也是月壤的显著特点。

3. 月壤剖面特性的不确定性影响

通过环境特性分析,月壤剖面具有不确定性。探测器应避免着陆在月海区域或接近高地边缘区域,最好着陆在平坦风暴洋月海玄武岩表面,月壤的成熟度具有一定规律,剖面特性也具有代表性。碰到与作用尺度相当的岩石是大概率事件,是玄武岩还是角砾岩,这些都是关键问题。

密实月壤颗粒级配曲线决定钻取苛刻度,级配曲线走向会给采样活动带来不同苛刻度维度。月壤颗粒细小,表面能效应显著,月壤颗粒形态特殊,表现出不同形式摩擦,漫长岁月真空与太阳风作用,颗粒间滑移困难,月壤最大摩擦角达 53°,摩擦系数远大于 1[3],机具对月壤的刃入较为困难,由于月壤黏性,整体运移会比地球土壤困难,其临界转速公式用于月球是不完备的,在此方面要建立精细化模型描述。

分析岩石基本为玄武岩,比较坚硬,也就是遇到岩石处理难度会较大。低重力下高黏性月壤排粉可能具有未知属性,这一点需高度重视,内摩擦角增大会加剧,导致颗粒互锁形成主力链。

1) 月球表面疏松的月壤对钻取采样的影响

月表除极少数裸露的基岩外,月壤的内聚力小,结构松散,主要影响钻取采样的取芯率。表面疏松性使月壤不易进入取芯管,此时离心力与应力扩散效应较为明显,为了能获取一定量样品,钻进参数要适当调整。月壤的原生层状结构也容易被破坏,月壤上下层的包络关系容易丢失。此外,由于在月壤钻取不具备地面钻探中泥浆护壁的作用,疏松的月壤容易导致钻孔的垮塌,钻孔越深,孔壁越不稳定,可能会导致钻进取芯的困难。

2) 月球深处致密的月壤对钻取采样的影响

从 Luna 24 钻进过程可知,当实际钻深达 1.7 m 时,钻机扭矩较大,结合地面钻进情况分析,密实度是引起卡钻的主要因素。钻取采样进行到一定深度后,月壤由疏松变得致密,破碎后形成剪胀,钻具与环控预紧力上升,钻进阻力增加,钻机扭矩加大,使得钻进困难,需要改变钻进参数,提供更大功耗,保证排粉顺畅性,同时需要更高的钻压力。

3) 月壤的颗粒粒径对钻取采样的影响

月壤的颗粒粒径如果过大,易形成漂石,容易造成卡钻事故导致钻进困难;月壤的颗粒如果小,表面能高,吸附性强,对排粉不利,对钻取采样的机构同样不利。月壤的颗粒级配也对钻取产生一定的影响,小尺度的颗粒级配良好的月壤更利于钻进过程中钻渣或岩屑的排出。个别较大粒径,如黏结团块,对钻进和取芯带来一定影响,团块裹附细小月壤,使钻渣或岩屑排出时的上返阻力增大。

4) 月壤的颗粒细观形态对钻取采样的影响

月壤颗粒形态处于高度变化中,从球形到棱角状都有出现,以长条状、次棱角状和棱角状的颗粒形态为主。月壤在钻取采样过程中要发生月壤颗粒间的相互位移,月壤颗粒间的相互位移要克服颗粒之间的摩擦阻力和内聚力,摩擦阻力由两部分组成,即滑动摩擦力和咬合摩擦力,月壤复杂的颗粒形态致使月壤颗粒间的互锁、咬合作用增强,互相滑动难度加大,当土样受剪切沿着某一剪切面产生破坏时,颗粒间原有的咬合状态被打破,相互咬合的颗粒必须从原来的位置被抬起,跨越相邻颗粒有些月壤组构具有互嵌性,主要表现为月壤抵抗硬物贯入方面近似于岩石固体,给钻取采样增大了难度。

5) 月壤的硬度、研磨性等对钻取采样的影响

致密的月壤,甚至月岩的出现,对钻进造成巨大的阻力,月岩可能会对钻头进行磨损,可用类似地球岩石的可钻性来描述月岩,岩石可钻性不是岩石固有的性质,它不仅取决于岩石的特性,还取决于采用的钻进技术工艺条件。

岩石特性包括岩石的矿物组分、组织结构特征、物理性质和力学性质,其中直接影响因素是岩石的力学性质,而岩石的矿物组分、组织结构特征和物理性质等主要是通过影响其力学性质而间接影响可钻性的。在影响岩石可钻性的力学性质中,起主要作用的是岩石的硬度、弹塑性和研磨性。岩石硬度影响钻进初始的碎岩难易程度;弹塑性影响碎岩工具作用下岩石的变形和裂纹发展导致破碎的特征;由于月球钻取过程中没有冲洗介质(如水)的循环,不能对钻头进行冷却,长时间的研磨会导致钻头急剧升温,可能导致烧钻等重大事故的发生,为此充分分析与模拟钻进热特性试验,识别能量耗散途径,制定基于热特性钻进工艺。研究月壤中可能含有岩石的钻进工艺,研究岩石切削破碎机理。

6) 月壤对机具的黏附性对钻取采样的影响

月壤对钻具具有黏附力或者吸附力,在没有气体或者液体的冲刷作用下,也不利于钻渣从机具上分离开来,从而阻碍了更多钻屑的排出,可能导致卡钻等事故的发生。

2.5　月球环境对钻取采样器产品的影响

昼期间月壤表面反射大量红外热流,即使采样器布置在探测器阴面也会有零上几十摄氏度的温度,对天辐射约为 $300\ \mathrm{W/m^2}$,而太阳辐射照度达 $1\,300\ \mathrm{W/m^2}$,温度边界异常严酷,机构的表面受到这些辐射加热,极限温度可达 $150\,℃$。

2.5.1　Apollo 与 Luna 任务中的环境影响

1. 月尘

月尘使一些硬件不能有效工作,包括使岩石密封箱没有到达预期的真空度 $(10^{-12}\ \mathrm{Torr},\ 1\ \mathrm{Torr} = 1.33 \times 10^2\ \mathrm{Pa})$,返回至地球的月球样品没有实现原态保持;使伸展工具出现卡滞;使宇航服的关节出现严重磨损,使其压力降低,活动性能下降;月球巡视器的辐射器表面沉积了远超过预期的尘埃,需要宇航员专门除尘。

2. 月壤组构嵌合效应

在 Apollo 任务过程中,虽然针对月球表面的各种活动研制了不同的模拟物质,但在任务执行过程中仍然存在如下问题:

(1)在坑边缘的陡坡时,月球巡视器和宇航员都出现了大于预期的滑移和下沉。

(2)在月球表面的十几厘米以下时,很多工具不能再有效工作,不能有效进入月球风化层(包括取芯管、锚定柱,并且在挖掘过程中出现了非常严重的磨损)。颗粒形状分布影响颗粒互锁和合成摩擦力。

2.5.2　真空、月壤钻进切削热特性

在月面的真空环境下,钻进过程中的导热只有传导、辐射两种形式。此外,根据国外的研究,月壤的导热系数较低,仅为湿土壤的 8%~16%。这种条件下的钻进,会对钻进过程中钻头的温升计算、钻进规程的优化、钻具温度的在线控制带来巨大挑战。若处理不当,会导致烧钻、损坏取芯机构、破坏样品等现象。

模拟试验表明,月岩钻进具有热风险。研究表明,真空岩石钻进工况没有稳态热平衡,设计热钻进规程需严格控制,在钻取岩石时控制能量阈值是必要的,否则容易发生烧钻现象。钻取过程热风险是关系采样任务的重要问题,为此需开展专项研究。

2.5.3　驱动机构方面

① 采用大功率回转驱动,采用高效率驱动组件需注重热分析。② 建立专业结构机构热模型,进行热模拟分析与测试,开展设计与分析,配合处选择膨胀系数接近的材料,分析避免热效应的技术风险。③ 采取被动与主动热控确保机构热耐受性,幸运的是采样过程时间较短,要充分利用钻具热容及构建传热路径,对于机构与结构热影响的试验需要充分摸底验证与考核,保证试验方法正确性与有效性及包络性、试验数据有效性及判据合理性。

运动灵活无卡滞、有能力,主要对热环境下传动无卡滞、关键配合与间隙、颗粒容纳等设计进行充分分析,对影响卡滞的关键因素进行敏度分析,留有裕度。大温差环境对钻取采样器的各部组件机构运动副的材料选择、间隙匹配、接触面的摩擦学特性等提出了特殊要求,不能出现冷焊、运动间隙失配、机构卡死等故障现象。采样器机构设计的首要考量为确保高可靠性,其次方为实现优越性能。

2.5.4　月球环境对取芯钻具的影响

① 细长的取芯钻具要考虑高低温及温度差异对尺寸链及配合的影响,考虑取芯机构运动间隙对温度、月尘月壤防护;② 月壤对机具磨损较强,在考虑轻质高强、耐磨钻杆的同时,也要考虑材料热导率的选择;③ 连接处要考虑异种材料形成热应力,防止热应力破坏与过度变形;④ 考虑材料对可能极端工况热耐受性,对于传热路径进行精细化设计与分析;⑤ 耐热设计准则,把材料热耐受性与其他重要特性系统进行优化,在控制规程、极

限能力、可实现性等方面进行综合考量。

2.5.5 高真空度环境下的运动副润滑

月表的真空度很高,常规的润滑脂形式的润滑剂可能会出现挥发失效现象,需要采用特殊性质的润滑脂或固体润滑措施。机构各个相互运动环节采用不同固体润滑进行防护,千瓦级大功率轴系与齿轮采用固体与液体复合润滑解决大接触应力下的摩擦问题,对于低重力效应要考虑真空油脂防护与防爬移,对于摩擦载荷较大的采用复合润滑,固体润滑采用高能溅射方法,提高耐磨性,减少摩擦,对于滑动副也可以采用自润滑或易形成转移膜材料,保证低摩擦运行。对于位置,保持与固定压紧机构面,采用隔离黏附膜,防止高载下黏着。

2.5.6 研磨性月尘的防护

探测器着陆后,羽流、静电等作用引起的带静电的微粒状月尘将长时间漂浮,有可能吸附在运动部件表面。这种研磨性的月尘微粒,有可能导致机械传动效率下降、运动部件卡死、传感器失效等故障。因此,需要在机构设计中充分考虑月尘的防尘或容尘处理措施。对于运动机构活动外露部件,采用密封环节,防止月尘侵入,外漏电缆网外表采用套管抑制月尘黏附效应的影响。

2.5.7 基于样品纯净性要求的防污染技术

钻取采样获得的样品,需要保持原态的化学成分,要确保在样品采集及返回过程中,样品不受取芯组件及大气成分的污染。因此,与样品有接触关系的钻头、软袋、封口组件、样品整形装置的材料特性,钻进过程中的摩擦磨损特性、极限温度环境下的挥发特性都需要给予系统设计与验证,以确保不对样品产生化学或物理污染。考虑有机物真空质损对产品及样品的影响,尤其软质取芯管与月球样品可能产生化学效应也要充分分析。样品容器除采用金属刃入密封外,要考虑辅助密封或充放氮气、氩气密封,保护样品不受氧化,保持原态性质。

2.5.8 信息与能量可靠传输

外露的力传感器模拟信号较微弱,尽量将前置放大器放在附近,防止信号衰减和电缆寄生电容,因此对前置放大器做好电磁相容、月面静电、辐射与单粒子效应防护,同时进行热控防护,保证传感器整个任务剖面在适宜的温度下工作。

对于数字传感器、火工品电流与温度传感器,尽量用电流信号,做好热控防护。

对于大电流电缆要考虑透明电缆,利用与结构本体和探测器辐射角系数进行换热,同时尽量采用高压母线,降低传输热量。

采用壳体结构对主结构内传感器及半导体器件进行防护,多层隔热罩进行二次防护,布置加热组件与辐射涂层,进行热设计,为电子器件提供生存环境。

2.6　本章小结

整个采样器历经发射段、飞行段、着陆冲击段,整个采样器要适应环境条件,尤其是钻取采样器机具与月壤相互作用的过程,月壤剖面土力学特性尤其关键,本章内容归纳如下:

(1) 阐述了特殊月球环境,汲取了人类月球科学认识和取得的成果,侧重介绍与采样任务相关的月球环境并进行客观陈述,在大量成果中提取月球低重力、真空、热环境、月壤土力学特性指标,分析月壤剖面土力学性质,尤其是月岩力学性质,地面月岩与月球月岩力学性质差异,描述了月壤、月岩性质及对钻取带来的影响。

(2) 月球环境对采样活动具有多方面的影响,影响最大的是钻取剖面,影响钻取苛刻度土力学参数包括颗粒级配、密实度、颗粒粒度、颗粒形态、颗粒矿物类别,还有颗粒与钻具分布特征及颗粒群分布特征,包括内摩擦角及内聚力(静电效应)控制参数,土力学特征量构成多维度钻取苛刻度剖面,其中高密度、高体积分数玄武岩大颗粒级配对钻取是最为苛刻的钻取剖面。

(3) 钻进热风险控制。月壤导热极差,且难以钻进,尤其钻进月岩工况注意控制输入能量,利用地面建立热模型,对风险工况采取策略避免烧钻。

(4) 关于碰到岩石概率问题,文中引用计算方法仅供参考,由于钻取月壤粒度是与取芯管直径关联的,本书将月壤中粒径 5~10 mm 的团块定义为月岩。以往文献遇到月岩概率计算结果也与实际采样活动不符合,这主要取决于着陆点和月壤成熟度,如 Apollo 15/17 颗粒级配就与嫦娥五号着陆区月壤颗粒级配具有相似度。目前地波雷达已经是有效手段,依据勘察剖面建模是可以期待的。

(5) 采样机构设计。结构机构系统复杂,在设计中充分考虑环境影响,对大力载传动的润滑与高效传动进行设计,例如,大温差要处理好间隙与精度、刚度的关系,保证不卡滞及高效传动,要对月尘进行防护。

参 考 文 献

[1] Keihm S J, Peters K, Langseth M G, et al. Apollo 15 measurement of lunar surface brightness temperatures thermal conductivity of the upper 1 1/2 meters of regolith[J]. Earth & Planetary Science Letters, 1973, 19(3): 337 − 351.

[2] Krotikov V D, Troitskii V S. Thermal Conductivity of Lunar Material from Precise Measurements of Lunar Radio Emission[J]. Astronomicheskii Zhurnal, 1963, 7: 119.

[3] Taylor S R, Siscoe G L. Lunar science: A post-Apollo view[J]. Physics Today, 1976, 29(2): 59 − 60.

［4］　郑永春，欧阳自远，王世杰，等. 月壤的物理和机械性质［J］. 矿物岩石，2004，24（004）：14－19.

［5］　Gromov V. Physical and Mechanical Properties of Lunar and Planetary Soils［J］. Earth，Moon，and Planets，1998，80（1－3）：51－72.

［6］　Heywood H. Particle size and shape distributions for LUNAr fines sample 12057，72［J］. Proceedings of the second LUNAr science conference，1971（3）：1989－2001.

［7］　欧阳自远. 月球科学概论［M］. 北京：中国宇航出版社，2005.

［8］　Carrier W D. Particle Size Distribution of Lunar Soil［J］. Journal of Geotechnical & Geoenvironmental Engineering，1968，16（10）：956－959.

［9］　Mahmood A，Mitchell J K，Carrier W D III. Grain orientation in LUNAr soil ［J］. Proceedings of the Fifth LUNAr Conference，1974，（3）：2347－2354.

［10］　Smith G B. Boulder distribution analysis of the Luna 9 photographs［J］. Journal of Geophysical Research Atmosperes，1967，72（4）：1398－1399.

［11］　Heiken G H，Vaniman D T，French B M. Lunar sourcebook — A user's guide to the moon［M］. Washington：NASA，1991.

［12］　Mckay D S，Fruland R M，Heiken G H. Grain size and evolution of lunar soils［J］. Houston：Lunar and Planetary Science Conference Proceedings，1974.

［13］　Shoemaker E M，Batson R M，Holt H E，et al. Observations of the lunar regolith and the Earth from the television camera on Surveyor 7［J］. Journal of Geophysical Research，1969，74（25）：6081－6119.

［14］　Grieve R A F，Cintala M J. A Method for Estimating the Initial Impact Conditions of Terrestrial Cratering Events，Exemplified by its Application to Brent Crater，Ontario［C］. Houston：Lunar and Planetary Science Conference Proceedings，1982.

［15］　Cohn S N，Ahrens T J. Dynamic tensile strength of lunar rock types［J］. Journal of Geophysical Research，1981，86（B3）：1794.

第3章

月球样品钻进取芯与收纳技术

3.1 引言

我国探月三期核心任务是采样返回,钻取采样器承担着采集米级长度、保持层理(层序)的具有较高科学价值样品的任务,2020 年 12 月 2 日成功完成了无人自主采样任务,无人自主采样器完成一系列复杂动作,具有极大难度[1]。

在 Apollo 载人登月活动中,在 Apollo 15、Apollo 16、Apollo 17 任务中携带了钻取采样器,钻取采样器仅承担钻取环节,有人采样活动与无人自主作业具有不同本质,具有不可比拟性[2]。

(1)月球样品钻进、取芯与收纳技术内涵。自动实现月壤钻进、取芯和样品收纳等一系列动作自动紧密衔接实现,预编程控制采样器作业动作自主运行,通过地月钻进参数传输,地面支持系统监控判读,自主作业状态异常,超过阈值时进行中断判读,自动请求地面支持与决策。无人自主采样要高可靠实现完整动作,主要包括样品钻进、取芯、密闭、提拉、转移、整形、分离、传送一系列动作紧密衔接,需要对动作节拍进行系统性规划,每一个动作环节都是单点,要求作用环节与系统(局部与整体)具有高可靠性。面临苛刻的不确知月壤剖面钻进过程中会产生及演化出多种风险,采样器必须健壮,每个环节链条都需要具备自主运行解决能力。实现"钻得动""取得着""封得住""缠得上""传得到""展得开"关键动作。

(2)无人自主模式下保持层序信息样品高可靠取芯方法。地面钻探有水与气压,可由成熟技术与资源解决进样问题。针对真空环境下次表层干粉月壤钻取任务,需要平衡好钻进与取样的关系,必须系统考虑有效获取与定型约束及收纳两方面的能力,层理填充必然导致粮仓效应无法进样,需要原理创新突破解决保持层序填充获取样品技术瓶颈问题,应尽可能保持样品的层理(层序)信息,为科学研究提供原位信息。需要开展具有一定样品层序信息保持和样品初级封装能力的取芯技术、初级封装后样品定型与收纳技术研究,保证整个任务周期内取芯过程保持月壤剖面层序。

3.2　保持月壤层理取芯技术

自主采样核心牵动性、决定性技术问题：一是探究取芯技术新原理，实现富含原态信息剖面样品的高可靠获取，以及形状约束下的样品存储，二是解决突破粮仓效应，实现干粉连续填充及层理保持"技术瓶颈"。为探究钻取式月球取芯方案，首先调研人类月球采样器研制状况，对人类采样技术智慧结晶进行分析与借鉴，在借鉴俄罗斯 Luna 系列无人自主采样技术基础上，提出取芯技术原理。依据我国探月三期采样任务目标及资源能力，分析采样面临的难点与关键问题。

3.2.1　月球与地面钻探取芯技术差异

月球钻取采样的钻取方式与普通地质钻探具有本质不同[3]。月壤是散体取芯，与石油勘探、地质勘查岩石取芯具有本质差异（包括南极冰采样）。地面是岩石取芯，与散体取芯完全不同，还具有功率与体积差异、地面水泥浆条件差异、钻进尺度与环境差异。地面土壤采样、环境采样、黏土采样、湖泊淤泥采样与月球取芯技术具有某些相似性属性，如尺度相近，地面携带式人工采样器与 Apollo 钻取采样器有近似之处，均使用螺旋多节钻具，但由于地面有水，或借助泥浆润滑取芯筒内表面，使土壤样品能顺利流动或振动贯入，利用人工拆卸钻杆获取样品，由于水能使土壤产生"振动液化"，土体如流体贯入取芯管。

月球钻取采样是在月球环境下进行的，取芯机构需要适应其发射段工作与月面作业的空间环境且要有很高的可靠性，此外，钻探取芯机构的质量、体积和钻取采样器的功耗受到严格限制，钻进过程没有流体减少摩擦、辅助排屑与冷却。

取芯物理本质差异：地面取芯技术与月球无人自主采样具有本质不同，物理本质差异在于地面是流体贯入或岩石固体收纳，而月壤是颗粒流填充独特行为。

3.2.2　Apollo 与 Luna 采样

在载人登月 Apollo 15 后，使用了人机联合钻机开展钻取活动，采用人工拆卸多段薄壁钻进行采样，薄壁钻本身薄壁截面积只有取芯孔截面积的 1/3~1/2，排粉量远小于取芯量，为了克服粮仓效应"力拱"效应带来粉体土壤无法进入的问题，采用 30 Hz、4.7 J 的能量冲击与振动，破坏拱形成"力链"，松散月壤向上运移，由于 1/6 重力堆积与月壤特殊颗粒形态及共振效应，获取松散的月壤破坏了层理与层序。另外，钻杆作为取芯容器，钻杆螺纹连接与初级封堵均依赖人工完成，最后转移到样品容器密封，利用月壤受到振动激励效应，薄壁孔钻获取松散月壤，多段钻杆组装、拆卸、密封、整体封装这些复杂过程均由宇航员完成。两名宇航员把持钻取采样器，电池布置于采样器上方，整个钻机传动与电机浸润在封闭润滑油壳体内，通过两道油封密封冲击回转钻杆，钻取过程由于低重力，具有两个把手,宇航员把持非常吃力,扭矩离合器多次打滑保护,钻杆几乎无法拔出来,必须借助撬杠取出,扭矩离合器多次打滑保护。① 分析可以得知:Apollo 采样样品松散,层理/层序受到强烈扰动;② 人机联合操作模式无法应用至无人自主采样模式。

而苏联 Luna 24 号钻取采样器具有类似的任务模式,只能网上获取外形图片与取得成果数据,无人自主模式在网上的有限信息透露出极具启发性的信息,充分借鉴助力自主创新。

3.2.3 月壤取芯与收纳问题

1. 保持层理月壤取芯问题

月壤属于干燥颗粒物质,具有独特复杂颗粒流力学的特性,在原位月壤包裹静态下,由于颗粒流的粮仓效应,月壤无法进入取芯管,存在技术瓶颈,样品采样充满挑战。在 Apollo 工程中采用与月壤共振的方法,获取层理受到扰动的松散月壤,依靠人工收纳样品,不能满足探月三期科学目标与无人自主操控模式。

2. 取芯条件与月壤排粉调控问题

月壤在孔底要具备一定应力,才能贯入取芯孔被动段,孔底应力强烈受到排粉应力边界映射关联,排粉阻尼控制是进样取芯的关键,月壤黏性与低重力效应使月壤排粉特性异常复杂,具有特殊性与探索性问题,排粉内应力是孔底高应力区边界,排粉应力边界由于颗粒流动出现运移跳跃与非线性非光滑摩擦效应,也会同时发生相关应力场变化及力载变化,这些丰富现象与获取样品量密切相关。

3. 月壤定型约束形状收纳与传送问题

样品容器分为收纳表取与钻取两种样品,针对接口约束,要将 2 m 长度直杆样品定型成环状样品,需要对样品形状进行处理,实现简单、可靠的定型收纳,使多、复杂动作一体化实现成为难题。

3.2.4 样品获取与初级封装方案

月壤钻取样品获得原理如图 3.1 所示。钻取采样器开始工作后,空心螺旋钻具向下钻进,形成钻孔,将钻孔周边月壤通过螺旋翼向上向外输送,钻头下侧的月壤保持原位状态进入钻具内部,被取芯软袋包裹,形成样品。

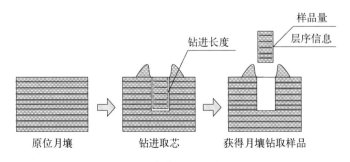

图 3.1 月壤钻取样品获得原理

在钻进采样环节,样品从钻具接触月壤开始进入钻进取芯机构内部的取芯筒内;在样品提芯与整形环节,整形机构通过钢丝绳牵引装有样品的取芯筒进入钻进机构中心通道,之后进入展开机构中心通道,最后进入整形机构,并螺旋缠绕至回收卷筒上。上述通道首尾相连,形成一个管状通道,中间无多余物品阻隔,保证了样品空间传递路径的通畅性;在样品分离阶段,整形机构通过火工分离将样品转送至密封封装装置内部,月壤钻取样品获得流程如图 3.2 所示。

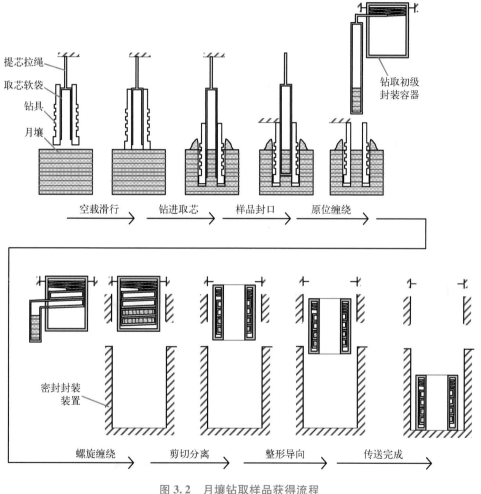

图 3.2　月壤钻取样品获得流程

3.3　内翻式软袋取芯技术原理

由于"粮仓效应",月壤无法压入取芯管长度超过 2 倍的取芯直径,颗粒物质压入过程形成土拱,主力链将轴向力分解作用在侧壁上,无法再压入。内翻式软袋通过相对向上提拉运动消除了力链拱效应,彻底抑制了"力拱"的产生,同时利用矛盾转化原理,将土壤进入摩擦阻力转化为取芯助动力,同时获得连续填充月壤,这就是内翻式软袋无滑差取芯技术原理。

对于软袋内翻无滑差取芯,是在中空振动式钻探取芯方式的基础上进行突破性的演化,取芯软袋反套在内置附加硬质保持管上,犹如地面双管单动取芯加入一个软袋,保持管随钻杆旋转下钻向下运动,将钻具中心的月壤收入特殊制作的软袋中,采样完成后软袋封口将月壤密封在软袋中,取芯装置将包裹着月壤的软袋取走,获得原位包裹的月壤。

采用内翻式软袋取芯管钻探取芯,不褶皱折叠芯管,将节省钻杆内部空间。钻杆钻探进给的同时,样品芯上端的样品芯提拉绳索将保持提拉状态,这时月壤样品将被包裹到软袋取芯管内。当钻杆钻到预定深度时,芯管内的软袋取芯管可取得月壤样品。提拉出钻杆内的样品芯,此时的样品芯已由软袋取芯管包装好,提出的样品芯实际上是软袋取芯管。此方案更为适用于月面自主采样方式,也成为一种主动式软袋取芯的新原理,将内翻提拉-摩擦阻力转化为取芯的进样动力。软袋取芯方式是用软袋将在钻进过程中形成的土芯及时包裹住,分离消除月壤与管内壁的摩擦,将阻碍土体运动摩擦阻力转化成牵动土体进入动力效应,从而提高取芯率。由于消除了月壤颗粒与管内壁的相对摩擦运动(无滑差),颗粒间发生相对运动的趋势减弱,月壤的层理信息也可以得到很好的保持。

由于柔性取芯方式,样品简单可靠定型成螺旋环形构造,解决了样品收纳问题,采用此种方案可以有效封闭月壤样品,并且样品的软袋盛装状态有利于回收的整形。这种软袋取芯方式实现了可靠样品获取与转移收纳,适合无人自主采样模式。

这种取芯机构也会带来不利问题,即由于钻具内嵌取芯机构,钻具直径增大,取芯钻具演变为"厚壁螺旋钻模型",排粉通量是进样通量的6~7倍,必须精细调控分土比例,钻进参数与采样量强相关,使钻进与取芯强耦合。面临复杂的月壤剖面,存在复杂作用行为,另外这种方法使取芯钻具结构复杂,旋转钻头内布置不旋转的护套,使土体消旋旋转,被动段颗粒介质贯入条件与排粉状态控制存在匹配调控,使钻进规程极为复杂,无疑为处理增加难度。

内翻式软袋无滑差取芯方式获取样品可靠性高,综合比较任务满足度最高,在此基础上演化多种形式,包括结构简单实用的双管单动无滑差软袋取芯方案,该取芯机构具有可靠、健壮、系统最优的特点,确立为优选方案,其原理如图3.3。

取芯机构原理描述:钻杆为螺旋钻具,在内壁光滑的薄壁管内装入软袋和保持管,软袋套牢在保持管外部,并且其底部向保持管内翻入,翻入端通过绳索与取芯机构相连。在保持管外部的软袋随着保持管下降,逐步将钻进形成的土芯包裹住,钻进工作完成后,在保持管内部形成一个被软袋包裹住的柱状土芯,如图3.4所示。

在整个钻取过程中,保持管、软袋与外钻杆保持相对静止,不随钻杆进行旋转运动,仅

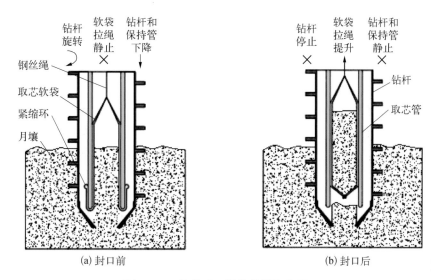

(a) 封口前　　　　　　　　　　　　(b) 封口后

图 3.3　双管单动无滑差软袋取芯原理

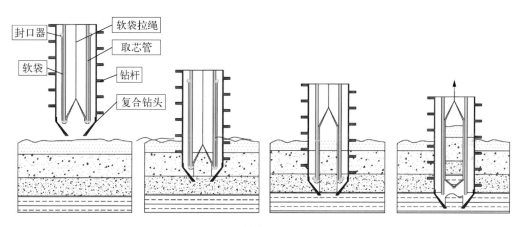

图 3.4　芯管内软质取芯原理

随钻杆做轴向进尺运动,钻头仅仅将所要包裹的土芯边缘的月壤切削、破碎和分土填充与排粉,因此被包于软袋内部的柱状土芯不会受到钻具运动的影响,月壤颗粒之间的原始相对位置没有受到破坏,层理信息得到保持。

开始钻进后,钻进机构带动钻具回转钻进,由于取芯拉绳在整形机构的作用下保持静止不动,随着钻进的深入,样品进入取芯筒,到达给定钻进深度后,钻进机构停止工作,钻具停止回转钻进,此时样品已包裹进入取芯管,整形机构驱动取芯拉绳动作,向上提升取芯筒,使连接于取芯筒末端的封口器内翻进入取芯管内并恢复其弹性初始状态,致使取芯筒末端封闭,继而整形机构驱动提芯绳实现样品回收。

综上所述,依据目标要求,软袋取芯方式在对月壤层理信息的保持性和取芯率上优于硬管取芯方式,因此着重研究双管单动无滑差软袋取芯方式。而软袋封口(密闭装置的简称)又是软袋取芯面临的核心难题,在空间狭小、内翻变形复杂多端状态下,设计了多种技术原理封口装置,在分析论证和试验中优化确定可靠、健壮、软袋封口一体化的有效密闭装置。

3.4 钻取采样面临的问题

3.4.1 钻进方面

由于月壤剖面不确定性,钻进必须具有高适应性,在有限资源下实现最大的作业能力,干粉钻具具有独创性,钻进规程具有特殊性,以克服各种工况的挑战。

钻取月壤采用回转、冲击、进给三种运动复合形式,钻取样品获取动作位置呈现哑铃形形态,下端"钻进""取芯"是最核心的环节,其中钻进过程是对月壤破碎、收集的过程,也是钻具与月壤相互作用的过程,能否实现预期取样目标与月壤特性密切相关。

钻具由细长螺旋钻杆和钻头组成,钻具与月壤形成一对相互作用的矛盾体,每种月壤级配、形态、粒度、密实度等剖面都有其自身作用规律,并与作用运动参数、动力参数相关联,作用体系复杂、面临诸多苛刻因素及综合作用。钻进困难工况:① 密实月壤+大颗粒度月岩。面临复杂的不确定性剖面月壤特性,大概率发生在高密实度(100%)月壤及苛刻颗粒级配使钻进极为艰难的情况下,高密实月壤中的月岩要求钻具能高效切削、排粉,同时具有冲击粉碎能力,月岩种类不同,可钻性不同,试验表明可钻性6级(地矿部标准)相当于月球最硬的玄武岩、斜长岩,均能实现有效钻进。当钻具遇到与钻具作用尺度、取芯口径临界尺度相当时,月岩会造成极端钻取困难,月岩种类、粒度、硬度与钻具位置表现为不同颗粒特征,稀疏月岩与密集月岩都会在力载信息反映出不同特征,要识别诊断、定位解决。② 均质密实细粉,月壤的高真空与特殊颗粒形态,导致月壤会产生与密实度强相关机制,而摩擦状态决定月壤排粉状态,但在细粉均质颗粒中,摩擦会特殊变化,由于颗粒流附面层薄,有6~10个颗粒层,易造成滑移与排粉困难,过快转速,细粉月壤在低重力和离心力作用下会产生旋流效应,钻进比失配导致排粉挤密甚至"自锁"钻进现象,此时利用塞流可以有效突破月壤流动,级配良好的月壤则更容易形成顺畅流动。③ 切削产生热风险,月岩钻进不存在热平衡,月壤的导热系数极低,主要切削热被钻具吸收,此时运用冲击,形成多条断裂带将岩石粉碎,岩石切削使岩石内聚能充分释放,极易烧钻。

月壤摩擦、黏性、低重力效应、级配、高密实度构成影响钻进的主要因素,给钻进带来不同挑战,需要研究钻进作用演化机制,探究载荷反馈信息与工况映射关系,月壤不确知性及特殊性质给钻取过程带来风险,合理的钻具取芯机构与钻进规程能增强对月壤钻取的适应性。钻具设计需要在试验中不断摸索、迭代优化,实现高适应多功能一体化钻具。

3.4.2　取芯方面

月壤是一种密实、大摩擦角干粉,剪胀系数大,嫦娥五号提出层序要求,需要连续填充保持层理的样品,提高科学研究价值,Apollo 15 以后的任务中采用钻进采样,通过与月壤共振贯入收纳样品,样品非常松散对层序影响大,不适合无人自主采样模式。

Luna 16、Luna 20 任务中分别钻进 350 mm、250 mm,并回收带有样品的短钻具。Apollo 15、Apollo 16、Apollo 17 人机联合智能复杂操控不适应无人自主模式;地面传统方法是有人操控的,采样活动与载人登月本质上有异曲同工之处。无人自主采样完全自动操控,各动作环节连贯、衔接紧密,针对我国钻取 2 m 长度(深度)的要求,双管单动软袋取芯解决了样品(干粉散体)依次保持层序进样取芯的难题,又满足了样品包络空间的工程约束[4]。排土通量是进样通量的 5~7 倍,对钻进参数和进样控制量极为敏感,取芯机构要维持孔底应力场张力,以突破进入取芯被动段,有效可行钻进取芯参数域较窄,不同月壤剖面都可能使取芯受到影响,孔底周边应力场与速度场构成"类固体",应力场包络速度场,接近钻头区域为散体流动场,并决定取芯率。为保持孔底应力场张力,排粉侧应力与孔底应力具有映射关系,控制有限区域塞流排粉是必要的,这需要明晰机理后进行控制。

3.4.3　可靠封口方面

封口是采样决定性、成败性的环节,在空间狭小、封口形态变化多端条件下,要研制出具有可靠性的封口装置,可靠密闭细粉月壤。经过后期分析,苏联采用占位式封口,由于取芯直径只有 8 mm,堵塞状况发生概率仍然较高,但不适应本钻取采样器大直径封口,嫦娥五号钻取采样器必须另开蹊径,依据自身取芯机构动作,发明新的高可靠性、健壮性、环境适应性封口[5]。同时,封口后的提拉过程要考虑样品通道颗粒力链重新分布和演化,规划辅助动作,为提芯封口作用过程提供条件。

3.4.4　样品回收方面

由于探测器任务中回收样品容器的有效空间资源受到工程边界的制约,为方便对接转移,容器需放置于上升器顶部,而钻取采样器钻进取芯部分需与着陆器固定,这意味着采样器外包络要跨越着陆器与上升器两器,样品转移通道长达 6 m,样品实现软质成型,才能放入包络环形空间[6]。在样品传送过程中样品不能发生严重堆积,破坏原有层序。而整体成型与回收过程不能造成样品层序破坏,并能保证包络位姿下传送到样品容器内。

针对无人自主模式,首先以可靠性为优先原则,其次以系统动作环节最少为设计原则,各环节贯通与相容。

针对"缠得上"问题,由于月壤具有较高剪胀性,月壤软袋在自由提取段存在滑移与堆积,在 1/6 重力下滑移堆积与地球重力会有显著差异,缠绕样品致密度、缠绕筒半径、取芯直径参数之间存在内在匹配关系,需开展专项研究。缠绕要充分识别夹杂细长(大于

5 cm)或密集颗粒带来的影响,缠绕装置必须具有强力缠绕能力,保证包络尺寸不能变化。

针对"传得到"问题,钻取样品初级封装容器要可靠送到样品容器内,在传送过程中有一段为自由段,初速度需要具有准直性,需要考虑着陆姿态对自由端的影响,分析弹力输送与重力影响偏移的动力学关系,由于初级封装容器与样品容器之间包络容差,运用蒙特卡罗打靶法,进行可靠性预测,这个包络容差能包络样品可能偏移量保证顺畅入位,同时通过机械臂相机确认及机械臂辅助作为挽救手段。

针对"展得开"问题,应考虑整体摆杆分离,回转铰链展开是航天机构的成熟技术,但常规分离旋转都是在与重力场正交或微重力环境下展开的,而钻取采样器展开是在1/6重力面内展开的,这是展开中极为特殊的情况,需要较大展开力矩,需要改变传统根铰受力方式,探求改变传力的途径,实现增力展开,同时采取势能释放,克服压紧座可能粘连问题,实现展开高可靠性设计。

3.5 采样量影响因素分析

通过若干试探性试验,观察试验现象,发现取芯采样量的影响因素众多,其中决定性因素是取芯方式,针对某一个取芯方式,其影响因素主要来自如下三方面。

1. 采样对象——模拟月壤的性质

月壤的粒度、密度、孔隙比等物理特性及颗粒级配、密实度、颗粒形态、颗粒度、剪切特性等力学特性和大摩擦角、高剪胀性及真空下干摩擦特性及月壤剖面成熟度无序分布特征等均对取芯率存在较大影响。

通过人类探月采样活动和嫦娥五号钻取活动,碰到岩石属于大概率事件,早期 Apollo 任务遇到岩石概率较小,这与着陆点选择有关,后期 Apollo 15、Apollo 17 样品极为粗糙,充满毫米、厘米级颗粒级配,可能面临解决预案处理过程,月壤钻取采样量充满不确定性。

2. 采样工具——钻具取芯机构与作用特性

钻杆、钻头构型与参数,芯管内径与材料及表面粗糙度、芯管壁厚与管端圆角、消旋被动段拱高限制、切削刃高度都是影响采样量的关键量。

不同采样机具及作用模型具有不同钻取能力,多功能一体化钻具能够突破苛刻剖面月壤,也影响采样行为及采样效果,对于厚壁钻具,"钻"与"取"形成对立统一关系,作用特性相互兼顾"钻得动"和"取得着",取芯钻具演化为钻探科学机具。小孔径致密无径缩软袋、可靠的封口组件都是采样量的根本保证。

3. 采样操控方法——钻进规程与解决预案

钻入模拟月壤时的钻进比、临界回转速度、排粉疏散流与塞流状态、密实度与钻压力(与进给速度和采样对象有关)、加载方式(静载压力或冲击动载)、分土比例与孔底应力场调控等与取芯率密切相关。采取有效解决预案增加进样时间与行程,增加采样量。

3.6　钻取采样器关键技术概要

嫦娥五号钻取采样器具有更高的科学目标,与苏联 Luna 钻取采样器相比,在更小的载荷质量下,具有更大的采样能力和采样范围。钻取采样器是一套机电一体化空间智能钻探类产品,蕴含丰富科学技术问题,面临诸多攻坚克难问题,在此不详细赘述。以钻取获取样品作用行为为主线,归纳钻取采样器关键特性为"钻得动""取得着""封得住""缠得上""传得到""展得开"关键特性,以下围绕关键特性进行其具有代表性的难点分析[2]。

月壤剖面组构复杂,粒径分布、石块尺度及浓度、岩石硬度、密实度未知;特性苛刻,颗粒形貌不规则、内聚力和内摩擦角大、导热特性差;高保真取样难,原始层序信息保持、取芯率保证、钻具过热会损害样品等问题;钻进取芯困难,工况复杂、负载大、温升快、风险多;同时两器跨度大,精度保证条件恶劣、采样作业动作复杂、大负载作业与轻量化需求等难点,对工程任务的实施提出了很多难题。

针对上述难点,开展月壤样品钻探取芯关键技术研究,突破样品采样器总体设计技术、钻进取芯技术、力载特性预估、钻具与月壤相互作用机理、钻进规程等单项技术,为工程样机与型号产品研制、试验验证提供理论和技术支撑,对工程技术要具有直接的支撑作用。经梳理,形成了如图 3.5 所示的技术路线。

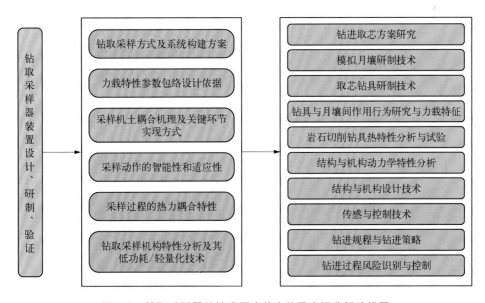

图 3.5　钻取采样器关键难题攻关定位及内涵分解路线图

经分析和凝练,规划了以下主要关键项目。

1. 模拟月壤研制技术

钻取用模拟月壤目标是物理力学剖面力、热特性无限逼近真实月壤,模拟月壤具有等效性、包络性,这是作用边界和研制基础条件。

首先研制钻取用模拟月壤,针对 Apollo 任务采集样品的大量研究成果,提炼物理力学特性具有统计性、普适性数据指标作为依据。制定模拟月壤相似性评价指标体系。

根据等效性、包络性原则研制模拟月壤,开展拱筑技术研究,获得不同物理力学特性等效高密实月壤剖面。揭示钻探作用过程复杂剖面现象与本质的内在联系,获得月面作用规律。

2. 取芯钻具研制技术

研制取芯钻具,钻头具有多功能一体化设计,突破复杂月壤工况高适应性,并具有分土功能,保证排粉通量与进样通量比例的协调性。取芯钻具具有护心功能,保持原位土柱层序,获取富含原位信息的月壤,设置消旋段以保证填充月壤的稳定态。

突破钻头具有多种关键特性集成一体化设计,构型具有控制分土阻抗与流动阻力,提高进样被动段填充能力,实现主动填充保持层序月壤样品,研究具有中国特色的钻具与独创取芯机构与封口。切削刃设计极为关键,既能护心也能突破拱效应,同时具有解决故障的执行能力。

3. 钻具与月壤间作用行为研究与力载特性

建立取芯钻具与(模拟)月壤间多物理场耦合作用行为力学模型与设计仿真算法的作用模型,从多尺度视角建立负载与构型和钻进对象之间的作用模型,形成孔底类固体-块体-颗粒流体完备解体系,结合试验,探究钻取机理,开展力载基线界定,确定极限力载及冲击功阈值研究,获得进样临界条件。

钻取是"钻得动""取得着"问题,这是对立统一的矛盾问题,一方面是钻具具有突破不同苛刻剖面月壤的能力,保证钻进高适应性能力;另一方面是钻具对月壤低扰动和被动进样段的填充能力,取芯钻具演化"厚壁钻"模型,排粉通量比例必须严格控制,这种比例揭示钻进过程应力场与速度场及散体力链效应等研究问题,大量研究表明,通过调控钻进变量可以保证钻取可靠性。

4. 岩石切削的钻具热特性分析与试验

构建真空切削生热模型,研究切削热耗散途径与热流分配关系,钻进岩石是钻进热最为苛刻工况。切削界面产生摩擦热,使钻具急剧升温并形成大温度梯度,分析与试验表明,真空干粉、岩石钻进热风险极大,需深入开展钻进热特性研究,形成钻进热规程,避免烧钻等事故。

5. 结构与机构动力学特性分析

采样器呈现约束苛刻、力学环境与激励复杂,其中存在细长杆及钢丝绳等结构,弹性效应明显,动力学特征显著。采样器横跨两器,为细长构型,需进行动力学分析。

采样器基频要求高,质量指标严格,必须运用精细化仿真手段,利用采样器开展轻量化拓扑仿真与优化设计,以数学为基础理论拓扑优化,使采样器整体与局部均实现轻质高强。

（1）实现构件静力与频率拓扑优化,实现轻量化设计;

（2）进行刚柔耦合进给机构动力特性分析,确定进给精度;

（3）进行钻杆横向弯曲振动动力学分析,实现钻具稳健性设计;

（4）进行内翻提拉软袋织物力学仿真,计算提芯力。

钻进取芯具有冲击回转进给三大运动,整形具有原位缠绕、顺序缠绕、反转分离与传送多个动作,通过钢丝绳、纤维绳将各机构构成协同运动整体,针对千瓦级大热流密度传动首先开展热设计,突破双自由度高效轻量化轴系、单自由度驱动实现顺序复合运动设计技术,解决真空环境下高温重载啮合副、传动副、摩擦副摩擦学问题。

6. 传感与控制技术

首次采用月昼环境下高压母线和高功率密度驱动源实现轻小型化条件下的包络性输出能力;首次采用钻进力载测量方法实现真空高低温环境下力载、位移温度物理量测量;通过力载自适应调节结合转速电流双闭环实现系统工作的稳定性;通过异构多重保护策略实现无人自主下安全、可靠工作。控制系统具有高速动态响应特性和自主决策能力,同时具备月地间信息交换及策略在线重构能力。

7. 钻进规程与钻进策略

需在模拟各种工况苛刻性包络试验研究中,形成钻进参数基线、识别钻取风险,制定安全钻进、可靠取芯的基本钻进规程。

识别钻进工况状态与苛刻等级,建立反映钻进状态特征量集,提取反映钻进状态的特征量,通过钻取过程风险识别形成基本的控制策略;解析归纳故障模式与解决策略,开展钻进规程与钻进对象的适应性研究,形成充分具有包络性的故障模式与解决预案矩阵。编制钻取过程算法,支持多参数下获取月壤工况识别、反演、突破钻进与获取月壤的实时控制方法。大量挖掘试验信息数据与自学习神经网络算法,形成智能作业实时控制与策略。

8. 钻进过程风险识别与控制

利用地面大量钻取数据挖掘与提取,运用神经网络遗传算法,解读采样作用状态,判读提出正确有效的解决预案。

8 个主要子项关键技术内容,使得无人自主采样面临大量科学与技术问题,科学内涵丰富,钻取采样器深度融合空间技术与钻探科学与技术,具有科学探索性和原始创新性,蕴含天体化学、颗粒流力学、固体力学、一般动力学、机械学、摩擦学、控制理论等多学科交叉贯通融合。

3.7 本章小结

1. 无人自主动作高可靠性

月球样品钻进取芯与收纳技术是无人自主采样的核心动作,动作环节衔接紧密可靠自主运行;无人自主采样动作均为单点,要求具有高可靠性。

2. 无人自主采样新原理——双管单动软袋取芯方案

充分借鉴与剖析人类成功使用取芯技术,针对可靠取芯与利于回收实现双目标,提出内翻软袋无滑差取芯技术原理,突破粮仓效应产生的力链自锁月壤效应(土拱效应),确定双管单动无滑差原位柔性取芯的工程方案,实现月壤原位包裹保证样品层理并可以实现整形某种约束形状,适应样品收纳与封装。软袋取芯对无人自主采样任务特点、约束与需求具有最优满足度;取芯机构设计思路牵动了钻取采样器设计。

3. 钻取关键技术条目

扼要论述关键技术攻关内容,概述关键技术支撑无人自主采样器的识别体系性与研究内涵。突破样品钻进取芯技术、钻具与月壤相互作用机理关键技术,支撑采样器研制。

(1)分析无人自主采样器独特性,凝练了无人自主采样技术固有内涵,识别其研制面临的牵动性问题,突破性创新性技术及蕴含丰富的科学问题,无人自主采样任务特点:动作环节衔接紧密可靠自主运行;面对不确定月壤钻进链具有自适应健壮性质,取芯链将保持原位信息的月壤传送到收纳装置,钻取采样器依据信息集反演作业状态,具有自适应钻进与解决异常工况能力。

(2)充分借鉴与剖析人类在采样器方面成果的内涵,对几种代表性的取芯方案进行筛选与分析,提出可靠取芯与利于回收双目标实现为钻进取芯优选准则,针对干粉保持层理填充采样面临"粮仓效应"技术瓶颈,运用矛盾转化原理,提出软袋内翻无滑差取芯技术原理,突破"粮仓效应"产生的力链自锁月壤效应(土拱效应),将阻碍取芯运动摩擦力与取芯管之间的运动转化为推动月壤进芯的动力,确立软袋双管单动取芯方案。取芯过程软袋相对月壤无摩擦静止并连续原位包裹月壤,保证样品层理并可以实现整形某种约束形状,适应样品收纳与封装。软袋取芯对无人自主采样任务特点、约束与需求具有最优满足度;确立了软袋取芯优势地位,牵动了钻取采样器设计。

(3)分解无人自主钻取采样过程关键动作环节,明确采样器外包络两器细长型构造,规划样品传输路径,确立回转及回转-冲击工作模式。

(4)扼要论述关键技术攻关内容,反映关键技术支撑无人自主采样器的识别体系性与研究内涵。

(5)低重力对排粉影响显著,月壤表现出特有黏性,排粉状态与地面差异显著。在地面面对不确定剖面的情况,需开展包络性试验,形成钻进规程与普适性工况处理的预编程。

参 考 文 献

[1]　晓曲. 嫦娥五号探测器圆满完成我国首次地外天体采样返回任务[J]. 卫星应用, 2020(12): 1.
[2]　高兴文, 殷参, 赖小明, 等. 月壤钻探取心机构的多方案比较与分析[C]. 中国宇航学会深空探测技术专业委员会第九届学术年会论文集, 2012: 987-995.

［3］　李大佛，殷参，雷艳，等. 月球钻孔取心机具试验与钻进规程［J］. 地球科学，2016，41（9）：
1611 – 1618.

［4］　张玉良，乔飞，殷参，等. 月壤取心组件功能分析及其试验验证［C］. 中国宇航学会深空探测技
术专业委员会第九届学术年会.

［5］　周琴，刘宝林，张越. 用于钻探取心的软质袋自动封口装置［P］. CN201510037322. 8. 2016 –
08 – 17.

［6］　孟炜杰，曾婷，刘丽，等. 用于深层月壤采样返回的软质取心袋的设计与测试验证［J］. 航天器
环境工程，2014（1）：4.

第4章

月壤钻取作用理论研究

4.1 螺旋钻进作用特性

钻进仍是获取深层样品最有效的方式,具有获取原位信息的能力。由于月球真空无水环境,密实的干粉月壤只能借助螺旋叶片将土排出,以实现有效钻进,同时钻具内孔连续填充月壤样品。美国载人登月工程在 Apollo 15、Apollo 16、Apollo 17 任务中采用人机联合式螺旋钻获得了大量月球剖面样品;同期苏联采用螺旋钻无人自主取样方式 3 次任务共获取了 327 g 月球剖面样品;中国采用无人自主取样方式螺旋钻钻进取芯获取了 259.72 g 月壤。

螺旋钻具钻进取样方式具有如下共性特点:① 空心螺旋钻具在浅层深度下,是一种有效排粉、适宜于干湿粉土钻进掘进与输运粉土的机具;② 通过回转剪切动作,可以高效切削月壤,同时保证钻进力载在一定范围内,在米级深度内力载与深度一般呈现弱相关;③ 螺旋钻具的排粉能力适合在地外天体缺少辅助排粉条件下工作;④ 螺旋钻具增加冲击功能后能适应岩石和月壤工况;⑤ 一定条件下螺旋钻具具有"自攻"效应,即螺旋钻取将螺旋回转所产生向前运动的力转化为动力,使进样需要力载评估而变得复杂。

螺旋取芯钻具可以分为薄壁与厚壁螺旋钻两种类别,它们具有不同特性。由于没有相关的标准规范,本书以研制经验进行划分,以干粉土为钻进对象划分:一般以取芯孔面积与钻头圆筒面积比进行划分,孔面积/圆筒面积>1 为薄壁钻,比值为 0.4~0.6 为过渡厚壁钻,孔面积/圆筒面积<0.4 为典型厚壁钻。

4.1.1 薄壁螺旋钻特点

进样量与钻进比无相关性。在地面勘探采样一般用薄壁螺旋钻,借助少量水在切削冷却及进样界面润滑,由于水润滑或振动作用保证充分进样,借助人工分段拆卸,在 Apollo 15、Apollo 16、Apollo 17 任务活动中采用薄壁钻获取月壤,孔面积/圆筒面积为 1.3,内孔为 20.5 mm,由于高密实月壤摩擦角大于 40°,钻具内壁采用摩擦系数为 0.04 的特氟龙,钻具振动破坏粮仓效应的力链,以获得松散进样样品,层理受到严重扰动。在无人自主采样中薄壁钻难以拆卸收纳,长度受到限制,以苏联 Luna 16、Luna 20 为例,钻进深度为 350 mm,受到钻具长度工程收纳约束无法实现大深度钻进。

(1)薄壁螺旋钻在技术层面上:其物理构造及作用特性解耦了内孔填充与外壁排粉相互作用,实现了进样量与钻进弱相关性,即钻进与取芯相互作用剥离,内涵科学问题弱化。

(2)薄壁螺旋钻在工程层面上:需要人工介入,否则机构执行动作复杂、可靠性低,层理扰动大,无人自主操控获取米级样品无法保持层理,收纳复杂且不具备可行性。

4.1.2　厚壁螺旋钻特点

孔面积/圆筒面积<0.4 是典型厚壁钻,一般厚壁钻钻具内壁嵌有复杂取芯机构,为了处理大深度样品和保持层理,多层刚柔复合取芯机构实现样品填充与收纳,钻具容纳取芯机构使钻具同时带来了厚壁螺旋钻特征,如苏联 Luna 24 取芯内孔 8 mm,钻头外径 24 mm,孔面积/圆筒面积 = 0.33,是典型的厚壁钻构型。我国月球无人自主采样为获得大深度高保真样品,采用了厚壁螺旋钻(孔面积/圆筒面积 = 0.2),孔底排粉通量是填充取样通量的 7 倍,在孔底排粉与填充取样分土效应强烈耦合,回转切削与取芯进样行为既独立又相关,机土作用机理复杂,采样量与钻进比、钻进力载强相关,包含丰富待研究问题。

为实现大深度连续钻进取芯与柔性袋收纳,需采用厚壁螺旋钻,"钻具"与月壤是相互作用构成对立统一矛盾体,而且"钻"与"取"之间存在关联匹配,同时实现"钻得动"与"取得着"的"统一"作用行为。本章从理论角度分析螺旋钻具的钻取行为,描述月壤力学特性及其在钻取中的流变行为,揭示钻进过程作用机理,包括与密实度、颗粒级配关联的钻进参数与钻进力载特性,孔底应力场与排粉模型和分析,影响进样等主要因素,为采样器设计提供力载与运动参数边界条件,为钻具构型优化和钻进规程制定提供依据。

4.2　月壤的力学特性描述模型

月壤是具有一定附着力、深灰至浅灰颜色、粒度极小、疏松的碎屑状物质,主要由玄武岩和钙长石经机械崩解作用形成,主要粒度为 40~800 μm,平均粒度为 60~80 μm。单个月壤颗粒主要为玻璃黏合聚合体以及各种岩石和矿物碎片。月壤化学组成为玄武岩和钙长石,含有少量(小于 2%)陨石成分,如图 4.1 所示。

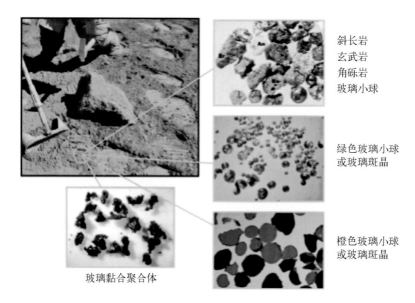

图 4.1 月壤组分图

4.2.1 月壤的土力学描述

月壤力学特性的物理描述需借助土力学和弹性力学的相关方法。一般来说,月壤物质中的地震波速度在 92~114 m/s 变化;月壤上部 15 cm 月壤的平均容积密度最佳估计值是 (1.50 ± 0.05) g/cm³,上部 60 cm 则是 (1.66 ± 0.05) g/cm³。月壤屈服满足莫尔-库仑破坏准则,即 $\tau = \eta + \sigma\tan\phi$;其不同深处黏性系数和摩擦角如表 4.1 所示。

表 4.1 月壤力学参数表

深度/cm	黏性系数 η/kPa		摩擦角 ϕ/(°)	
	平均值	分 布	平均值	分 布
0~15	0.52	0.44~0.62	42	41~43
0~30	0.9	0.74~1.1	46	44~47
30~60	3.0	2.4~3.8	54	52~55
0~60	1.6	1.3~1.9	49	48~51

莫尔-库仑模型一般应用于比较简单的二维问题描述,在仿真计算时,针对月壤材料也可以采用 Drucker-Prager(D-P)破坏准则从而保证系统具有较好的收敛特性。

D-P 模型采用如下的数学表达式描述屈服约束面:

$$\left(\cos\theta_\sigma + \frac{1}{\sqrt{3}}\sin\theta_\sigma\sin\phi\right)\sqrt{J_2} - \frac{1}{3}I_1\sin\phi - c\cos\phi = 0 \qquad (4.1)$$

式中，θ_σ 为洛德角；I_1、J_2 分别为应力张量的第一不变量和应力偏张量的第二不变量。其中，

$$\sqrt{J_2} = \alpha I_1 + k \tag{4.2}$$

式中，α、k 为与 c、ϕ 有关的常数。

莫尔-库仑模型更适合于月壤切削破碎过程，D-P 模型在屈服面引入应力球张量影响。

土力学模型主要用于描述静态或准静态土壤，适合描述准静态运移月壤；当月壤流动速度较大时，该土力学模型不准确。

4.2.2　月壤的颗粒力学描述

当月壤流动速度较大时，表现出比较复杂的颗粒动力学特性。根据颗粒介质体积分数，可以将颗粒介质分为密实颗粒和松散颗粒；根据其流动速度可以分为快速流动颗粒介质、低速流动颗粒介质和准静态颗粒介质，各种状态下的颗粒介质表现出不同的性质。静止不动的颗粒群在外力的作用下表现出来的性质和固体类似，流动以后的颗粒群表现出来的性质又与流体类似。但颗粒群在静止时的静力学性质又与一般固体不一样，颗粒群内部只能承受压力不能承受拉力，内部还有力链的存在，其内部的应力分布并不是连续的。颗粒介质流动时的性质也与一般流体不同，颗粒流的本构并不能表达为应力与速度梯度呈正比的关系。颗粒流与一般流体还有不同的地方就是其流动区域，颗粒介质的流动场明显是分区域的，在流动的过程中，颗粒的流动部分只是整块颗粒区域的一小部分，且这一小部分还是在不断变化的。在整块颗粒区域中，同时存在着静止部分与流动部分，流动部分与静止部分还在不断转化。

颗粒介质表现出的复杂特性在螺旋钻取中也有明显体现，例如，钻取过程中其流动区域只体现在钻具周边被扰动区域及进芯通道中；月壤颗粒流动阻力规律也与颗粒流动特性直接相关。然而，目前国际上并没有得到统一的颗粒动力学描述理论，相关问题仍是 21 世纪待解决的重大科学问题之一。目前发表了许多从不同角度观察颗粒材料流动特性的研究结果，其中与螺旋钻取过程相关的材料特性如下。

1. 力链效应

颗粒流力学发展，发现颗粒材料在承力过程中，其力并不是在每个颗粒上均匀分布，而是由少部分颗粒组成的力链上承受了绝大部分的力，其他颗粒承受了较小的力。在螺旋钻取过程中，若进芯通道内存在大颗粒，这些大颗粒可能处在力链上承受较大的力，几毫米量级密集可以再形成力链，力链是拱效应的内在表述。

2. 粮仓效应

1884 年英国科学家研究粮仓地面的压强时发现，当粮食堆积高度大于 2 倍底面直径后，粮仓地面所受的压强不随着粮食的增加而增加，与液体在容器地面所表现的性质完全不同，这就是著名的粮仓效应。Jassen 从颗粒力学角度解释如下：由于颗粒间相互作用，

重力方向的力被分解到水平方向,粮仓边壁支撑了颗粒的部分重量,底部压强趋于饱和。在螺旋钻取过程中,若被动进芯段过长,则在粮仓效应的影响下可能无法进样,这个结论是在静态下得出的,在冲击和振动激励下,力链会不断变化,突破拱效应,但为防止振动压实,设计上充分遵循粮仓效应准则。

3. 稠密流本构

对于稠密型准静态颗粒流,通过量纲分析和数值模拟,给出对于硬质颗粒其剪切应力和法向应力成正比,比例系数为一个无量纲数——惯性数——的函数,即

$$\tau = \mu(I)P, \ I = \frac{\dot{\gamma}d}{\sqrt{P/\rho}} \tag{4.3}$$

式中,τ 为切应力;μ 为等效摩擦系数;P 为静水压力;I 为惯性数;$\dot{\gamma}$ 为应变率;d 为颗粒直径;ρ 为颗粒介质密度。

稠密流本构模型与 Jop 等的斜面流试验(图 4.2)结果相吻合,试验给出的摩擦系数模型为

$$\mu(I) = \mu_s + (\mu_2 - \mu_s)/(I_0/I + 1) \tag{4.4}$$

式中,μ_2 为最大摩擦系数;μ_s 为启动后 $I = 0$ 时摩擦系数;I_0 为一个常数。该模型可以很好地预测二维试验结果,但对三维结果不太适用。因此,Jop 等又提出了三维的摩擦系数模型,即

$$\sigma_{ij} = -P\delta_{ij} + \tau_{ij}, \ \tau_{ij} = \eta(|\dot{\gamma}|, P)\dot{\gamma}_{ij}$$
$$\eta(|\dot{\gamma}|, P) = \mu(I)P/|\dot{\gamma}|, \ I = |\dot{\gamma}|d/\sqrt{P/\rho_s} \tag{4.5}$$

式中,$\dot{\gamma}_{ij} = (\partial u_i/\partial x_j) + (\partial u_j/\partial x_i)$ 为应变率张量;$|\dot{\gamma}| = \sqrt{0.5\dot{\gamma}_{ij}\dot{\gamma}_{ij}}$ 为 $\dot{\gamma}_{ij}$ 的第二不变量。MiDi 试验组还给出了基于试验的连续性模型,即

$$\frac{\mathrm{d}\rho}{\mathrm{d}t} = -\rho\nabla\cdot u$$
$$\rho\frac{\mathrm{d}u}{\mathrm{d}t} = -\nabla\cdot\sigma + \rho g$$
$$\mu(I) = u_0 + (u_2 - u_0)/(I_0/I + 1)$$
$$\sigma_{ij} = -P\delta_{ij} + \tau_{ij} \tag{4.6}$$
$$\tau_{ij} = \eta(|\dot{\gamma}|, P)\dot{\gamma}_{ij}/|\dot{\gamma}|$$
$$\eta(|\dot{\gamma}|, P) = \mu(I)P$$
$$I = \frac{\dot{\gamma}d}{\sqrt{P/\rho}}$$

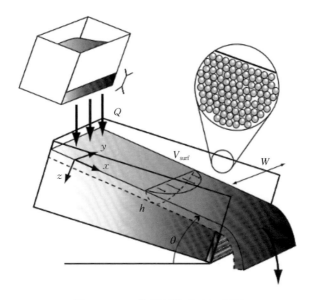

图 4.2 Jop 等斜面流试验示意图

4. 颗粒流边界层厚度

颗粒流场中,流动颗粒与不流动颗粒之间存在一个剪切带。根据 Clion 等的理论,该剪切带的厚度一般与颗粒的直径相关,厚度为 N,其中 $N = 5 \sim 10$。在月壤钻取中,螺旋钻具带动的颗粒流动区域与该特性相关联,一般来说,直径越大,带动的流动区域越大。实际现象类似,颗粒级配均匀的月壤排粉会更加顺畅,过细或过粗糙月壤不利于排粉运移。

虽然月壤的颗粒流变模型研究较多,但实际在工程领域应用较少,主要是相关理论还不完善,需要根据具体问题综合考虑。

综上所述,从螺旋钻取过程来说,在钻具的不同位置月壤表现出不同的流变行为。

(1) 在钻头切削部位,月壤表现出较大变形,但运动速度较低,将莫尔-库仑模型或 D-P 模型作为破坏准则可以较好描述;

(2) 在进芯通道部位,月壤变形较小,但整体有相对运动趋势,粮仓效应对取芯被动段设计具有指导作用,且长径比不宜超过 1.5;

(3) 在月壤排粉通道内,运动运移速度较大,此时其流动速度较大,需要综合考虑排粉槽流态分析及月壤的动力学效应。

4.3 经典月壤钻进描述模型

4.3.1 月壤切削解析模型

大量试验证明,钻头的切削速度对切削阻力的影响可以忽略不计,因此在建立月壤与切削具相互作用力学模型时,可以忽略钻头转速的影响。切削具切削月壤时,在任一瞬时,切削具与月壤的相互作用为沿着切削刃前面法向的剪切破坏。可以利用土力学相关理论建立月壤破坏时的力学模型。

月壤的破坏服从莫尔-库仑破坏准则,对不同宽深比(切削深度 h/切削具宽度 w)的切削具,月壤的失效机理不同,如图4.3。英国的Godwin与Spoor为了研究土壤在不同宽深比情况下的破坏情况,设计了玻璃箱试验。试验将不同参数的土壤装入一个玻璃箱中,然后把切削具插入土壤中并向前推动到土壤正好产生剪切破坏面时,记录其失效形式。大量的试验结果表明,对于较大宽深比的切削具,其前端上的土壤向前、向上和两侧四个方向产生流动,随着宽深比的减小,在一定深度以上的土壤仍然产生三向流动。但是在该深度以下,土壤只产生横向的移动,并且没有非常明显的剪切面存在,称该深度为临界深度。也就是说,不同宽深比的切削具在土壤中的破坏机理是不完全相同的,临界深度随土壤性质和取芯钻头结构参数的变化而变化。失效区域可以分为如下两个部分:

(1)上层失效区域,该区域中土壤产生向上方、前方和侧向的流动趋势,称为新月失效区。

(2)下层失效区域,该区域内土壤只产生向前方的流动趋势,没有明显剪切面存在,称为横向失效区。

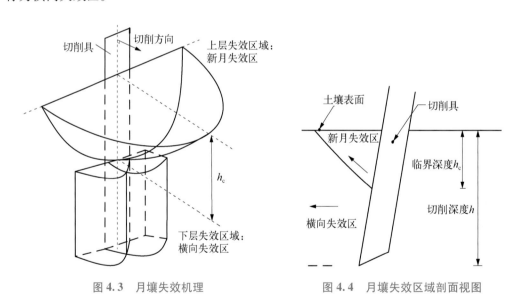

图4.3　月壤失效机理　　　　　　图4.4　月壤失效区域剖面视图

月壤失效区域的剖面视图如图4.4所示。

可将月壤失效分为两个部分,对于不同宽深比的切削具,失效可能是新月失效或者横向失效的组合。

对于宽切削刃的钻头,月壤失效只有新月失效一种形式,对于很窄的切削刃,其失效形式为新月失效和横向失效两种形式。

取芯钻头切削具的宽深比是由进尺速度决定的,一般情况下,宽切削刃和窄切削刃的宽深比为:宽切削刃 $d/w < 0.5$,窄切削刃 $1 < d/w < 6$,极窄切削刃 $d/w > 6$。

旋转切削过程中,切削具前面月壤的破坏包括两个部分——中心失效区和侧向失效区。如图 4.5 所示,中心失效区的前端是一个椭圆弧,与侧向失效区椭圆弧的长径和短径相同。

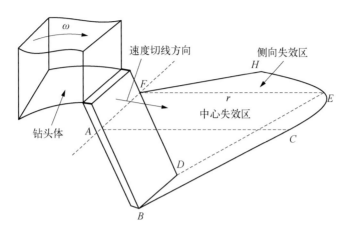

图 4.5 切削失效区域

在分析这两部分的受力时,为了计算简便,做如下假设:① 将侧向失效区的椭圆弧以圆弧代替,其半径等于中心失效区前端的失效距离 r;② 假设中心失效区的弧 CE 为直线;③ 因为只计算切削阻力的大小,所以忽略切削具后角与月壤间的摩擦阻力。这三个假设能够很大程度地简化计算。

对于简化后的模型,将分别计算两部分失效区域的切削力,再利用叠加定理,求出总的旋转切削力。

对于中心失效区,通过二维受力分析即可求解中心失效区所对应的切削力 P_c。中心失效区的受力分析如图 4.6 所示。由于月壤含水量极少,属于干燥密实类粉质土,在求解过程中,忽略钻具-月壤的内聚力系数 c_a;d 为切削深度;q 为月表法向压力;γ 为月壤的容重;β 为月壤失效角,即切削具前端月壤破坏线 BC 与月表所成的夹角;α 为切削具切削角;c 为月壤内聚力;R_c 为月壤破坏面所受压力。

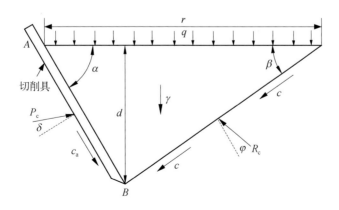

图 4.6 中心失效区受力模型

73

根据极限平衡原理列写平衡方程:

$$\sum F_x = 0, \quad P_c \sin(\alpha + \delta) = R_c \sin(\beta + \varphi) + \frac{cwd\cos\beta}{\sin\beta} \tag{4.7}$$

$$\sum F_y = 0, \quad P_c \cos(\alpha + \delta) + R_c \cos(\beta + \varphi) = \frac{\gamma drw}{2} + \frac{cwd\sin\beta}{\sin\beta} + qrw \tag{4.8}$$

消去 R_c 得

$$
\begin{aligned}
P_c &= \frac{\dfrac{1}{2\gamma dr} + cd[\,1 + \cot\beta\cot(\beta + \varphi) + qr\,]}{\cos(\alpha + \delta) + \sin(\alpha + \delta)\cot(\beta + \varphi)} \cdot w \\[4mm]
&= \frac{\gamma d^2 \dfrac{r}{2d} + cd[\,1 + \cot\beta\cot(\beta + \varphi)\,] + qd\dfrac{r}{d}}{\cos(\alpha + \delta) + \sin(\alpha + \delta)\cot(\beta + \varphi)} \cdot w
\end{aligned}
\tag{4.9}
$$

可得 P_c 在水平方向的分量 H_c,即水平切削力为

$$H_c = P_c \sin(\alpha + \delta) = \frac{\gamma d^2 \dfrac{r}{2d} + cd[\,1 + \cot\beta\cot(\beta + \varphi)\,] + qd\dfrac{r}{d}}{\cot(\alpha + \delta) + \cot(\beta + \varphi)} \cdot w \tag{4.10}$$

对于侧向失效区,假定角 β 为水平方向与月壤破坏面的夹角,对角度 ρ 的增量 $d\rho$ 积分,最终得出该部分的水平和垂直方向受力。与中心失效区的假设相同,将弧线 CD 简化为直线,利用极限平衡原理对微元 $d\rho$ 区域列写平衡方程,积分得出侧向失效区的切削力。侧向失效区受力如图 4.7 所示。图中,弧 BC 所对应的区域为侧向失效区;dP_2 为 $d\rho$ 对应的微元区域所受切削力;dR_2 为月壤失效面所受压力;r 为侧向失效区长度,等于中心失效区的

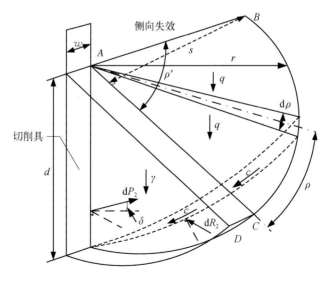

图 4.7　侧向失效区简化模型及受力分析

长度 AC；c 为月壤内聚力；δ 为钻具-月壤摩擦角；ρ' 为侧向失效区对应的椭圆弧角度值。

根据图 4.7，列写平衡方程，即

$$\sum F_x = 0, \quad \mathrm{d}P_2\sin(\alpha + \delta) = \mathrm{d}R_2\sin(\beta + \varphi) + \frac{crd\mathrm{d}\rho\cos\beta}{2\sin\beta} \tag{4.11}$$

$$\sum F_y = 0, \quad \mathrm{d}P_2\cos(\alpha + \delta) + \mathrm{d}R_2\cos(\beta + \varphi) = \frac{1}{6}\gamma dr^2\mathrm{d}\rho + \frac{crd\mathrm{d}\rho\sin\beta}{2\sin\beta} + \frac{1}{2}qr^2\mathrm{d}\rho \tag{4.12}$$

联立求解得

$$\mathrm{d}P_2 = \frac{\dfrac{1}{6}\gamma dr^2 + \dfrac{1}{2}cdr\left[1 + \cot\beta\cot(\beta + \varphi)\right] + \dfrac{1}{2}qr^2}{\cot(\alpha + \delta) + \sin(\alpha + \delta)\cot(\beta + \varphi)} \cdot \mathrm{d}\rho \tag{4.13}$$

假设该力和 P_c 与水平方向夹角相同，并且 $\mathrm{d}P_2$ 对应的微元 $\mathrm{d}\rho$ 与轴 AC 成的角度为 ρ，可以得到，该失效区域微元所受到的水平方向的切削力 $\mathrm{d}H_2$ 为

$$\mathrm{d}H_2 = \mathrm{d}P_2\sin(\alpha + \delta)\cos\rho \tag{4.14}$$

在侧向失效区，满足如下几何条件：

$$r = \frac{d}{\tan\beta} + \frac{d}{\tan\alpha} \tag{4.15}$$

$$\cos\rho' = \frac{d}{r}\cot\alpha \tag{4.16}$$

因此，可以得到如下结果：

$$\cos\rho' = \frac{\tan\beta}{\tan\alpha + \tan\beta} \tag{4.17}$$

可得侧向失效区的水平方向切削力 H_2 为

$$H_2 = \int_0^{\rho'}\mathrm{d}P_2\sin(\alpha + \delta)\cos\rho$$

$$= \frac{\dfrac{1}{6}\gamma dr^2 + \dfrac{1}{2}cdr\left[1 + \cot\beta\cot(\beta + \varphi)\right] + \dfrac{1}{2}qr^2}{\cot(\alpha + \delta) + \cot(\beta + \varphi)} \cdot \sin\rho' \tag{4.18}$$

根据叠加定理，总的水平切削力为

$$H = H_c + H_2$$

$$= \frac{\sin(\alpha + \delta) + \cos(\beta + \varphi)}{\sin(\alpha + \delta + \beta + \varphi)} \cdot \left\{\gamma d^2\frac{rw}{2d}\left[1 + \frac{2rd}{3dw}\sin\rho'\right]\right.$$

$$\left. + cdw\left[1 + \cot\beta\cot(\beta + \varphi)\right]\left[1 + \frac{rd}{dw}\sin\rho'\right] + qwd\left[1 + \frac{rd}{dw}\sin\rho'\right]\right\} \tag{4.19}$$

力载参数包括刀具几何参数、月壤内聚力及摩擦系数等,构成解析描述方程。

4.3.2 钻取月壤临界转速解析模型

经典的月壤排粉模型为临界转速模型,这个模型是通过单粒子受力推导出来的,在顺畅排粉低密实情况下是较为适用的,对于塞流排粉需要按连续流处理。钻杆大部分长度段处于顺畅排粉疏散流,其通过分析单个颗粒的力与运动得到整体的排粉约束关系。如图 4.8 所示,位于螺旋最外半径 R_D 处并与螺旋面和孔壁相接触的月壤颗粒受如下力的作用:重力、螺旋面对月壤颗粒的反作用力和摩擦力、孔壁对月壤颗粒的反作用力和摩擦力。

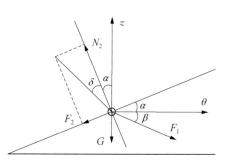

图 4.8　土壤颗粒受力分析

当钻杆旋转时,存在一个速度使得月壤颗粒既不上升也不下降,随螺旋一起旋转。定义该转速 ω_0 为临界转速。颗粒以升角 β 螺旋上升,这时的绝对角速度 ω_r 也可以看成钻进过程中的临界转速。当钻杆转速大于临界转速时,即 $\omega > \omega_0$,月壤颗粒只以临界角速度 ω_0 旋转。颗粒的力的平衡方程建立如下:

$$\begin{cases} F_1\cos(\alpha+\beta) = G\sin\alpha + F_2 \\ N_2 = G\cos\alpha + F_1\sin(\alpha+\beta) \end{cases} \tag{4.20}$$

式中,$F_1 = \mu_1 N_1 = \mu_1 m\omega_r^2 R_D$;$F_2 = \mu_2 N_2$,$\mu_2 = \tan\delta$;$\alpha$ 为半径 R_D 处的螺旋升角。

角速度 ω_r 为

$$\omega_r = \sqrt{\frac{g\sin(\alpha+\delta)}{R_D\mu_1\cos(\alpha+\beta+\delta)}} \tag{4.21}$$

$\beta = 0$ 时的 ω_r 成为临界角速度 ω_0,即

$$\omega_0 = \sqrt{\frac{g}{R_D\mu_1}\tan(\alpha+\delta)} \tag{4.22}$$

从上述临界角速度的表达式中可以看出:

(1) $\alpha + \delta = 90°$,$\omega_0 \longrightarrow \infty$。为避免转速过高,应使 $\alpha < 90° - \delta$,即 $\tan\alpha < 1/\tan\delta$。又因 $\tan\alpha = S/(\pi D)$,螺旋钻螺旋导程 S 和外径 D 必须满足的条件为

$$\frac{S}{D} < \frac{\pi}{\tan\delta} \tag{4.23}$$

一般情况下,上述条件都能满足。在设计螺旋时,常取 $S/D \approx 1$。

(2) $\mu_1 \longrightarrow 0$,$\omega_0 \longrightarrow \infty$。大量实践证明,孔壁越光滑越不利螺旋输送。这也说明孔壁的摩擦系数是颗粒上升条件,尤其塞流状态,由于月壤构造尖砾及嵌合性,月壤间摩

擦系数与月壤成熟度关联,摩擦系数可以达到 1.7~2,由于月壤颗粒特殊形态表现出不同摩擦特性。

(3)月球低重力环境需要临界转速要低,但由于静电产生达尔西力,实际钻进表明月壤与地球相近,由于达尔西力增加了摩擦黏附效应与微团黏性效应,黏性效应使内聚力增大,地面对月壤内聚力测试忽略了这一点,致使月壤内聚力偏小。

4.3.3　月壤与钻具作用解析描述

螺旋槽中颗粒输运过程的建模是研究钻取动力学的关键,经典模型中关于螺旋输运动力学问题大部分基于斜坡-质点模型开展临界状态的分析,并没有将螺旋排粉通道内部压力与钻进参数关联,因此无法描述钻进参数变化条件下取芯效果变化的原因。考虑螺旋通道内部压力变化,建立模型如图 4.9 所示。

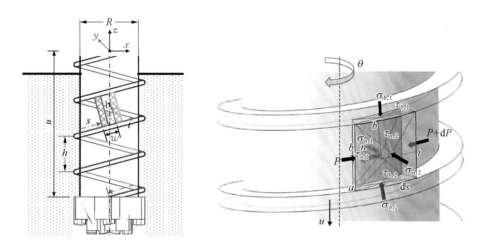

图 4.9　螺旋排粉模型

R-钻杆螺纹大径;h-钻杆螺距;b-螺旋槽的高度;a-螺旋槽深度;α-螺旋升角

钻杆与月壤在钻杆包络面上的相互作用比较复杂,为了便于分析和研究,特进行如下简化[1]:

(1)将螺旋槽排粉通道内的月壤视为连续均匀的准流体介质,即相对于螺旋面有一致的流速,无密度变化和径向的速度扰动。

(2)螺旋槽道内的排粉序列稳定,槽道内不会发生堵塞。

在随体坐标系 $O'\bar{e}_1\bar{e}_1\bar{e}_1$ 下,螺旋线方程为

$$
\begin{cases}
\xi = r\cos\alpha \\
\psi = r\sin\alpha \\
\zeta = \dfrac{h}{2\pi}\alpha
\end{cases}
\tag{4.24}
$$

式中,r 为螺杆轴线到螺纹厚度中心的半径;h 为螺距;α 为转角。

螺纹弧长与转角 α 的关系为

$$ds = \sqrt{d\xi^2 + d\psi^2 + d\zeta^2} = \sqrt{r^2 + \left(\frac{h}{2\pi}\right)^2}\, d\alpha \qquad (4.25)$$

如果设 $\alpha = 0$ 时, $s = 0$, 可得到弧长与转角之间的线性关系, 即

$$s = A\alpha, \quad A = \sqrt{r^2 + \left(\frac{h}{2\pi}\right)^2} \qquad (4.26)$$

在惯性坐标系下 $O\overline{ijk}$, 螺杆作为刚体沿杆方向的位移 u, 绕轴旋转 θ(逆时针为正, 顺时针为负。运动过程中其速度为负才能排粉, 旋转方向与螺旋线相反才能正常工作)。开始时刻惯性坐标系和随体坐标系位置重叠。于是, 螺纹线上弧长为 s 点在空间的位置为

$$\begin{cases} x = r\cos(\alpha + \theta) \\ y = r\sin(\alpha + \theta) \\ z - u = \dfrac{\alpha}{2\pi}h \end{cases}, \quad \begin{cases} x = r\cos\left(\dfrac{1}{A}s + \theta\right) \\ y = r\sin\left(\dfrac{1}{A}s + \theta\right) \\ z - u = \dfrac{h}{2\pi}\dfrac{1}{A}s \end{cases} \qquad (4.27)$$

式中, u 为负值。惯性坐标系与随体坐标系之间的转换关系为

$$[e_1 \quad e_2 \quad e_3] = [i \quad j \quad k]\begin{bmatrix} \cos\theta & -\sin\theta & 0 \\ \sin\theta & \cos\theta & 0 \\ 0 & 0 & 1 \end{bmatrix} \qquad (4.28)$$

根据假设将螺旋槽内的月壤视为具有统一运动规律的整体。螺杆上的被排颗粒不可压缩, 且运动一致, 即每一颗粒点与钻杆的相对运动具有相同的相对速度。选取颗粒点 P, 其相对螺纹线的位置用参数 $w(t)$ 表示。该颗粒点在空间的位置可表示为

$$\begin{cases} x(s + w, t) = r\cos\left(\dfrac{1}{A}(s + w) + \theta\right) \\ y(s + w, t) = r\sin\left(\dfrac{1}{A}(s + w) + \theta\right) \\ z(s + w, t) - u = \dfrac{h}{2\pi}\dfrac{(s + w)}{A} \end{cases} \qquad (4.29)$$

该颗粒点在空间中的绝对速度为

$$\begin{cases} \dot{x}(s + w, t) = -r\sin\left(\dfrac{1}{A}(s + w) + \theta\right)\left(\dfrac{\dot{w}}{A} + \dot{\theta}\right) \\ \dot{y}(s + w, t) = r\cos\left(\dfrac{1}{A}(s + w) + \theta\right)\left(\dfrac{\dot{w}}{A} + \dot{\theta}\right) \\ \dot{z}(s + w, t) = \dot{u} + \dfrac{h}{2\pi}\dfrac{\dot{w}}{A} \end{cases} \qquad (4.30)$$

相应的绝对加速度为

$$
\begin{cases}
\ddot{x}(s+w,\,t)=-r\cos\left(\dfrac{1}{A}(s+w)+\theta\right)\left(\dfrac{\dot{w}}{A}+\dot{\theta}\right)^2-r\sin\left(\dfrac{1}{A}(s+w)+\theta\right)\left(\dfrac{\ddot{w}}{A}+\ddot{\theta}\right)\\[4mm]
\ddot{y}(s+w,\,t)=-r\sin\left(\dfrac{1}{A}(s+w)+\theta\right)\left(\dfrac{\dot{w}}{A}+\dot{\theta}\right)^2+r\cos\left(\dfrac{1}{A}(s+w)+\theta\right)\left(\dfrac{\ddot{w}}{A}+\ddot{\theta}\right)\\[4mm]
\ddot{z}(s+w,\,t)=\ddot{u}+\dfrac{h}{2\pi}\dfrac{\ddot{w}}{A}
\end{cases}
$$

$$(4.31)$$

对应每个材料点,可以把速度和加速度向螺纹线的自然坐标标架上分解。标架三个方向的单位矢量表示为沿着螺纹方向单位矢量 t、垂直于螺纹方向单位矢量 n、沿轴线方向单位矢量 n_f。其中,

$$
t(s,\,t)=\frac{\dfrac{\mathrm{d}\xi}{\mathrm{d}s}e_1+\dfrac{\mathrm{d}\psi}{\mathrm{d}s}e_2+\dfrac{\mathrm{d}\zeta}{\mathrm{d}s}e_3}{\sqrt{\left(\dfrac{\mathrm{d}\xi}{\mathrm{d}s}\right)^2+\left(\dfrac{\mathrm{d}\psi}{\mathrm{d}s}\right)^2+\left(\dfrac{\mathrm{d}\zeta}{\mathrm{d}s}\right)^2}}
$$

$$(4.32)$$

注意到:

$$
\begin{cases}
\dfrac{\mathrm{d}\xi}{\mathrm{d}s}=-r\sin\alpha\,\dfrac{1}{A}\\[3mm]
\dfrac{\mathrm{d}\psi}{\mathrm{d}s}=r\cos\alpha\,\dfrac{1}{A}\\[3mm]
\dfrac{\mathrm{d}\zeta}{\mathrm{d}s}=\dfrac{h}{2\pi}\dfrac{1}{A},\qquad \sqrt{\left(\dfrac{\mathrm{d}\xi}{\mathrm{d}s}\right)^2+\left(\dfrac{\mathrm{d}\psi}{\mathrm{d}s}\right)^2+\left(\dfrac{\mathrm{d}\zeta}{\mathrm{d}s}\right)^2}=1
\end{cases}
$$

故有

$$
t(s,\,t)=\frac{\mathrm{d}\xi}{\mathrm{d}s}e_1+\frac{\mathrm{d}\psi}{\mathrm{d}s}e_2+\frac{\mathrm{d}\zeta}{\mathrm{d}s}e_3=\frac{1}{A}[i\quad j\quad k]\begin{bmatrix}-r\sin(\alpha+\theta)\\ r\cos(\alpha+\theta)\\ \dfrac{h}{2\pi}\end{bmatrix}
$$

$$(4.33)$$

主法线和副法线的单位矢量也可以表示为

$$
n_f(s,\,t)=-\cos\alpha e_1-\sin\alpha e_2=-[i\quad j\quad k]\begin{bmatrix}\cos(\alpha+\theta)\\ \sin(\alpha+\theta)\\ 0\end{bmatrix}
$$

$$(4.34)$$

$$
n(s,\,t)=t\times n_f=-\frac{1}{A}[i\quad j\quad k]\begin{bmatrix}-\dfrac{h}{2\pi}\sin(\alpha+\theta)\\[2mm] \dfrac{h}{2\pi}\cos(\alpha+\theta)\\[2mm] -r\end{bmatrix}
$$

$$(4.35)$$

在螺旋线上弧长为 s 的排粉队列,颗粒点 P 的速度大小 v_e 可以表示为

$$v_e = \sqrt{\dot{x}^2 + \dot{y}^2 + \dot{z}^2} = \sqrt{r^2\left(\frac{\dot{w}}{A} + \dot{\theta}\right)^2 + \left(\dot{u} + \frac{h}{2\pi}\frac{\dot{w}}{A}\right)^2} \tag{4.36}$$

其沿自然标架切向方向 t 的分量 v_t 为

$$\begin{aligned} v_t(s, t) &= (\dot{x}i + \dot{y}j + \dot{z}k) \cdot t(s, t) \\ &= \frac{1}{A}\left\{r^2\left(\frac{\dot{w}}{A} + \dot{\theta}\right) + \frac{h}{2\pi}\left[\dot{u} + \left(\frac{h}{2\pi}\right)\frac{\dot{w}}{A}\right]\right\} \end{aligned} \tag{4.37}$$

P 点速度沿自然标架主方向 n 的分量 v_n 为

$$v_n(s, t) = v(s, t) \cdot n(s, t) = \frac{r}{A}\left[-\frac{h}{2\pi}\left(\frac{\dot{w}}{A} + \dot{\theta}\right) + \left(\dot{u} + \frac{h}{2\pi}\frac{\dot{w}}{A}\right)\right] \tag{4.38}$$

颗粒点 P 的加速度在 t、n_f、n 三个方向的分量分别为

$$\begin{cases} a_t(s, t) = a(s, t) \cdot t(s, t) = \frac{1}{A}\left(\ddot{\theta}r^2 + \ddot{u}\frac{h}{2\pi}\right) + \left[r^2 + \left(\frac{h}{2\pi}\right)^2\right]\frac{\ddot{w}}{A^2} \\ a_n(s, t) = a(s, t) \cdot n(s, t) = -\frac{r}{A}\left(\frac{h}{2\pi}\ddot{\theta} - \ddot{w}\right) = -\frac{r}{A}\frac{h}{2\pi}\ddot{\theta} + \frac{r}{A}\ddot{w} \\ a_{n_f} = a(s, t) \cdot n_f(s, t) = r\left(\frac{\dot{w}}{A} + \dot{\theta}\right)^2 \end{cases} \tag{4.39}$$

以螺旋槽内的月壤微单元为研究对象,月壤微团受到钻杆旋转产生的离心力、螺旋槽对月壤微团的支持力、月壤微团和钻孔内壁以及月壤微团和螺旋槽之间的摩擦力、月壤排粉序列内的压力,其受力分析如图 4.10 所示。其中,ΔN 代表压力,$\Delta \tau$ 代表摩擦力,它们之间满足库仑摩擦定律,而下标代表方向。另外,值得指出的是 ΔN_{z2} 为外界月壤对排粉微单元的压力,$\Delta \tau_{z2}$ 为相应的摩擦力,这一摩擦力的方向与微单元的绝对速度方向相反,因此并不是沿着排粉通道的方向。

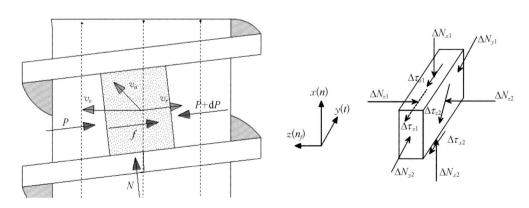

图 4.10 螺旋槽内月壤微单元受力分析

对于稳定的排粉序列,假设排粉通量的截面积恒定为 $\phi(a, b)$(该截面积可表示为螺旋槽宽度与颗粒直径的函数)。将排粉序列内的月壤微单元视为刚体,对于图 4.10 长、宽、高为 a、b、$\mathrm{d}s$ 的微单元,由动量定理可得

$$
\begin{cases}
\mathrm{d}ma_t = (\Delta N_{y2} - \Delta N_{y1}) + \left[-\mu_1 \dfrac{\dot{w}}{|\dot{w}|}(\Delta N_{x1} + \Delta N_{x2} + \Delta N_{z1}) - \mu_2 \dfrac{v_t}{\bar{v}_e}\Delta N_{z2} \right] - \mathrm{d}mg\sin\beta \\
\mathrm{d}ma_{n_f} = \Delta N_{z2} - \Delta N_{z1} \\
\mathrm{d}ma_n = \Delta N_{x2} - \Delta N_{x1} - \mu_2 \dfrac{v_n}{\bar{v}_e}\Delta N_{z2} - \mathrm{d}mg\cos\beta
\end{cases}
$$

$$(4.40)$$

为了简化模型,避免讨论流动沙子的本构关系,把微单元当成一个特殊的质点系来处理,做以下假设:

(1)假设 1。假设排粉通道的一致连续性,因此沿通道可以传递压力,即

$$
\Delta N_{y2} - \Delta N_{y1} = -ab\mathrm{d}p \tag{4.41}
$$

式中,$\mathrm{d}p$ 为颗粒流动中的压力差。

(2)假设 2。排粉通道外侧月壤对排粉通道微单元的压力假设。

对颗粒与钻杆接触面的法向压力可作如下假设:

$$
\Delta N_{z1} = \sigma_\mathrm{h} b\mathrm{d}y \tag{4.42}
$$

式中,σ_h 为等效的钻杆对螺旋槽内月壤的挤压应力。

可以将流动颗粒与周边颗粒之间的相互挤压力表示为

$$
\Delta N_{z2} = \sigma_\mathrm{h} b\mathrm{d}y + \mathrm{d}ma_{n_f} \tag{4.43}
$$

对于小颗粒的月壤,钻取产生的钻孔能够保形[图 4.11(a)],钻孔形成稳定的内表面,即钻孔内壁对钻杆无侧压力,可假设 $\sigma_\mathrm{h} = 0$,槽道内的月壤与钻孔内壁间的压力完全来自于钻杆旋转产生的离心力。

而对于大颗粒的月壤,钻取产生的钻孔则会崩塌[2][图 4.11(b)],钻孔内壁结构并不稳定,这时钻杆包络外的土壤对钻杆和螺旋槽内的月壤有挤压作用。这时,必须考虑内槽壁面对颗粒之间的侧压效应。

为建立挤压应力 σ_h 的近似表示,考虑孔隙率 n 的月壤所引起的内摩擦角与内聚力。内摩擦角 ϕ 和内聚力 c 与孔隙率 n 近似有如下关系:

$$
\tan\phi = 1.3779 \frac{1-n}{n} - 0.3925
$$

$$
c = 60959\mathrm{e}^{-22.552n} \tag{4.44}
$$

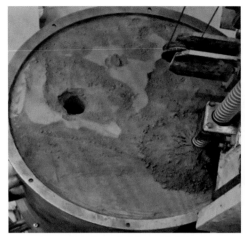 

(a) 钻取小颗粒月壤的钻孔保形   (b) 钻取大颗粒月壤的钻孔崩塌

图 4.11   钻取小颗粒月壤的钻孔保形及钻取大颗粒月壤的钻孔崩塌

若月壤的内聚力和摩擦力能抵抗重力引起的剪切效应,即满足 $\tau \leqslant c + \sigma \tan \phi$,则钻取产生的孔腔能够保形。由上述关系可知,随着孔隙率的增大,内摩擦角和内聚力将相应地降低。这在一定程度上会导致大颗粒的土壤容易在自重作用下达到剪切强度,进而导致形成的钻孔发生崩塌现象,从而影响排粉过程。

为描述钻杆包络外的土壤对钻杆及螺旋槽内土壤的压应力,将挤压应力 σ_h 假设满足如下关系:

$$\sigma_h = k(1 - \sin \phi)\left(g \int_0^z \rho \mathrm{d}\zeta\right), \quad k = 0 \text{ 或 } 1 \tag{4.45}$$

式中,$k = 0$ 代表光杆模型,即 $\sigma_h = 0$ 的情况;$k = 1$ 代表有侧压的情况。

在均质月壤条件下,式(4.45)可简化为

$$\sigma_h = k(1 - \sin \phi)\rho g z \tag{4.46}$$

利用深度 z 与 s 的换算关系,$z = H - \dfrac{sh}{2\pi A}$,得

$$\sigma_h = k(1 - \sin \phi)\rho g\left(H - \frac{sh}{2\pi A}\right) \tag{4.47}$$

式中,ϕ 为内摩擦角;z 为当前的位置离地表的深度;s 为当前螺纹位置;H 为钻进深度;$k = 0$ 或 $k = 1$。

（3）假设 3。假设槽内月壤与螺旋槽的上表面脱离接触,根据式(4.47),有

$$\begin{cases} \Delta N_{x1} = 0 \\ \Delta N_{x2} = \mathrm{d}ma_n + \mathrm{d}mg\cos\beta + \mu_2 \dfrac{v_n}{v_e}(\sigma_h b\mathrm{d}y + \mathrm{d}ma_{n_f}) \end{cases} \tag{4.48}$$

把式(4.41)、式(4.42)、式(4.43)、式(4.48)代入式(4.40)中得

$$
\rho a_t = -\frac{\mathrm{d}p}{\mathrm{d}s} - \left(\begin{array}{l}\left(\dfrac{\mu_1}{a}\dfrac{\dot{w}}{|\dot{w}|}\mu_2\dfrac{v_n}{v_e} + \dfrac{\mu_2}{a}\dfrac{v_t}{v_e} + \dfrac{\mu_1}{a}\dfrac{\dot{w}}{|\dot{w}|}\right)\sigma_{\mathrm{h}} \\[2mm] + \rho\left(\mu_1\dfrac{\dot{w}}{|\dot{w}|}(a_n + g\cos\beta) + \mu_2\left(\mu_1\dfrac{\dot{w}}{|\dot{w}|}\dfrac{v_n}{v_e} + \dfrac{v_t}{v_e}\right)a_{n_f}\right)\end{array}\right) - \rho g\sin\beta
$$

$$(4.49)$$

式中，$\mathrm{d}y = \mathrm{d}s$；$\mathrm{d}m = \rho ab\,\mathrm{d}s$；$\sin\beta \approx \tan\beta = \dfrac{h}{2\pi r}$；$\mu_1$ 为微单元与螺纹之间的摩擦系数(月壤对钢)；μ_2 为微单元与包络面外月壤之间的摩擦系数(月壤对月壤)。根据前面的排粉通道，微单元的运动学存在以下关系：

$$
\begin{cases}
a_t(s,\,t) = \dfrac{1}{A}\left[r^2\left(\dfrac{\ddot{w}}{A} + \ddot{\theta}\right) + \dfrac{h}{2\pi}\left(\ddot{u} + \dfrac{h}{2\pi}\dfrac{\ddot{w}}{A}\right)\right] \\[3mm]
a_{n_f} = r\left(\dfrac{\dot{w}}{A} + \dot{\theta}\right)^2 \\[3mm]
a_n(s,\,t) = -\dfrac{r}{A}\left(\dfrac{h}{2\pi}\ddot{\theta} - \ddot{u}\right)
\end{cases}
$$

$$(4.50)$$

在稳定钻进条件下，$\ddot{u} = 0$，$\ddot{\theta} = 0$，而且进一步假设排粉过程也处于稳定状态，即 $\ddot{w} = 0$，则式(4.50)可简化为

$$
\begin{cases}
a_t(s,\,t) = 0 \\[2mm]
a_n(s,\,t) = 0 \\[2mm]
a_{n_f} = r\left(\dfrac{\dot{w}}{A} + \dot{\theta}\right)^2
\end{cases}
$$

$$(4.51)$$

把式(4.51)代入式(4.49)得

$$
\rho\frac{\mathrm{d}p}{\mathrm{d}s} = -\left\{\begin{array}{l}\left(\dfrac{\mu_1}{a}\dfrac{\dot{w}}{|\dot{w}|}\mu_2\dfrac{v_n}{v_e} + \dfrac{\mu_2}{a}\dfrac{v_t}{v_e} + \dfrac{\mu_1}{a}\dfrac{\dot{w}}{|\dot{w}|}\right)k(1 - \sin\phi)g\left(H - \dfrac{sh}{2\pi A}\right) \\[3mm] + \left[\mu_1\dfrac{\dot{w}}{|\dot{w}|}g\cos\beta + \mu_2\left(\mu_1\dfrac{\dot{w}}{|\dot{w}|}\dfrac{v_n}{v_e} + \dfrac{v_t}{v_e}\right)r\left(\dfrac{\dot{w}}{A} + \dot{\theta}\right)^2\right]\end{array}\right\} - g\sin\beta
$$

$$(4.52)$$

$$
\sigma_{\mathrm{h}} = (1 - k\sin\phi)\rho g\left(H - \frac{sh}{2\pi A}\right)
$$

再假设排粉速度 $\dot{w} > 0$，得

$$\frac{1}{\rho}\frac{\mathrm{d}p}{\mathrm{d}s} = \left[\frac{\mu_1}{a}\left(\mu_2\frac{v_n}{v_e} + 1\right) + \frac{\mu_2}{a}\frac{v_t}{v_e}\right]\frac{k(1 - \sin\phi)}{2\pi A}gsh$$
$$- \left\{\begin{array}{l}\left[\frac{\mu_1}{a}\left(\mu_2\frac{v_n}{v_e} + 1\right) + \frac{\mu_2}{a}\frac{v_t}{v_e}\right]k(1 - \sin\phi)gH \\ + \left[\mu_1 g\cos\beta + \mu_2\left(\mu_1\frac{v_n}{v_e} + \frac{v_t}{v_e}\right)r\left(\frac{\dot{w}}{A} + \dot{\theta}\right)^2\right]\end{array}\right\} - g\sin\beta \tag{4.53}$$

式(4.53)可定义为

$$\frac{\mathrm{d}p}{\mathrm{d}s} = \rho Q(s) \tag{4.54}$$

其中,

$$Q(s) = \left[\frac{\mu_1}{a}\left(\mu_2\frac{v_n}{v_e} + 1\right) + \frac{\mu_2}{a}\frac{v_t}{v_e}\right]\frac{k(1 - \sin\phi)}{2\pi A}gsh$$
$$- \left\{\begin{array}{l}\left[\frac{\mu_1}{a}\left(\mu_2\frac{v_n}{v_e} + 1\right) + \frac{\mu_2}{a}\frac{v_t}{v_e}\right]k(1 - \sin\phi)gH \\ + \left[\mu_1 g\cos\beta + \mu_2\left(\mu_1\frac{v_n}{v_e} + \frac{v_t}{v_e}\right)r\left(\frac{\dot{w}}{A} + \dot{\theta}\right)^2\right] + g\sin\beta\end{array}\right\} \tag{4.55}$$

式(4.55)给出了排粉颗粒内部驱动压力随弧长变化的控制方程。考虑稳态排粉过程中,进给速度、转速、排粉速度都为常值,式(4.54)为一阶线性微分方程,其通解为

$$p(s) = p(0) + \rho\int_0^s Q(s)\mathrm{d}s \tag{4.56}$$

其中,

$$\int_0^s Q(s)\mathrm{d}s = \frac{1}{2}\left[\frac{\mu_1}{a}\left(\mu_2\frac{v_n}{v_e} + 1\right) + \frac{\mu_2}{a}\frac{v_t}{v_e}\right]\frac{k(1 - \sin\phi)}{2\pi A}ghs^2$$
$$- \left\{\begin{array}{l}\left[\frac{\mu_1}{a}\left(\mu_2\frac{v_n}{v_e} + 1\right) + \frac{\mu_2}{a}\frac{v_t}{v_e}\right]k(1 - \sin\phi)gH \\ + \left[\mu_1 g\cos\beta + \mu_2\left(\mu_1\frac{v_n}{v_e} + \frac{v_t}{v_e}\right)r\left(\frac{\dot{w}}{A} + \dot{\theta}\right)^2\right] + g\sin\beta\end{array}\right\}s \tag{4.57}$$

当 $s = S = \frac{H}{h}\sqrt{(2\pi r)^2 + h^2} = \frac{2\pi}{h}AH$ 时, $p(S)$ 为月壤表面界压力。忽略大气压力,存在如下的压力边界条件:

$$p(S) = p(0) + \rho\int_0^s Q(s)\mathrm{d}s = 0 \tag{4.58}$$

根据以上方程,一旦钻头槽内产生的槽内压力 $p(0)$ 确定,可以唯一地确定稳定排粉情形下的排粉速度 $\dot{w}$。

4.4　月壤作用过程应力场

4.4.1　月壤钻进孔底压力与进芯关系

对于月壤钻取的取芯过程,如图 4.12 所示,月壤样本进入取芯通道需要克服一定的进芯阻力,即当钻头底部的压力突破进芯阻力时,才能进芯。

首先,确定进芯通道的内阻力模型。钻杆取芯通道狭窄,在钻头内部的进芯通道由于月壤堆积产生一个进芯阻力 P^*, 根据粮仓效应,由 Janssen 的经典模型可知,这个力最终会趋于饱和,并满足如下关系:

$$P^* = \frac{\rho g R}{2\mu k} \qquad (4.59)$$

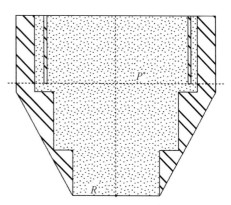

图 4.12　钻头剖面与进芯阻力

显然,只有当槽内压力满足 $p(0) \geqslant P^*$, 月壤才有可能进入芯口,实现采样,另外一旦进芯口有月壤流入,进芯口两端的压力会随流速的变化而变化,假设进芯通道的散体等效为黏性流体,根据泊肃叶方程,进芯通道的流量可近似表示为

$$Q_v = \frac{p(0)}{R_x} \qquad (4.60)$$

式中,$R_x = \dfrac{8\eta h}{\pi r_{\text{in}}^4}$, 为流阻系数,$h$ 为进芯通道的高度, η 为黏性系数,r_{in} 为进芯通道的半径。详细内容参见下面的第三阶段内容。

另外,钻头压力 $p(0)$ 的变化与进给速度和旋转速度密切相关,根据钻进条件,钻进过程可能存在几种分段情况。

上面提到了钻头压力 $p(0)$ 和进芯通道的进芯阻力 P^*, 根据它们之间的关系,可以建立排粉和进芯的联系。为了建立这种关系,需要捋清下面四个关系:

(1)当月壤和钻具确定时,钻杆排粉通道的排粉能力受到钻杆转速的影响,转速越大,排粉能力越强。

(2)当转速一定时,排粉能力又受到钻头压力 $p(0)$ 的影响,压力越大,排粉能力越强。

（3）而压力 $p(0)$ 又影响进芯速度，进芯速度又直接与取芯量直接相关。

（4）钻头压力 $p(0)$ 又与新生成的月屑（流动的月壤）和能够排除的月屑有关，新生成的月屑与钻杆进给速度直接相关，能够排除的月屑包括通过排粉通道排除的月屑和通过进芯通道被取出的月屑。因此，钻杆进给速度越大，压力 $p(0)$ 有可能越大，排粉能力越强，进行速度越快。

据此，在钻杆具有一定转速的条件下，根据不同的进给速度，可将钻取过程分为四个阶段，对应三个进给临界速度。

（1）第一阶段：零输送压力 $p(0)=0$ 下的钻取动力学。

如果进给速度很小，钻头新生成的月壤全部由排粉排出，钻槽内部无压力，无月壤通过钻杆取芯通道，无取芯。该极限条件可数学表示为

$$- \dot{u} < (- \dot{u}_1^*) , \ p(0) = 0 \tag{4.61}$$

式中，$\dot{u}_1^*$ 为第一阶段的临界排粉速度，其大小在后面给出。

这时，所有新生成的月壤都要被排粉通道排出。根据质量守恒条件，要求排粉速度满足（设钻头的外径 r_{z_out}）：

$$\pi r_{z\_out}^2 (- \dot{u}) = nab\dot{w} \longrightarrow \dot{w} = \frac{\pi r_{z\_out}^2}{nab} (- \dot{u}) \tag{4.62}$$

式中，n 为颗粒在槽内的饱和度参数，为体积分数和月壤颗粒直径的函数。这里得到的排粉速度 $\dot{w}$ 可能并没有达到这一阶段 $p(0)=0$ 的最大排粉速度 $\dot{w}^*$。

最大排粉速度 $\dot{w}$ 可以利用压力边界条件 $p(0)=0$ 求得。把 $p(0)=0$ 代入式（4.62）中得

$$\int_0^S Q(s) \mathrm{d}s = 0$$

即

$$- \frac{1}{2} \left[\frac{\mu_1}{a} \left(\mu_2 \frac{v_n}{v_e} + 1 \right) + \frac{\mu_2}{a} \frac{v_t}{v_e} \right] k(1 - \sin \phi) gHS$$
$$- \left\{ \left[\mu_1 g \cos \beta + \mu_2 \left(\mu_1 \frac{v_n}{v_e} + \frac{v_t}{v_e} \right) r \left(\frac{\dot{w}}{A} + \dot{\theta} \right)^2 \right] + g \sin \beta \right\} = 0 \tag{4.63}$$

利用速度之间的关系，式（4.63）给出了满足零输送压力边界条件 $p(0)=0$ 下，在给定钻速下的最大排粉速度 w^*。

如果由式（4.62）计算得到的排粉速度 w_1 等于 w_1^* 时，即

$$\dot{w}_1^* = \frac{\pi r_{z\_out}^2}{nab} (- \dot{u}_1^*) \tag{4.64}$$

可以求出第一阶段的临界进给速度 $\dot{u}_1^*$。由下列公式还可以求出临界排粉速度分量：

$$\begin{cases} v_t(s,\ t) = \dfrac{1}{A}\left\{ r^2\left(\dfrac{\dot{w}_1^*}{A} + \dot{\theta}\right) + \dfrac{h}{2\pi}\left[\dot{u}_1^* + \left(\dfrac{h}{2\pi}\right)\dfrac{\dot{w}_1^*}{A} \right] \right\} \\[3mm] v_n(s,\ t) = \dfrac{r}{A}\left[-\dfrac{h}{2\pi}\left(\dfrac{\dot{w}_1^*}{A} + \dot{\theta}\right) + \left(\dot{u}_1^* + \dfrac{h}{2\pi}\dfrac{\dot{w}_1^*}{A} \right) \right] \\[3mm] v_e = \sqrt{\dot{x}^2 + \dot{y}^2 + \dot{z}^2} = \sqrt{r^2\left(\dfrac{\dot{w}_1^*}{A} + \dot{\theta}\right)^2 + \left(\dot{u}_1^* + \dfrac{h}{2\pi}\dfrac{\dot{w}_1^*}{A} \right)^2} \end{cases}$$

（2）第二阶段：输送压力 $p(0)$ 升高段。

钻杆转速一定，如果增大进给速度，新生成流化月壤的速度会大于由排粉通道排出的速度，即

$$-\dot{u}_2^* > -\dot{u} > (-\dot{u}_1^*) \tag{4.65}$$

式中，$\dot{u}_2^*$ 为第二临界速度，在后面给出其大小。

内部压力 $p(0)$ 提高以增加排粉能力，以满足新生成的月壤的排粉要求。我们规定这一阶段满足：

$$0 < p(0) < P^* \tag{4.66}$$

由于 $p(0) < P^*$，这一阶段仍然处于无进芯状态，根据流量守恒条件，可以求得排粉速度为

$$\dot{w} = \frac{\pi r_{\text{out}}^2 (-\dot{u})}{nab} \tag{4.67}$$

利用式（4.67），再根据式（4.56）可以求得内部压力 $p(0)$ 为

$$p(0) = -\rho \int_0^S Q(s)\,\mathrm{d}s \tag{4.68}$$

式（4.68）满足第二阶段条件式（4.66）。

下面计算第二临界速度 $\dot{u}_2^*$。如果由式（4.66）得到的内部压力刚好等于 P^*，即

$$P^* = -\rho \int_0^S Q(s)\,\mathrm{d}s \tag{4.69}$$

则

$$\begin{aligned} &\frac{1}{2}\left[\frac{\mu_1}{a}\left(\mu_2\frac{v_n}{v_e} + 1 \right) + \frac{\mu_2}{a}\frac{v_t}{v_e} \right]\frac{k(1-\sin\phi)}{2\pi A}ghS^2 \\[2mm] &\quad -\left\{ \begin{aligned} &\left[\frac{\mu_1}{a}\left(\mu_2\frac{v_n}{v_e} + 1 \right) + \frac{\mu_2}{a}\frac{v_t}{v_e} \right]k(1-\sin\phi)gH \\ &+ \left[\mu_1 g\cos\beta + \mu_2\left(\mu_1\frac{v_n}{v_e} + \frac{v_t}{v_e} \right)r\left(\frac{\dot{w}_2^*}{A} + \dot{\theta}\right)^2 \right] + g\sin\beta \end{aligned} \right\}S = P^* \end{aligned} \tag{4.70}$$

其中,速度分量满足:

$$\begin{cases} v_t(s,\ t) = \dfrac{1}{A}\left(r^2\left(\dfrac{\dot{w}_2^*}{A} + \dot{\theta}\right) + \dfrac{h}{2\pi}\left(\dot{u}_2^* + \left(\dfrac{h}{2\pi}\right)\dfrac{\dot{w}_2^*}{A}\right)\right) \\ v_n(s,\ t) = \dfrac{r}{A}\left(-\dfrac{h}{2\pi}\left(\dfrac{\dot{w}_2^*}{A} + \dot{\theta}\right) + \left(\dot{u}_2^* + \dfrac{h}{2\pi}\dfrac{\dot{w}_2^*}{A}\right)\right) \\ v_e = \sqrt{\dot{x}^2 + \dot{y}^2 + \dot{z}^2} = \sqrt{r^2\left(\dfrac{\dot{w}_2^*}{A} + \dot{\theta}\right)^2 + \left(\dot{u}_2^* + \dfrac{h}{2\pi}\dfrac{\dot{w}_2^*}{A}\right)^2} \end{cases} \tag{4.71}$$

并且,排粉和生成的月壤守恒,即满足式(4.67):

$$\dot{w}_2^* = \frac{\pi r_{\text{out}}^2(-\dot{u}_2^*)}{nab} \tag{4.72}$$

式(4.70)、式(4.71)和式(4.72)联立求得第二阶段的第二临界速度 $\dot{u}_2^*$,该值为能够实现进芯的临界钻进速度。

（3）第三阶段:进给速度大于第二临界速度状态。

如果继续增加进给速度,则

$$-\dot{u}_3^* > -\dot{u} > -\dot{u}_2^* \tag{4.73}$$

式中,$\dot{u}_3^*$ 为第三临界速度,在后面给出其大小。

进芯通道开始进芯,假设进芯通道的散体等效为黏性流体,根据泊肃叶方程,进芯通道的流量可近似表示为

$$Q_v = \frac{p(0)}{R_x} \tag{4.74}$$

式中,$R_x = \dfrac{8\eta h}{\pi r_{\text{in}}^4}$,为流阻系数,$h$ 为进芯通道的高度,η 为黏性系数,r_{in} 为进芯通道的半径。在这一阶段,所有通过进芯口的月壤都能够被取芯机构取出,因此取芯口的压力为零。因此,进芯口的内外压力差为 $p(0)$,泊肃叶方程式(4.74)采用了这一假设。

根据质量守恒条件,进芯通道的流量、排粉流量以及钻进生成的流量满足如下条件:

$$(-\dot{u})\pi r_{z\_\text{out}}^2 = nab\dot{w} + Q_v \tag{4.75}$$

结合式(4.58),即

$$p(0) + \rho\int_0^s Q(s)\,\mathrm{d}s = 0 \tag{4.76}$$

上述式(4.74)~式(4.76)三个独立方程,存在三个未知数,因此可以唯一地确定钻槽

内压力 $p(0)$、进芯通道的流量 Q_v 以及排粉速度 $\dot{w}$。

　　然而,根据取芯机构的特点,提芯速度与进给速度相同。因此,取芯能力是有限的,进芯流量存在一个阈值,即

$$Q_v = \frac{p(0)}{R_x} \leqslant \dot{u}\pi r_{\text{in}}^2 \tag{4.77}$$

当式(4.77)等号成立时,可以得到钻头附近的临界压力,即

$$p^*(0) = \dot{u}\pi r_{\text{in}}^2 R_x \tag{4.78}$$

根据式(4.78)获得临界压力,代入式(4.76)中得

$$p^*(0) + \rho \left\{ \begin{array}{l} \dfrac{1}{2}\left[\dfrac{\mu_1}{a}\left(\mu_2\dfrac{v_n}{v_e}+1\right)+\dfrac{\mu_2}{a}\dfrac{v_t}{v_e}\right]\dfrac{k(1-\sin\phi)}{2\pi A}ghS^2 \\[3mm] -\left\{ \begin{array}{l} \left[\dfrac{\mu_1}{a}\left(\mu_2\dfrac{v_n}{v_e}+1\right)+\dfrac{\mu_2}{a}\dfrac{v_t}{v_e}\right]k(1-\sin\phi)gH \\[3mm] +\left[\mu_1 g\cos\beta + \mu_2\left(\mu_1\dfrac{v_n}{v_e}+\dfrac{v_t}{v_e}\right)r\left(\dfrac{\dot{w}_3^*}{A}+\dot{\theta}\right)^2\right]+g\sin\beta \end{array} \right\}S \end{array} \right\} = 0 \tag{4.79}$$

　　此时,新生成的流动月壤等于排粉和进芯之和,而进芯按照最大的进芯速度计算[饱和,满足式(4.77)中的等式成立]:

$$(-\dot{u}_3^*)\pi r_{z\_\text{out}}^2 = nab\dot{w}_3^* + Q_v \tag{4.80}$$

$$Q_v = \dot{u}\pi r_{\text{in}}^2 \tag{4.81}$$

式(4.79)中的速度分量满足运动学公式,即

$$\begin{cases} v_t(s,t) = \dfrac{1}{A}\left\{r^2\left(\dfrac{\dot{w}_3^*}{A}+\dot{\theta}\right)+\dfrac{h}{2\pi}\left[\dot{u}_2^*+\left(\dfrac{h}{2\pi}\right)\dfrac{\dot{w}_3^*}{A}\right]\right\} \\[3mm] v_n(s,t) = \dfrac{r}{A}\left[-\dfrac{h}{2\pi}\left(\dfrac{\dot{w}_3^*}{A}+\dot{\theta}\right)+\left(\dot{u}_2^*+\dfrac{h}{2\pi}\dfrac{\dot{w}_3^*}{A}\right)\right] \\[3mm] v_e = \sqrt{\dot{x}^2+\dot{y}^2+\dot{z}^2} = \sqrt{r^2\left(\dfrac{\dot{w}_3^*}{A}+\dot{\theta}\right)^2+\left(\dot{u}_3^*+\dfrac{h}{2\pi}\dfrac{\dot{w}_3^*}{A}\right)^2} \end{cases} \tag{4.82}$$

　　联立式(4.79)~式(4.82),可以得到达到这一临界状态时的进给速度 $\dot{u}_3^*$,以及对应的排粉速度 $\dot{w}_3^*$。

　　(4) 第四阶段:阻塞流排粉情况。

　　由于取芯机构的设计,最大取芯能力满足式(4.81),因此剩余流化的月壤将被排粉通道排出,满足式(4.80),因此

$$\dot{w} = \frac{(\dot{u})\pi(r_{z\_out}^2 - r_{in}^2)}{nab} \tag{4.83}$$

如果继续增加进给速度,则

$$-\dot{u} > -\dot{u}_3^* \tag{4.84}$$

排粉能力同样需要增加才能满足要求。由于转速一定,排粉能力的提高只能通过增加内部压力 $p(0)$ 来实现。

如果实现式(4.83)的排粉速度,内部压力满足式(4.58):

$$p(0) = -\rho \int_0^S Q(s)\,\mathrm{d}s \tag{4.85}$$

其中,

$$\int_0^S Q(s)\,\mathrm{d}s = -\frac{1}{2}\left[\frac{\mu_1}{a}\left(\mu_2\frac{v_n}{v_e} + 1\right) + \frac{\mu_2}{a}\frac{v_t}{v_e}\right] k(1 - \sin\varphi)gSH$$
$$-\left\{\left[\mu_2\left(\mu_1\frac{v_n}{v_e} + \frac{v_t}{v_e}\right)r\left(\frac{\dot{w}}{A} + \dot{\theta}\right)^2\right] + g\sin\beta\right\}S$$

而速度分量满足排粉通道微单元运动学关系:

$$\begin{cases} v_t(s,\,t) = \dfrac{1}{A}\left\{r^2\left(\dfrac{\dot{w}}{A} + \dot{\theta}\right) + \dfrac{h}{2\pi}\left[\dot{u} + \left(\dfrac{h}{2\pi}\right)\dfrac{\dot{w}}{A}\right]\right\} \\[2mm] v_n(s,\,t) = \dfrac{r}{A}\left[-\dfrac{h}{2\pi}\left(\dfrac{\dot{w}}{A} + \dot{\theta}\right) + \left(\dot{u} + \dfrac{h}{2\pi}\dfrac{\dot{w}_3}{A}\right)\right] \\[2mm] v_e = \sqrt{\dot{x}^2 + \dot{y}^2 + \dot{z}^2} = \sqrt{r^2\left(\dfrac{\dot{w}}{A} + \dot{\theta}\right)^2 + \left(\dot{u} + \dfrac{h}{2\pi}\dfrac{\dot{w}}{A}\right)^2} \end{cases}$$

并且 $\dot{w}$ 和 $\dot{u}$ 满足式(4.83)。这一阶段具有一定工作参数域,表现出颗粒流力学非光滑力载,呈现一定周期波动力载,此时进样条件满足,但距离卡钻参数接近,需动态控制钻进比,设置阈值,属于临界工作域。

4.4.2 月壤钻进取芯过程力载模型

由上述钻取临界状态分析可以得到在不同钻进参数下的排粉速度和内部压力,进而可以求出钻具所受的压力与扭矩。作用在钻具上的力可以分为钻杆与周围月壤相互作用所引起的外力,以及钻头与月壤相互作用的力。

1. 作用在钻杆上的外力

对钻杆来说,其轴向力由两部分组成,即槽内流动散体对钻杆的相互作用,以及月壤孔壁对钻杆的相互作用[3]。根据月壤微单元分析,流动颗粒对钻杆产生的轴向作用力可按照如下公式计算:

$$F_p = -\int_0^S \left[(N_{x2} - N_{x1})\cos\beta - (\tau_{x1} + \tau_{x2} + \tau_{z1})\sin\beta \right]$$

$$= -\int_0^S \left\{ \begin{array}{l} \left[\mu_2 \dfrac{v_n}{v_e}(\cos\beta - \mu_1\sin\beta) - \mu_1\sin\beta \right] \sigma_h b\,\mathrm{d}y \\[4mm] + \mathrm{d}m(\cos\beta - \mu_1\sin\beta)\left(g\cos\beta + a_n + \mu_2\dfrac{v_n}{v_e}a_{n_f}\right) \end{array} \right\} \tag{4.86}$$

在稳定排粉的情况下,存在如下条件:

$$a_t(s,\,t) = 0, \quad a_n(s,\,t) = 0, \quad a_{n_f} = r\left(\frac{\dot{w}}{A} + \dot{\theta}\right)^2$$

则式(4.86)简化为

$$F_p = -\left\{ \begin{array}{l} \dfrac{1}{2}b\left[\mu_2 \dfrac{v_n}{v_e}(\cos\beta - \mu_1\sin\beta) - \mu_1\sin\beta \right](1 - \sin\varphi)\rho g H S \\[4mm] + \mathrm{d}m(\cos\beta - \mu_1\sin\beta)\left[g\cos\beta + \mu_2\dfrac{v_n}{v_e}r\left(\dfrac{\dot{w}}{A} + \dot{\theta}\right)^2 \right]S \end{array} \right\} \tag{4.87}$$

同理,钻杆上的扭矩(逆时针为正)按照式(4.88)计算:

$$M_p = \int_0^S r\left[(N_{x2} - N_{x1})\sin\beta + (\tau_{x1} + \tau_{x2} + \tau_{z1})\cos\beta \right]$$

$$= r\left\{ \begin{array}{l} \dfrac{1}{2}b\left[\mu_2 \dfrac{v_n}{v_e}(\sin\beta + \mu_1\cos\beta) + \mu_1\cos\beta \right](1 - \sin\varphi)\rho g H S \\[4mm] + \rho ab(\sin\beta + \mu_1\cos\beta)\mu_2\dfrac{v_n}{v_e}r\left(\dfrac{\dot{w}}{A} + \dot{\theta}\right)^2 S \end{array} \right\} \tag{4.88}$$

钻杆突起螺纹部分承受的摩擦力为

$$F_{p1} = \int_0^S \mu_1\sigma_h c\,\mathrm{d}s = \mu_1 c\int_0^S (1 - \sin\varphi)\rho g\left[H - \frac{sh}{\sqrt{(2\pi r)^2 + h^2}} \right]\mathrm{d}s$$

$$= \frac{1}{2}\mu_1 c(1 - \sin\varphi)\rho g H S \tag{4.89}$$

式中,c 为螺纹宽度。该摩擦力引起的扭矩为

$$M_{p1} = \int_0^{AH} r\mu_1\sigma_h c\,\mathrm{d}s = r\mu_1 c\frac{1}{2}(1 - \sin\varphi)\rho g H S \tag{4.90}$$

2. 钻头上的钻压力及扭矩

作用在钻头上的力可分为两部分,一是压力 $p(0)$ 所引起的轴向静压力,可近似表示为

$$F_b = p(0)\pi r_{z\_out}^2 \tag{4.91}$$

二是切削引起的轴向压力，可表示为

$$F_c = K_1(p(0))r_{z\_out}\left(\frac{\dot{u}}{\dot{\theta}}\right)^n,\ n = 0.8 \tag{4.92}$$

$$K_1(p(0)) = K_0 + cP^m$$

相应的扭矩为

$$M_c = K_2(P)r_{z\_out}^2\left(\frac{\dot{u}}{\dot{\theta}}\right)^n \tag{4.93}$$

还有一部分扭矩为新的流化的沙子质量为 $\rho(-\dot{u})\Delta t\pi r_{out}^2$，获得 $(-\dot{\theta})r_{out}$ 的速度，根据动量矩定理，得

$$M_v = \frac{\rho(-\dot{u})\mathrm{d}t\pi r_{out}^2}{\mathrm{d}t}\dot{\theta}r_{out} = \rho(-\dot{u})\pi(r_{out}^2)(-\dot{\theta})r_{out} \tag{4.94}$$

作用在钻具上的钻压力和钻压力矩可表示为

$$F = F_b + F_c - F_p - F_{p_1} \tag{4.95}$$

$$M = M_p + M_{p_1} + M_c + M_v \tag{4.96}$$

上面相关系数需要根据试验及经验给出。

总体而言，月壤与钻具作用规律解析模型从宏观上融合了月壤钻取的试验规律，描述了厚壁螺旋钻具的钻进取芯及排粉模型，其具有以下特点：

（1）该模型从螺旋钻具流道微元角度描述了排粉通道上压力场变化规律及进芯通道上压力场的变化规律；

（2）基于排粉应力场与进芯应力场之间的关系，将厚壁螺旋钻月壤钻进取芯分为四个阶段，分别对应零压输送阶段、低压不取样阶段、正常取样阶段、阻塞流排粉阶段；

（3）建立了月壤钻进取芯力载与取样效果的关联模型，解释了不同取样状态下钻进力载变化规律，可有效指导钻具构型设计及钻进取样规程。

4.5 基于离散元方法的钻头孔底应力场模拟

4.5.1 离散元建模仿真分析方法

月壤钻取过程涉及钻具切削流化月壤并在螺旋翼驱动下输送运移月壤颗粒的过程，

离散元方法可以有效描述颗粒群流动行为,但很难全部模拟月壤的宏观力学特性。因此,离散元方法对月壤钻取行为的描述可以用于理解月壤在钻具驱动下的流变应力场演化规律,但无法准确模拟月壤的真实钻进力载。

在离散元建模过程中使用如下假设:

(1)所有颗粒均为刚体;

(2)颗粒之间仅存在点接触;

(3)颗粒之间允许有一定的重叠量用于计算碰撞力,即软接触;

(4)颗粒之间的相互重叠量与颗粒尺寸相比很小,仅在计算碰撞力时,用于力-位移接触定律;

(5)颗粒间的接触处允许存在约束,表示颗粒间的特殊连接;

(6)颗粒均为圆盘形或圆球形,不同颗粒约束在一起可以形成其他任意形状的组合颗粒。

两种接触发生时都会在颗粒上产生接触力和接触力矩,如图 4.13 和图 4.14 所示。

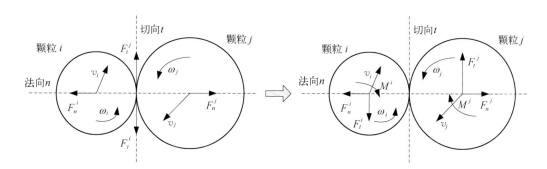

图 4.13　颗粒间接触力及力矩

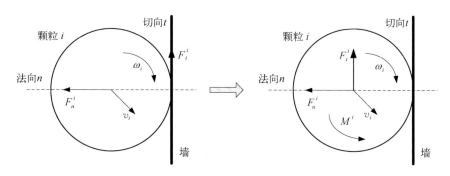

图 4.14　颗粒-墙接触力及力矩

接触力可分解为法向接触力和切向接触力,即

$$F = F_n + F_t \tag{4.97}$$

式中，F 为颗粒所受接触力合力；F_n 为颗粒所受法向接触力；F_t 为颗粒所受切向接触力。

颗粒所受力矩主要由切向力造成，将切向力作用点移至颗粒中心，同时施加等价的力矩，即

$$M = r \times F_t \qquad\qquad (4.98)$$

式中，M 为颗粒所受接触力矩；r 为颗粒半径。

在仿真计算过程中，程序初始设定好颗粒以及系统的模型参数和力边界条件以及位移边界条件后，开始仿真。通过识别各颗粒单元的实时位移，对所有颗粒进行实时的碰撞检测，包括颗粒之间以及颗粒-墙的碰撞检测，利用单元接触力学模型计算出各颗粒所受的接触力和力矩，并结合其他外力计算出各颗粒所受合力及合力矩，输入动力学计算模型中，通过牛顿第二定律和欧拉方程，分别计算出各颗粒此时的质心加速度和角加速度，利用动态松弛法，基于有限差分原理，逐步积分出颗粒速度和位移，将更新后的位移结合位移边界条件输入单元接触力学模型中，形成计算循环。颗粒流程序运行流程如图 4.15 所示。

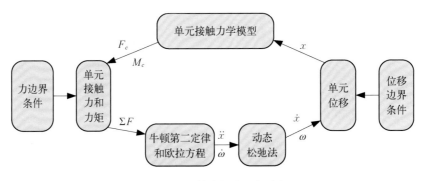

图 4.15　颗粒流程序运行流程

4.5.2　月壤钻取过程离散元建模仿真分析

1. 仿真模型

考虑到离散元方法计算效率低等原因，完全重现真实钻取试验中的几何规模以及物理参数存在一定的困难。仿真中采取了减小容器几何尺寸、增大颗粒直径等方法，以减少参与计算的颗粒数量，减少计算用时。离散无仿真示意图是仿真示意图。

由于月壤的摩擦角对钻具与月壤相互作用影响很大，有必要检验仿真中的内摩擦角是否在真实月壤摩擦角范围内（25°～45°）。通过仿真发现，拟合曲线的斜率随颗粒直径以及颗粒密度变化改变很小。上图中玻璃的剪切模量为 1.96 GPa，而仿真中剪切模量为 1 MPa，剪切模量相差将近 2 000 倍，而试验所得斜率与仿真结果相差无几，因此认为剪切

模量对内摩擦角的影响同样也很小。

2. 仿真结果与规律揭示

图 4.16 为统计各个结点附近(两倍颗粒直径范围内)的颗粒数,得到了不同结点颗粒数在散体空间的分布。图 4.16(a)、(b)截面是钻杆中心且与转轴平行;图 4.16(c)、(d)是与转轴垂直的平面。算例参数设置如表 4.2 所示。

表 4.2 算例参数设置

参数	转速/(r/min)	钻进速度/(m/s)	摩擦系数(颗粒间)	剪切模量/Pa
值	900	0.1	0.6	1×10^6

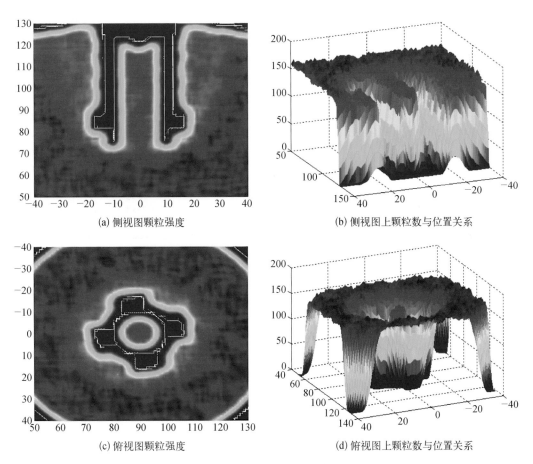

(a) 侧视图颗粒强度

(b) 侧视图上颗粒数与位置关系

(c) 俯视图颗粒强度

(d) 俯视图上颗粒数与位置关系

图 4.16 钻具附近颗粒数目统计结果

考虑到计算时边界颗粒数会比其他地方少,从图 4.16 中可以看出,散体的在整个区域中分布比较均匀,并没有因为钻具的运动而改变其分布[4]。

图 4.17 为仿真得到的钻具截面上沿钻进方向分量分布的速度场及应力场。有如下

规律：

（1）速度场作用区域应该小于应力场,仿真得出取芯区域的速度场受扰动少,这意味着填充层序保持有序；

（2）速度区在第二排切削刃表现为极大值,此处排粉面积小,速度通量大。其上部螺旋牙速度呈现较大张力,这是由于梳理絮流体向上导流过渡,颗粒碰撞强烈,孔壁减缩效应显著,导流区速度扩散加剧；

（3）应力场分布集中第二排钻牙区,说明与密室孔壁区附近能量耗散较为密集,而且也是能量耗散的主要区域,在第一排钻牙区由于向中间扩散与向第二排钻牙区扩散相对通畅,边界开放,没有形成高应力区；

（4）高转速下应力影响域增大,绝对值偏小,宽翼下上升速度减小,总通量加大,不利于塞流的形成。

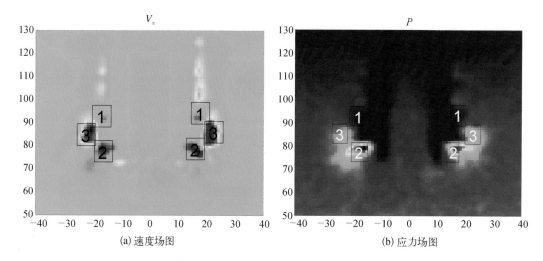

(a) 速度场图　　　　　　　　　　(b) 应力场图

图 4.17　截面上沿钻进方向分量的分布的速度场和应力场

钻进过程中月壤的流线图如图 4.18 所示。

针对不同转速下钻头上方压力,不同螺纹宽度钻杆周边压力进行离散元仿真如图4.19。经分析可得到以下结论：

（1）中间进样孔没有形成高应力力链,也就是没有形成拱效应,这样应力场有利于样品贯入。

（2）不同的钻具构型和不同的钻进参数导致月壤周边应力场不同,从而控制月壤发生不同流向,是造成钻进比控制钻进效果的原因。

4.5.3　月壤钻进取芯力载特性

在月壤原材料确定的条件下,影响钻取效果的月壤参数包括颗粒级配、相对密实度及大颗粒状态[5]。

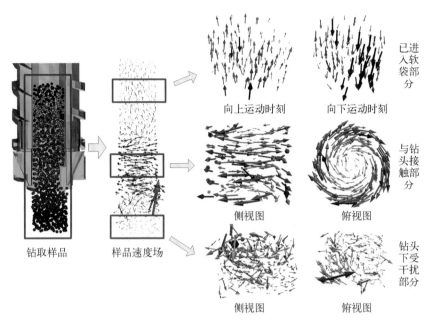

图 4.18　月壤流线图

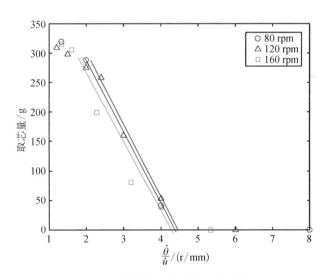

图 4.19　月壤钻进过程钻具周边月壤压力

采用三种状态月壤开展钻取试验：① 相对密实度 100% 的 0.1～1 mm 颗粒；② 相对密实度 100% 的 1 mm 以下混合级配颗粒；③ 相对密实度约 80% 的 1 mm 以下混合级配颗粒。粒径 1 mm 以下混合级配月壤代表目前大概率均质月壤工况，具体颗粒级配如表 4.3 和图 4.20 所示。以上月壤密实度采用振动压实的方法制备[6]，所有试验均采取钻进参数为回转 120 r/min、向下进尺 120 mm/min、钻进深度约 1 m。

表 4.3 1 mm 以下模拟月壤颗粒级配

序　号	粒径/mm	质量百分比/%
1	<0.01	15.9
2	0.01~0.025	14.1
3	0.025~0.05	15.1
4	0.05~0.075	9.7
5	0.075~0.1	6.5
6	0.1~1	38.7

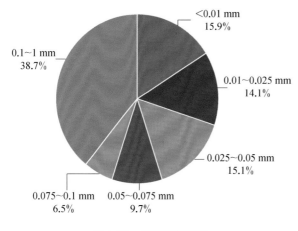

图 4.20　月壤颗粒级配

图 4.21 为三种模拟月壤工况试验所得的力载曲线。可以看出,钻压和扭矩在绝大部分都具有相同的趋势,且刚开始都缓慢上升,当达到一定钻进深度后,逐渐变得平缓。

月壤颗粒级配及相对密实度一方面会改变月壤间的摩擦系数,另一方面会在钻具驱动月壤流动的动力学过程中起作用。月壤的钻取过程实际上是月壤在钻具作用界面上流动的过程。钻头下方的月壤被钻头搅动而变

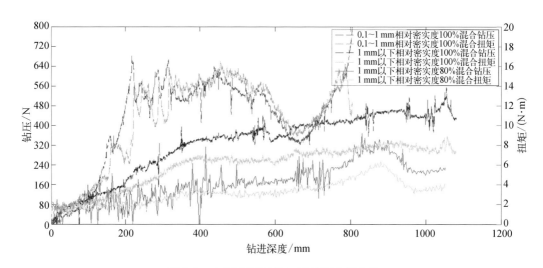

图 4.21　三种模拟月壤工况钻取力载曲线

成流动状态,再通过钻杆上的螺旋排粉通道排出。然而,对螺旋钻具来说,钻杆需要排出的月壤量是不完全确定的,这与进入钻具中空通道的月壤量相关。控制以上进样效果的关键因素是月壤进入中空通道的阻力和月壤在螺旋排粉通道内流动形成的压力之间的平衡关系。若排粉通道内压力过大,则月壤都能进入钻具的中空通道,但同时会造成钻压和扭矩过大;若月壤进入钻具中空通道的阻力过小,达不到突破被动段贯入压力,则月壤会向排粉通道转移,造成排粉通道内月壤增加,风险是钻压和扭矩略有增大,容易被颗粒负载干扰,因此形成小幅塞流是重要的。

对比三种月壤的力载曲线可以发现,相对密实度 80% 的 1 mm 以下颗粒级配混合月壤的钻压和扭矩均较小,稳定后的平均钻压约 200 N,扭矩约 4 N·m,最终取样 274 g;相对密实度 100% 的 1 mm 以下颗粒级配混合月壤钻压和扭矩较大,稳定后的平均钻压约 400 N,扭矩约 8 N·m,最终取样 291 g;相对密实度 100% 的 0.1~1 mm 月壤钻压和扭矩最大,稳定后的平均钻压约 550 N,扭矩约 14 N·m,且其最后钻压出现瞬时超过 800 N,钻进提前终止,最终取样 346 g。

以上力载的差异性原因主要如下:

(1)1 mm 级配良好、低相对密实度下(80%)力矩与钻压明显偏小,低相对密实度下(80%),月壤作用应力域在直径 200 mm 左右,低密实度下月壤具有压缩性,并易于流动,低密实度月壤结合较松散,切削力较小,主要能量消耗在排粉扭矩上,在排粉中由于月壤松散细小,在钻头到钻杆底部出现塞流情况,颗粒流变现出小幅挤密-崩塌-挤密颗粒流动特征,由于月壤可压缩性,接触应力水平较低,脉动载荷使钻杆传动处啮合间隙出现振动,扭矩值较小并出现低幅脉动,钻压与扭矩呈现出随深度增加的趋势,同时钻杆排粉通道内的月壤接触面积增加及出现重力场效应,碰摩长度逐渐增大,排粉压力越来越大,从而钻压和扭矩也越来越大,增减不显著,在 80% 密实度的钻取过程中,随着钻进深度的增加,当排粉通道压力增加到与中空通道阻力平衡时,钻压和扭矩基本保持稳定,此时进入中空通道月壤和钻杆螺旋通道排走月壤比例保持稳定。

(2)1 mm 级配良好、高密实度下(100%)力矩与钻压明显比低密实度(80%)扭矩增加,这是由于高密实度钻杆接触应力大,若月壤密实度较高,则中空通道月壤阻力和螺旋排粉通道阻力较大,钻压和扭矩也较大,扭矩与钻压呈现一致增加的趋势,由于级配良好,细小粉土表面能高,月壤在高密实呈现连续体特征,切削分割界面摩擦保证月壤输送速度,没有出现颗粒流脉动效应。

(3)若高密实度(100%)月壤颗粒级配中只有大颗粒(0.1~1 mm),没有小颗粒,则月壤内摩擦角较大,进入中空通道的阻力较大,最终稳定时的钻压和扭矩也较大,特别表现在钻杆槽月壤与孔壁月壤界面出现较大的摩擦阻力,两个界面摩擦效应使模拟月壤上升角度偏于水平,月壤上升速度与通量减小,在钻头与导杆附近段牵引上升困难,由于钢钻杆上升速度大于铝基钻杆,局部迅速挤密,崩塌-挤密高载过程,随深度增加,微小上升阻力会导致底部区域挤密加剧,挤密发展到自锁,不再具有颗粒崩塌排粉调节,造成载荷无限提高,由于没有策略只能停机,造成中空通道月壤与钻具相对运动不顺畅时,阻力迅速增大。

（4）高密实度（100%）颗粒级配良好,具有 5 mm 以上颗粒,大颗粒的存在会对钻进力载造成较大干扰,如图 4.22。钻头正下方的大颗粒,会导致钻压和扭矩同步快速增加;当大颗粒被突破后,其位于钻头侧边,则扭矩会迅速增加,钻压反而会迅速下降。图 4.23 为钻进过程中遇到大颗粒被顺利拨开月壤钻取力载曲线。若单颗大颗粒顺利突破,并不会对取样造成较大影响;若大颗粒未能突破,不仅堵住钻头口导致后续无法进样,而且在高密实月壤中导致钻进拉力不断超过限定值,如图 4.24。

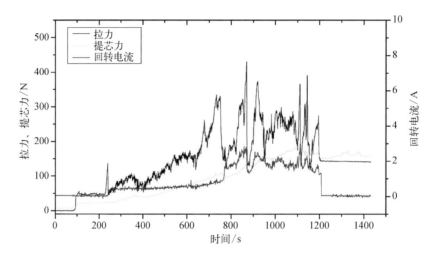

图 4.22　高密实度月壤钻取力载曲线

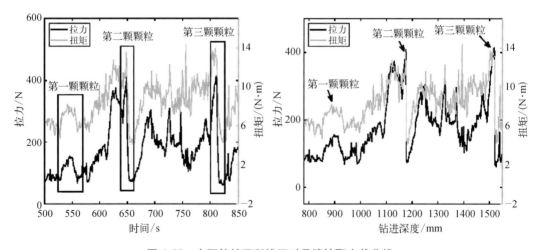

图 4.23　大颗粒被顺利拨开时月壤钻取力载曲线

（5）模拟月壤成熟度低,存在较多大颗粒工况时,钻取力载曲线中会频繁出现钻进拉力峰值,进样通道也会被频繁堵塞,样品袋中的芯样在颗粒导致钻具振动影响下掉落,取样效果极差,特别极端条件下颗粒在浅层出现,有效钻进深度较浅,如图 4.25 所示。

（6）钻取力载与月壤密实度关联性强,而实际月壤在 400 mm 深后基本处于 100%

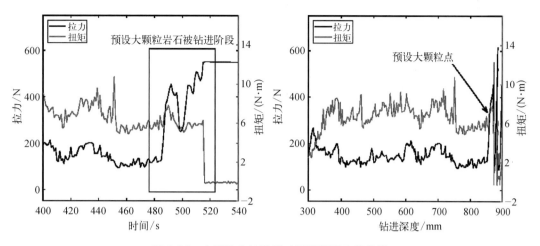

图 4.24　大颗粒未被拔开时月壤钻取力载曲线

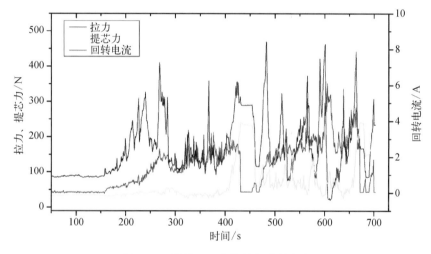

图 4.25　挑战工况月壤钻取力载曲线

密实度,在低密实度下颗粒级配、颗粒度均对力载影响较小,因为低密实度可压缩性、易流动性使力载平缓,在高密实度下颗粒级配、颗粒度耦合强烈、作用边界严酷,是最苛刻工况,小于 1 mm 粗糙粉末易形成卡滞,与钻头作用尺度相当的颗粒均需要一定时间,粉碎或进行挤压置换在孔壁,需要钻进策略识别与解决,此时会出现峰值力矩在 20~25 N·m。

4.5.4　月壤钻进取芯过程力载、钻进参数及取样率关联关系

为了获得钻取时力载和取芯量的变化规律,本节采用标准模拟月壤(粒径分布为 0.1~1 mm,密实度 100%,力学性质与真实月壤相近),开展试验研究试图获得钻进参数、力载、取芯量及钻取状态之间的联系[7],实现钻取过程安全钻进、可靠取芯,0.1~1 mm 月壤中不同钻进参数下的采样结果如表 4.4 所示。

表 4.4　0.1~1 mm 月壤中不同钻进参数下的采样结果（回转速度 120 r/min）

序　号	进给速度/(mm/min)	采样量/g	样品长度/mm	取芯率/%
1	10	0	0	0
2	20	0	0	0
3	30	53	150	16
4	40	160	500	50
5	50	258	800	81
6	60	275	850	86
7	80	298	940	93
8	100	308	950	95
9	120	306	950	95

结合不同进给速度下提芯力的变化曲线和取芯量的变化,可以识别出月壤钻取过程的三个阶段:

(1)阶段Ⅰ。进尺速度较小,零取芯阶段:取芯率为零,钻压力和回转扭矩的值较小。

(2)阶段Ⅱ。进尺速度适中,取芯稳定阶段:取芯率稳定增加,钻压力和回转扭矩仍旧保持较小的值。

(3)阶段Ⅲ。进尺速度过大,取芯饱和阶段:取芯率接近饱和,钻压力和回转扭矩随进给速度呈指数形急剧增大。

钻进参数及钻进比(进尺/回转)是控制局部形成塞流的条件,塞流表现出一定负载水平,衍生孔底应力场导致样品填充,大概率情况是一定力载范围均能保证进样,但不排除异常情况行为演化。

图 4.26、图 4.27 表明存在临界钻进比,当钻进比较低时顺畅排粉,力载平稳较小,当钻进比到一定范围时,形成不同挤密塞流,载荷主要由排粉消耗,也会获得进样。

其中钻进比与取芯量之间的关系如下图所示,可以看到随着钻进比(进尺速度/回转速度)越大,取芯量越大。

综上所述,从月壤钻进取芯试验研究与经典模型对比中,可以发现如下问题:

(1)月壤钻取力载规律受月壤状态及钻进参数影响很大,经典模型无法解释现有厚壁螺旋钻力载特性;

(2)月壤组颗粒级配对钻取效果有较大影响,特别是月壤中大颗粒对钻取力学行为影响较大;

(3)钻进比是控制厚壁螺旋钻进取芯的关键变量,对采样量具有较高敏度,伴随塞流

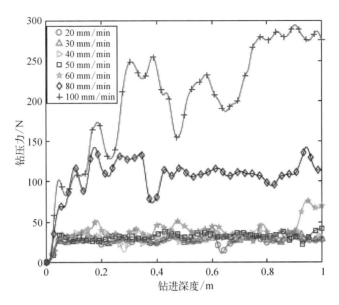

图 4.26　钻压力随钻进深度的变化规律

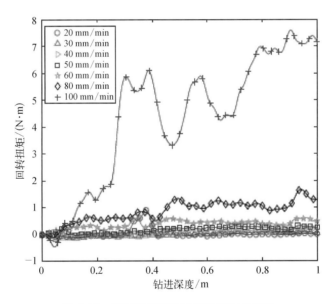

图 4.27　回转扭矩随钻进深度的变化规律

发展变化,保持一定程度塞流是控制目的。

4.6　本章小结

月壤的颗粒力学特性与钻具构型是导致月壤钻进取芯机理复杂的根本原因。现有月壤钻取行为的描述模型特点总结如下：

（1）通过经典土壤钻进解析理论建立了钻进过程演化条件，揭示了钻进过程的钻进参数与排粉、进样演化规律。

（2）离散元方法可以有效描述月壤的颗粒动力学特性与流动特性，其获得应力场与速度场揭示了力载分布特性，模拟了力链拱形成和断裂与几何尺度下的内在关系，为钻头构型设计与优化提供支撑。

（3）通过精细地试验研究，分解出月壤力载、进样、钻进参数之间的关系，才能有效把握月壤的钻进取芯规律，试验数据挖掘可以提取三者关联关系。

试验表明，采样需要排粉处于塞流状态，塞流密实流中摩擦起主要作用，低重力场对塞流排粉不起主要影响。

（4）通过理论研究，建立钻进、取芯、排粉与月壤流变场系统关联的模型，描述出颗粒物质力学应力场与速度场的关系，明晰作用机理，明确钻进取芯内在规律及控制方法，解决月壤钻具相互复杂作用特性识别难题。

随着对月壤特性认识的加深及颗粒流变理论的完善，对月壤钻进取芯认知将更加清楚；更准确的月壤钻取描述模型将被用于支撑采样器研制及未来空间采样探测任务。

参 考 文 献

[1] 庞勇，王国欣，汤滨，等. 月球浅层月壤螺旋钻具进芯机制设计[J]. 深空探测学报（中英文），2021，8(3)：7，252-258.
[2] 唐钧跃，全齐全，姜生元，等. 模拟月壤钻进力载建模及试验验证[J]. 机械工程学报，2017，53(7)：85-93.
[3] 刘飞，侯绪研，全齐全，等. 空心外螺旋钻杆与月壤相互作用力学模型研究[J]. 机械制造，2011，49(11)：29-34.
[4] 庞勇，赖小明，殷参. 基于散体介质流变力学的星壤动力学研究[C]. 第十届全国多体动力学与控制暨第五届全国航天动力学与控制学术会议论文摘要集，青岛，2017：98.
[5] 庞勇，冯亚杰，孙启臣，等. 月壤大颗粒对钻进力载影响的仿真及实验研究[J]. 北京大学学报（自然科学版），2019，55(3)：397-404.
[6] 赵曾，陈轮，殷参，等. 一种超高密实度模拟月壤制备及检测方法[P]：CN201510801310.8. 2018-08-31.
[7] 史晓萌，节德刚，全齐全，等. 模拟月壤钻进负载分析与试验研究[J]. 宇航学报，2014，35(6)：648-656.

第5章

钻取采样系统总体技术

5.1 引言

月球无人自主钻取采样器属于深空探测独特有效载荷,面临首次深空钻取采样任务目标、新的作业环境及无人自主作业模式,需高度融合科学钻探技术、月球空间与地质环境,环境应力等影响分析与设计密切相关,提出了月壤钻取采样动作规划及交叉解耦方案,解决能相互耦合及复杂动作实现的难题,实现贯通钻进取芯、提芯整形、样品分离、避让展开四大核心功能,24种动作全链条安全作业交错执行,各工作阶段前后、交叉关联。采样器的总体设计要充分继承关键技术阶段的研究成果,依据原理样机、工程样机阶段方案与参数,结合总体探测器构型布局,分解力热载荷条件、接口条件与约束及研制要求,开展产品总体设计。

5.2 总体设计难点分析与设计准则

5.2.1 难点分析

钻取采样器是在月面环境下自主完成样品的采集,需完成月壤钻进、采样及样品整形与回收等任务,整个采样作业过程工作环境苛刻、动作环节多、协调性要求强。因此,钻取采样器产品的关键点主要表现在以下方面。

1. 月壤剖面不确定,钻取采样需要高适应性

月壤剖面离散性为钻取带来不同作用特性,不同级配月壤及摩擦系数均对钻进规程进行相应匹配,月壤钻取苛刻度涉及各个维度,极为复杂,尤其在风暴洋吕贝克火山周围,月壤年轻成熟度低,粗糙级配玄武岩月壤存在概率大,钻具与规程需对月壤作用识别、控制与调节具有充分的能力。

2. 无人自主采样动作多、可靠性要求高

无人自主采样需实现一系列动作紧密衔接,主要包括钻进、取芯、密闭、提拉、转移、整

形、分离、传送,每一个动作环节都是可靠性单点,要求动作链条衔接紧密、高度自动化、高可靠性。

3. 空间钻探与地面钻探环境差异性大

月球钻探面临的空间环境与地面具有显著不同,月面的高真空环境,导致地面成熟钻探技术中常用的液体或气体媒介辅助钻探的手段无法使用,带来润滑难、热量传递难、排屑难等一系列技术难题。此外,由于探测载荷能力约束,月壤剖面特性分布极具随机性,采样对象具有极强的不确知性,也带来采样器力载特性不确定变化,对于出现的问题要精准诊断、快速评估、有效解决。

4. 采样系统特殊复杂、原创性强

无人自主钻取采样器是我国首例地外天体钻取采样机构,国内没有研发先例。采样器采用全新取芯技术原理用于原位包裹获取样品,前期开展为期两年的关键技术研究,确定产品核心,该产品在技术上具有外形尺寸大、横跨两器、驱动功率高、细长构造、机构运动多且复杂的特点,并且探测器对采样器的质量、功耗、约束严格。总体来说,无人自主钻取采样器结构机构技术状态新、研制难点多。

5. 钻取采样主次结构动力学特征显著、指标严格

嫦娥五号钻取采样器的设计关键点在于大跨度轻质高刚性主结构、钻具的冲击回转共轴驱动功能、样品收纳转移功能的实现。大跨度轻质高刚性主结构的实现难点在于嫦娥五号钻取采样机构纵跨两器(着陆器、上升器),跨度极大,上下纵贯 6 m,主结构基频 46 Hz,质量约束又极为苛刻,悬臂集中质量壳等结构刚度要求较高,且上下两端的安装接口非刚性,采用合理的构型及结构实现接口匹配难度高。钻取工作完成后,与上升器相连的机构需要分离,并展开到远离上升器的侧面位置,因此嫦娥五号钻取采样器还需要配置克服月球重力场完成展开运动的展开机构。该展开环节由于关系到上升器起飞基本条件的准备,属于探测器系统级单点环节,其高可靠性设计也是关键。

6. 信息与能量流统筹难度大

整个能量流、信息流统筹规划包括柔性电缆网布线设计、展开避关节处电缆管理、千瓦大电机高压母线及大电流驱动技术与传热路径设计;面临探测器舱外月球环境下钻压力与提芯拉力传感器信号,苛刻月球高低温环境,大功率电机的电磁相容性都要进行可靠性验证。

7. 钻取作用机理复杂、科学问题多

月球钻取采样器可以定义为接触式探测空间复杂钻探智能系统,在取样方面,由于进样量只有排粉量的 1/7,需要用次要矛盾控制主要矛盾,风险较大。保持孔底进样条件与分土精细化协调性,月球深层钻进属于地外天体自主钻进规程,主要解决非透明特性月壤剖面的提前预示、高风险复杂多变月壤的自适应钻进控制及复杂空间环境下星壤特性科学保真的问题。但采样器采集特征量信息有限,实时性要求高。钻具内嵌取芯机构,钻具转化厚壁螺旋钻模型,排粉通量是进样通量的 7 倍,钻进参数与采样量强相关,此外,钻具

与不确知月壤的作用行为极为复杂,采集状态充满不确定性与随机风险,使钻取采样活动演化成充满突破性的创新技术和蕴含丰富的科学问题。

8. 无人自主采样器钻取难、样品取芯量严重依赖钻进规程、风险大

月壤剖面特性自动辨识与钻进策略均最大化无人自主完成,提取反映钻进状态参数集,实现钻进参数在钻进可行域内自动调节,钻取不同的高密实月壤剖面,钻具已经为此对孔底苛刻度进行高适应性设计,但颗粒级配粗糙月壤严重依赖钻进参数及策略,钻进过程会不断解决各种月壤剖面带来的阻碍,同时还要考虑取得样品的效果。对于超过载荷的阈值,依据能量裕度与钻具能力,进行判读与决策,通过开展拟实与最大包络工况研究工作探索规律,做好解决预案,为此开展钻进规程设计。

9. 月球无人自主钻取采样器属于空间科学钻探系统

月球无人自主钻取采样器系统设计,融合了地球钻探科学与空间技术等多学科交叉技术,体现钻探科学贯通,通过关键技术明确力载特性、获取样品的载荷控制范围、钻取可行域参数、作用边界条件等。

5.2.2　设计准则

月球钻取采样器是高度融合科学钻探与空间宇航机构的产品,面临全新交叉学科设计,总体设计技术理念如下:

(1) 面向不确定月壤剖面高适应性。由于月壤剖面不确定性,形成复杂钻进的风险,钻进链必须具有突破各种剖面的能力。实现多种作用特性一体化钻具独特设计技术、力载等信息采集技术以反演月壤剖面具备自适应规程控制与调节。

(2) 构型设计准则。根据探测器接口约束,底部用于取芯,上升器顶部用于样品传送,呈哑铃形构造,采用横跨杆贯通主结构与整形机构样品通道,整形机构摆杆展开实现分离避让功能。采用复合材料壳体满足刚度与热控及质量约束需要,采用钻机与钻具立式布局利于钻进。

(3) 创新性关键技术引领下的任务需求分析。钻取采样器作业环境、作业对象、钻取作业过程蕴含丰富科学问题,采样器设计具有丰富突破性创新性,钻进取芯方案与参数继承前期自主研发成功经验及关键技术攻关成果,面对采样器型号阶段技术状态更加具象化的特点及新的接口、功能与性能要求,开展总体设计与分析。

(4) 整个采样器设计紧密围绕任务科学目标与工程目标,功能设计满足样品保持层理要求,同时满足规定约束空间下的大深度样品收纳设计。

(5) 一体化构型与布局总体设计。钻取采样器依据任务目标与要求首先确定方案、参数及接口约束,分析月面工作作用特性,基于探测器总体设计需求与着陆上升组合体进行一体化布局,制定布局既要满足作业要求,也要满足探测器总体接口约束,同时充分运用约束条件进行构型设计,满足总体与采样器几何、力学、控制、热控等要求,通过反复迭代优化形成总体设计方案。

(6) 复杂多学科机电一体化系统集成设计。钻取采样器从作业需求分析,涉及复杂

结构与机构设计、供配电与控制系统设计、热控设计、摩擦学设计、传感与测量、新材料新工艺、控制软件设计等,按总体布局设计,将各结构、机构、电控、传感器、电缆网、热控、火工品等有机集成整体。

(7)最简化、有效动作流程设计。结合作业需要、构型与布局,基于月壤钻取采样核心需求,优化设计钻取采样动作流程,充分利用作业时间资源,采取相对最简化和最优化的有效实施方案,保障作业任务的可靠、简洁、安全实现。

(8)可测试性和试验矩阵设计。基于产品的创新性,需要进行系统性的可测试性设计,确保每一层级的产品,从零部组件到整机、系统,均可检可测可评定,进行系统试验矩阵和试验方案设计,确保作业性能可以系统评定。

(9)突破性创新设计与可靠性优先理念。基于空间科学钻探类产品特点与技术方案,创新性设计是钻取采样作业的必需,以实现高可靠、轻量化设计思路,但此种创新是在继承既有高成熟度产品和技术开展的创新,继承航天产品高可靠性优先的设计理念进行可靠性再分析、再设计。

(10)增强理论指导。形成钻取采样器设计的理论,钻取采样器科学问题蕴含丰富,揭示机土作用机理,利用理论与数值模拟描述机土作用行为,开展细长杆几何非线性与冲击载荷带来参数共振理论分析,外啮合密珠轴系接触副摩擦学作用机制等研究,以理论指导采样器设计。

(11)简洁有效设计。尽量采用简单可靠设计,减少系统资源配置,极大限度减少动作环节,提高系统可靠性。

(12)可靠取芯与收纳。采用双管单动软袋主动取芯技术原理,获取保持层理月壤。

(13)信息用充分。动作均有反馈,采用对钻压、回转力矩、提芯力、进尺、整形圈数物理量进行测量与控制。

(14)月球环境适应性设计。整个设计按建造规范,进行月尘防护、静电效应环境适应性设计,钻取采样器使用材料要规避与月球材料交叉反应,保持月壤洁净度。

(15)钻进规程设计。无人自主采样动作以自主自适应运行为主,提取"特征参数集"以表征和反演钻进状态,使钻进状态满足安全钻进、可靠取芯,地面实时监控,遇到苛刻工况或异常情况在轨预编程无法解决时,启动地面支持系统和人工遥控,启动针对性解决预案,实现预期目标。

(16)轻量化设计。整器质量、刚度指标要求高,开展创新性设计与轻量化设计。开展轻质高强新型材料应用与开发,需对驱动机构、主承载结构等进行创新性设计、高难度研发,实现资源最小化和设计系统性最优化,与探测器总体结构进行总体设计与力学分析,实现满足下凹约束的结构动力学的总体优化,突破轻量化设计技术,开展拓扑仿真实现静力、动力学拓扑,以满足钻取采样器重量、功耗、采样深度等各项功能和性能的要求。

5.3　任务需求、约束与工作剖面分析

5.3.1　任务需求

探月三期采样任务阶段：着陆器与上升器动力下降风暴洋采样，钻取采样器的任务为钻进月面，获得月壤样品，钻取采样器样品收纳后同时进行初级封装后传送至密封封装装置内部，避让展开，让出上升器的上升通道[1]。如图 5.1 所示，钻取采样器主体位于着陆-上升组合体外侧，样品要从月面以下传送至上升器顶部，再执行传送功能，将钻取样品初级封装容器传入上升器顶部的样品封装装置。钻取初级封装容器的内部接口还要考虑表取初级封装容器的接口状态，以备表取工作完成后，可以将表取初级封装容器防止在其内部。采样器上部收纳单元必须与上升器分离，并展开让出上升器通道。

图 5.1　钻取初级封装容器

（1）"展开"是整个探月三期工程的单点失效环节，这就要求展开可靠性 100%，进行高可靠性设计；

（2）任务需要获取米级深层样品，制定具有 2 m 采样能力方案，以此为特征长度，结合探测器接口约束开展设计；

（3）任务对于月壤保持层理或层序科学目标要求，需通过原位包裹内翻提拉方式解决，工程约束样品以环状进入样品容器，为此需缠绕样品，为满足上升器接口，采样器必须横跨两器，由两部分"功能部件"组成，形成贯通样品传递链条。

5.3.2　接口要求

钻取采样器接口主要考虑以下部分：

（1）包络尺寸。钻取采样器与着陆器上升器组合体进行总体设计，在其允许包络范围之内。

（2）与着陆器接口。主结构只能承载在着陆器上，具有钻机悬臂质量壳体，需高刚度固定，开展连接区域刚度、强度总体设计，满足 40 Hz 基频要求。

（3）与初级封装容器接口。钻取初级封装容器为月壤钻取样品进行存放的容器，在样品传送完成后，放置在密封封装装置内部，其内侧盛放表取初级封装容器，如图 5.1 所示。

5.3.3　寿命剖面分析

钻取采样器的寿命设计需要考虑其自身试验验证需求，即其起始点从自身装配调试

完成开始计算,至自身功能性能试验、环境验证试验,至其交付后到总装置探测器、完成所有测试和试验,直至在轨实施所历经的产品状态变换。寿命剖面涉及寿命期内的每个重要事件,在前述试验事件基础上,还包括过程中所经历的运输、储存、检验、备用与待命状态等所有可能事件。寿命剖面为产品进行寿命设计和试验验证提供依据,产品设计和验证应能包络寿命需求。

5.3.4　任务剖面分析

钻取采样器的总体任务为月壤钻取采样,动作环节多且衔接紧密,尽量采用成熟和简洁的设计。所经历的飞行过程比较复杂,整个采样作业过程工作环境苛刻,动作环节多,协调性要求强。

其整个任务过程分为 6 个阶段[2],任务的时间剖面如表 5.1 所示。

表 5.1　钻取采样器任务剖面

序号	任务阶段		装置状态	经历环境
1	地月转移阶段	装置发射阶段	装置不加电,运动机构压紧	地面发射冲击、振动、加速度、噪声
2		装置地月转移阶段		真空、高低温、辐照、低重力、飞行冲击
3		装置动力下降阶段		着陆冲击、真空、高低温、辐照、1/6 g 重力
4	月面工作阶段	准备阶段	运动机构解锁,恢复运动能力	真空、高低温、辐照、1/6 g 重力、月壤、月尘、月面静电、钻取采样工作能力、热
5		钻进取芯	加电,钻进取芯	
6		样品传送	样品初步封装、转移、避让	
7	月地转移阶段	样品月面上升阶段	样品盛放在封装装置内部	月面上升交变冲击、振动、加速度、噪声
8		样品月地转移阶段		真空、高低温、辐照、低重力、飞行冲击
9		样品返回底面		着陆冲击、真空、高低温、1 g 重力

5.3.5　环境剖面分析

1. 环境适应性设计

发射主动段与着陆冲击面临严酷的力学环境。钻取采样器在月面采样过程中,面临低重力、高低温、高真空、月尘、月昼等复杂苛刻的环境,要求产品充分识别环境影响,如静电采用等电位设计,月尘采取防护能力设计、高低温环境下配合间隙等。

2. 力学环境剖面

钻取采样器在全寿命周期中,承受的力学载荷主要包括静载荷和动载荷。

1)静载荷

静载荷来源于地面装配应力、储存和吊装的重力作用、发射过程的过载。

2)动载荷

钻取采样器的动载荷主要来源于发射、分离、着陆和月面作业过程,包括瞬态载荷和随机振动载荷,以及发射时释放、级间分离、着陆冲击和月面作业的钻进冲击。这些动载荷可能导致钻取采样器受构型约束的主承力结构局部的动应力较高。

细长钻具在月面作业过程中受到压、扭、冲击等复杂载荷影响,钻进过程钻压力和扭矩时变,可能出现失稳。

3. 月球环境剖面

1)着陆区

着陆器着陆区周围的地形地貌对钻取采样器的任务完成情况具有较大的影响,这种影响主要由两方面因素造成:钻进月壤剖面特征、月面坡度。

着陆器的着陆地点若存在坡度及撞击坑,会造成着陆器的歪斜,引起钻取采样器钻进角度、有效钻进深度及样品传送精度的改变,因此在钻取采样器设计过程中,需充分考虑这些不确定因素对装置可能造成的操作影响。

2)1/6 g 重力场及其他月球环境

月面的 1/6 g 重力场对钻取采样器的影响主要有如下三个方面:展开动力学特性、钻进过程着陆器的稳定性、钻取特性。其他月球环境因素主要有真空、月尘、静电、温度、辐射等,设计中要采取相应的适应性设计,例如,选用耐真空和高低温的材料,开展运动环节防月尘设计、防静电、防辐射设计等。

5.3.6　功能要求分析

钻取采样器总体功能要求:以月壤样品获得功能为核心,并且不能污染样品,提出可靠性要求——让出上升器上升通道及配电和通信要求。

1. 月壤样品获得功能要求

在钻进采样要求中,要具备对不同月壤工况的适应性,要求"钻得动",实现有效钻进和苛刻剖面突破能力,取芯机构可靠获取原位包裹样品,实现"封得住"和"提得动"。考虑月壤剖面复杂性,建立采样状态"信息集",面临当前剖面作用工况能够主动判读月壤钻进取芯实时状态,进行相应的钻进参数调节与控制,通过一系列钻取动作后实现"缠得上"和"传得到",实施样品转移、传送功能。

2. 动力载荷需求

月壤钻取特性不确定,尤其风暴洋 I 区月壤成熟度低,较大概率夹杂各种岩石颗粒甚至大块岩石,此不确定性对钻取采样器的设计需明确三个方面:作用工况边界界定、工作能力包络、作业策略制定。钻取采样器需要大力载裕度及健壮性设计,保证安全有效钻进,可靠取芯。

3. 探测器姿态适应性要求

探测器姿态对钻进取芯、样品传送、避让展开有影响,需要进行相应设计,在不同姿态角范围内均能够进行取样。对于两器形位精度敏感的功能主要为样品传送功能,需要进行适应性设计,要求在不超过15°范围内均能够可靠实现传送。

4. 上升器上升通道避让展开要求

钻取采样器在样品传送完成后能实现避让展开,将上升器上部分与器分离,向外避让展开,并且展开到位后可靠锁定。由于在月球重力面内展开,考虑姿态影响,需进行预紧结构"势能释放"分离和增力展开设计,结构势能能克服不可预见干涉、粘连等阻力,保证展开的可靠性。

5. 配电和通信要求

钻取采样器的驱动能源来自供配电分系统,受在轨条件制约,要求能适应不调节母线电压输入,具有二次配电能力,具有不危及母线安全的保护措施等。

在通信方面能对数字量遥测进行采集、处理、传输;接收并执行指令,进行数据采集遥控。开展遥控遥测设计,并反复进行测试与试验验证,以保证系统的可靠性。

在故障和异常处理能力方面,要求具有堵转等紧急故障的自主保护能力,故障排除重新启动,可继续工作。

5.4 系统功能组成与工作原理

基于前述功能实现需要,钻取采样器结构与机构由支撑结构、加载机构、样品整形机构、钻进机构、展开机构、取芯钻具等功能组件及总装直属件组成,如图5.2所示;钻取控制器由驱动与控制供电模块、电机驱动与控制模块两大功能模块组成。

系统组成:钻取采样器主要由钻进驱动机构、样品整形机构、支撑结构三大部分组成。其中,钻进驱动机构实现月壤的钻进及月壤的采样,又可分为加载机构、钻进机构、取芯钻具组件三个功能组件,该机构可输出旋转、冲击、进尺三种运动形式,驱动取芯钻杆组件实现月壤的钻进、采样。钻取采样器的辅助功能模块还包括压紧释放机构、控制器、热控装置。展开机构驱动端安装在支撑结构顶板上,通过展开臂与安装在上升器顶板的整形连接结构连接。整形连接结构安装在上升器顶板上,为悬臂结构,为钻取初级封装容器向下传送入密封封装装置提供空间。

主承载结构大部分以复合结构为主,通过构型与布局优选、选取新型轻质材料、空间拓扑优化等措施,实现高刚度、轻量化设计。

工作原理:采样器首先进行火工解锁;采样阶段,钻进机构驱动钻杆回转,加载机构驱动钻进机构并沿支撑结构滑道向下进给,钻杆的外螺旋槽将钻头下方的月壤排至月面,钻头中心孔下方的月壤则被挤压进入钻杆的内腔;取芯机构布置在钻杆内部,通过软袋取芯管进行样品采集;钻取完毕后,样品整形机构通过提芯绳牵引柔性取芯筒,将其拉出钻

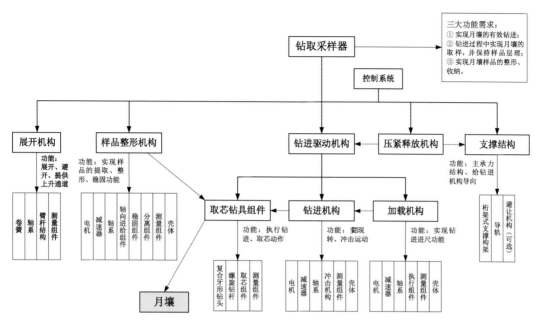

图 5.2　系统功能组成

具、提升并螺旋缠绕在取芯筒上,完成样品的提芯与整形;样品整形完成后通过分离装置,将取芯筒送入布置于上升器上的封装装置中,从而完成样品的转移;最后避让展开机构进行解锁、展开与锁定,深层采样任务完成。

各组成模块的功能如下:

(1)支撑结构。支撑结构是钻取采样器的基础骨架,是钻进机构、加载机构、避让展开机构等各组成部件的安装基础部件,并提供钻进机构下钻的滑道,也是钻取采样器与着陆器连接的部件,具有对外安装接口。

(2)压紧释放机构。在地面发射、月面着陆及空间飞行过程中锁紧钻取采样器各运动组件,并在钻取采样器工作前实现解锁。

(3)钻进机构。实现回转、冲击运动,并将这两种运动形式输出到取芯钻杆组件。

(4)加载机构。驱动钻进机构、取芯钻杆组件组合体进尺,提供钻进所需的下压力,监测钻进机构的行程。

(5)取芯钻具组件。月壤钻进的执行机构,将采集的月壤样品装入取芯筒内并进行封口密闭。

(6)样品整形机构。对装满样品的取芯筒进行螺旋缠绕整形,并实现样品初级封装容器的分离、传送。

(7)展开机构。对整形机构进行展开避让,为上升器上升提供通道。

(8)热控装置。控制各组件的温度在合适的范围内,保证其正常工作所需温度。

(9)控制器。控制钻取采样器各工作环节按照工作流程工作,并通过传感器监测系统工作状态,生成遥测参数。

　　钻取采样器在上述部组件的支持下,可实现月壤钻进、样品采集及样品月面回收三大功能,从而实现月面自动钻取采样,组成如图5.3。

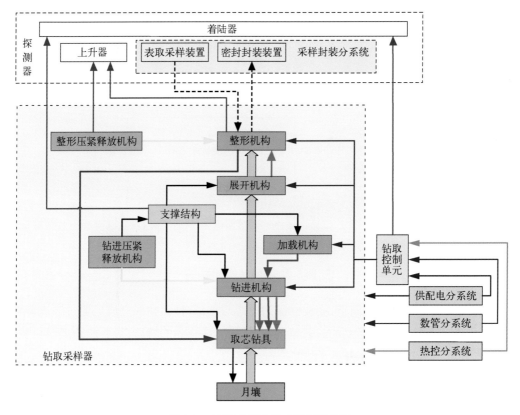

图5.3　钻取采样器组成及相互作用

　　钻取采样器主功能分解如图5.4所示,分为四大主要功能:钻进取芯、提芯整形、样品传送、避让展开。

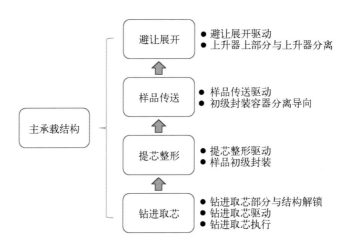

图5.4　钻取采样器功能图

样品获得后,由整形机构将样品提取至钻取初级封装容器内部进行初级封装,再实现钻取初级封装容器分离、传送密封封装装置内部功能。

5.4.1　总体布局与构型设计

总体布局与构型设计既要适应钻进取芯,又要适应上升器的样品传送与收纳,同时满足接口要求。

钻取采样器分为主结构与次结构两体结构,主结构固定于着陆器,次结构固定于上升器,中间具有样品通道连接,如图 5.5 所示,主结构主要布置为钻取功能部件,为了热控和复合材料成型及轻量化实现,采用壳体构型,次结构主要负责样品定性、传送与避让展开。

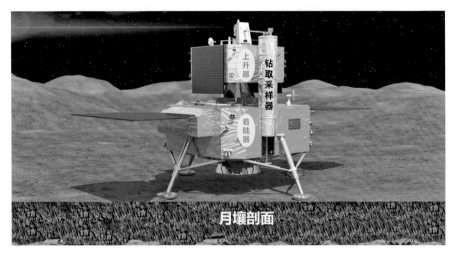

图 5.5　钻取采样器在探测器上布局

钻取采样器执行机构和传感测量均布置于采样器内,只有控制单元布置于舱体内。钻取采样器功能部件布置于壳体内部,并建立相互作用关系。

根据各部件作用关系,进行构型与布局设计,加载机构、钻进机构、取芯钻具均安装在支撑结构上,加载机构安装在着陆器侧壁,钻进机构通过两侧滚轮安装在钻进导轨内侧,在钻进解锁前由钻进压紧释放机构轴向固定在支撑结构的顶板上,取芯钻具上端连接在钻进机构上,中部为钻杆限幅机构限定位置,下端轴向固定连接在支撑结构下端。

主结构采用立式壳体结构,所有钻取取芯钻具动力部件及钻取传感信息布置于立式主结构内,例如,钻进机构、加载机构、取芯钻具位于支撑结构圆筒内部,展开机构、钻进压紧释放机构安于支撑结构顶座上,样品定型与收纳机构布置在上部分,如整形机构通过整形压紧释放机构压紧于上升器顶板上。钻取采样器总体布局如图 5.6 所示,满足钻进米级行程要求。

两体布局分别用于满足钻取与样品收纳要求,纵横长度超过 6 m,在细长两体构造上满足探测器力学条件、机电热磁控接口要求。

钻取采样器与控制器通过可插拔的电缆连接。连接钻取采样器各机构的电缆沿主结构分布,穿舱进入舱内与单元连接。可插拔的连接方式利于钻取采样器与单元的分别安

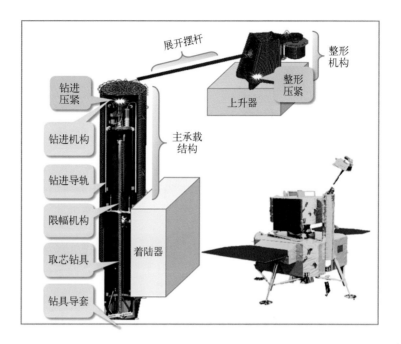

图 5.6　钻取采样器总体布局

装及调试。

钻进机构位于钻杆的最上端,为取芯钻具提供回转和冲击驱动功能。为了满足钻进取芯要求,需为钻进机构提供导向支撑的导轨,因此钻取采样器采用了双导轨支撑导向形式,加载机构位于在导轨中间位置,通过拉绳驱动钻进机构带动取芯钻具在导轨上移动。钻进取芯部分均安装在支撑结构上,位于着陆器侧面,与探测器一体化设计。

（1）钻取作用于月面,样品收纳容器上升器,主承力壳体垂直布局传力于着陆器,用于下钻,采用次结构将整形机构布置于上升器样品容器上面,利于样品传送,传力于上升器。

（2）钻机布置在主结构顶部,为下钻提供必要行程,钻压采用钢丝绳牵引,采用限幅机构加强钻具导向能力。

（3）进给加载机构位于筒体中下部,主要利于钢丝绳上下传力牵引。

（4）随钻移动电缆定向展开,防止钩挂。

（5）所用钻取传感器主要布置主结构,避免信号传输干扰。

（6）样品整形机构布置于上升器上方,满足探测接口约束和样品可靠传送。

（7）火工品分别布置在钻机上方和整形机构连接面上,分别在结构与机构连接面上,连接可靠,分离后不影响机构动作。

（8）有电缆管理均统一规划设计,电缆网布置要适应于柔性构型与活动部件。

着陆器外开阔空间可以进行纵向大行程钻进布局,实现从上到下单次月壤钻进需求,并可与着陆器实现共体设计。钻取采样器依托着陆器,外包络上升器,整体构型满足接口约束要求,钻取主结构与整形次结构采用两体构型实现钻取功能与整形形成功能有机整体,主结构采用复合材料壳体结构,解决设计基频与轻量化要求,利于热控实施,避免对器内有限空间的热环境引起过大波动。整形机构布置在上升器正上方,将样品进行初级封装后可以采用最短路径,传入正下方的密封封装装置。样品传送完成后的展开设计,实现上升器上升通道的有效避让。钻取控制器位于着陆器内部,具有相对优良的热环境。构型功能分割合理可靠,并具备轻量化、可靠避让分离特点。

样品随卷筒一起转送至封装容器,不仅可以有效节省储存空间,而且卷筒的内腔可以为表层采样提供样品储存空间。

5.4.2　系统工作流程

钻取采样器在地面装配至着陆上升组合体(着陆器和上升器),测试其性能,总装至探测器,经测试后发射,飞行至环月轨道,着陆上升组合体与轨道器、返回器分离,轨道器与返回器继续沿环月轨道飞行,着陆上升组合体着陆至月面采样区。

着陆上升组合体在着陆阶段后,钻进解锁,钻取采样器准备开始工作。在具备月面工作条件后,供配电分系统加电,钻取控制器开始供电,接收遥控遥测指令,进入月面钻取采样阶段,具体流程如图 5.7 所示。

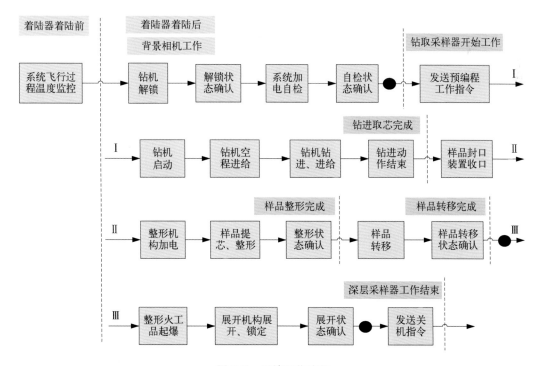

图 5.7　系统工作流程

系统功能实现步骤如下:

(1)空载滑行。在着陆上升组合体月面着陆后,钻取采样器的钻具距月面有一定距离,设定为钻进空程。钻具下月壤为原位状态。接收到遥控指令后,钻具向下滑动,直至接触月面。

（2）钻进取芯。钻具接触月面后，月表定位，开始回转，最后启动进尺驱动，以回转进尺方式向下钻进，将钻具周边月壤向外排出至月表，形成钻孔，钻具下方原位状态的月壤进入空心钻具内部，被钻具内部的软袋原位收纳。此阶段，软袋顶被提芯绳固定位置，其从芯管外部向内翻转，而芯管随钻具向下进给，利于保持样品的层序信息。

（3）样品封口。钻进到位后，钻具保持停止进尺，将提芯绳向上拉起，样品由于自身棱角特征影响，内摩擦角大，被软袋包裹着一起上升，提起一段行程后，软袋尾部的封口装置内翻入钻具内部空腔，采用自封闭设计，软袋尾部封口，避免样品滑落出软袋外部。

（4）原位缠绕。取芯软袋上端的提芯绳为较细的软质纤维绳，将其缠绕在钻取初级封装容器上部，占用较少轴向空间。

（5）螺旋缠绕。提芯绳持续向上提起，拉绳原位缠绕完成后，软袋部分进而螺旋缠绕在初级封装容器内部，采用螺旋缠绕方式，可以避免软袋重叠，保护样品的原位状态。

（6）样品传送（剪切分离—整形导向—传送完成）。供电分系统传输给采样器供电模块与控制系统，数管分系统负责信息采集与天地交互传输与遥控，热控分系统确保火工品及器外半导体器件温度控制，取样完毕后整形机构回转提拉，经过钻进机构、展开机构样品通道缠绕成型，并传送到封装容器内。

（7）确认样品传送到位后，由展开机构带动向外避让展开，为上升器让出上升通道。确认展开锁定后，钻取控制器断电，月壤钻取采样结束。

5.4.3 工作模式设计

工作模式划分为预编程与遥控两种，二者根据需要进行切换，如图5.8所示。在预编程工作模式下，钻取采样器在设定的特征参数范围内自主进行月面钻取工作，不需要地面干预，在遥控工作模式下，由地面遥控指挥月面钻取工作。

钻取采样器预定工作模式为预编程，包括子程序、钻进取芯、提芯整形、分离传送。

各阶段工作流程开始前，对遥测数据进行判读，确认满足下一工作流程开始条件，再发送相关指令，在遥控和预编程工作模式中，均采取安全防护措施，采集工作状态信息，若超出阈值，则停止工作，转入遥控状态，等待下一步指令[1]。若电机电流过大、温度过高、行程到位等，均可及时由内置控制程序中止电机工作，等待后续指令。

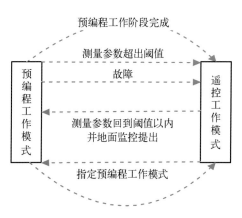

图5.8　预编程与遥控工作模式切换关系

5.5　大跨度轻质高刚性结构设计

钻取采样器主承载结构的构型在方案阶段进行了迭代优化设计,经历了从桁架结构到碳纤维层合板蜂窝芯复合材料圆筒结构的演化。

圆筒式主承载结构相对来说能够解决桁架式结构中遇到的各类问题,如图 5.9 所示。采用圆筒式结构,能够将钻进取芯部分的机构全部纳入结构内部,能够提供较好的热防护,同时采用适宜的刚度设计,不需要在上升器上表面增加支撑点,圆筒式结构也可以和着陆器侧面进行一体化设计。

1. 圆筒垂直构型

考虑到桁架支撑垂直构型对着陆器顶板过大的支反力,给整器结构带来较大的影响,设计采用圆筒垂直构型。

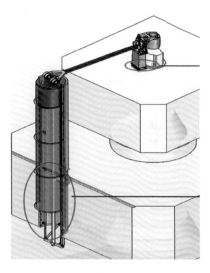

图 5.9　圆筒式主承载结构

圆筒垂直构型即安装于着陆器的钻进部分机构的基座采用复合材料多层构造做成的柱形圆筒结构。钻取采样器圆筒采用碳纤维层合板结构,具体构型如图 5.10 所示。

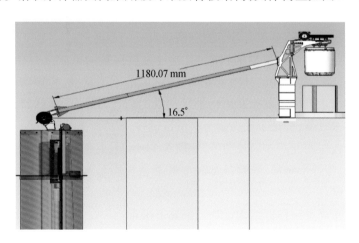

1180.07 mm

16.5°

图 5.10　钻取采样器方案阶段圆筒支撑构型

（1）圆筒直接与着陆器顶板、底板、侧板连接,圆筒为前后两体结构,具体长度尺寸及截面尺寸如图 5.10 所示。

（2）钻取采样器钻进取芯组件以着陆器内半圆筒侧板为安装基准,使钻进取芯组件（钻进机构、支撑结构、加载机构、加载钢丝绳、钻进压紧释放机构）与内半圆筒侧板成为一个整体进行部装和总装。

（3）支撑结构以内半圆筒为基础，两根导轨通过支座直接固定在内半圆筒上，导轨平面与着陆器 XZ 平面平行。

（4）整形机构与上升器接口采用一个火工品压紧。

（5）加载机构安装于内半圆筒侧板内壁上，并在侧板上开避让孔。

圆筒支撑构型一阶频率为 55.59 Hz，单机计算的支反力为 17 938.17 N，但整机计算最大支反力为 3 660 N，考虑下凹后预计为 1 830 N，满足设计要求。

2. 内半筒共体圆筒垂直构型

在方案阶段圆筒垂直构型结构设计结果的基础上，为了达到系统最优、系统结构刚度的均化，进一步与着陆器结构一起提出了着陆器钻取安装接口处的半圆柱结构板与钻取采样器内半筒共体化的设计方案。方案阶段内半筒共体构型基本与方案阶段圆筒垂直构型一致，只是将着陆器结构蜂窝内半筒与钻取采样器碳纤维蜂窝夹层板内半筒合并为一体。

5.6 采样器的结构动力学特性

整体建模分析与局部动力学特征显著环节并行开展分析工作，对复合材料薄壳、悬臂质量与压紧机构预紧力、细长钻杆与绳索、横跨两器样品通道杆系等进行动力响应分析，依据各自失效准则避免强度破坏[3,4]，同时开展轻量化设计。依据分析结果修正设计参数，对修正后的设计再进行分析，多次迭代，实现设计的最优化。

动力学分析与振动试验是相辅相成的，通过分析对振动试验进行预示，确定控制策略，选择能够表征动力学特性的试验测点、计算试验的下凹量级，为振动试验方案的设计提供依据。通过满量级振动试验前后特征级曲线的对比，证明了采样器经历大量级振动试验后力学特性未改变，验证了动力学分析的准确性。

钻取采样器在探测器的布局较独特，如图 5.11 所示，其横跨着陆器和上升器，通过展开臂跨器连接，呈哑铃形布局，悬臂顶部和上升器顶板均布置有悬臂质量，且悬臂质量通过压紧的形式固定。

跨器的特殊布局给采样器结构设计带来如下困难：

（1）端部有集中质量的长悬臂壳筒结构，刚度设计难度大。

依据探测器总体布局与接口约束，钻取采样器主结构依托着陆器，次结构固定于上升器。为保证不小于 2 m 的钻进深度、钻取采样器最下端与着陆器下端面的不大于 100 mm 的安全距离，在着陆器顶板和上升器侧板无法为钻取采样器提供支撑的约束下，钻取采样器主结构只能呈现"悬臂筒深梁端集中质量"的构型。同时为保证钻进深度和安全距离，十几千克的钻进机构位于悬臂端部，悬臂长度达 1 600 mm。这种端部有集中质量的悬臂

图 5.11　钻取采样器在探测器的布局

筒式结构,要满足基频不小于 40 Hz 的刚度要求,设计难度很大。

(2) 大质量部件位于探测器的顶部,承受动载荷的响应大。

为保证月壤样品分离至封装容器,质量 5 kg 的整形机构需布置于上升器的最顶端;由于接口条件限制,为保证避让空间,2 kg 的展开机构及整形机构需偏置质心布置于支撑圆筒顶板;这些大质量的部件位于探测器的最顶端,承受动载荷时响应较大,对结构的强度和刚度要求高,也对横跨两器的样品通道杆位移协调及弯曲刚度提出新的问题。

(3) 可解耦两器相对位移的柔性连接。

在探测器的振动环境下,低频时上升器响应高于着陆器,高频时着陆器响应高于上升器,两器之间始终存在位移差。为避免钻取采样器适应位移差边界而产生的高应力,需设计可解耦两器相对位移的柔性连接。该柔性还需要一定的弯曲刚度,避免刚度过低无法展开整形机构从而阻碍上升器的起飞路径。柔性连接同时缓解了支撑圆筒顶端的大质量钻机通过展开臂对整形压紧传递的额外载荷,避免整形压紧力不足将整形机构压紧在上升器顶板。

(4) 轻量化要求高。

在满足结构强度和刚度的基础上,需尽可能地减轻结构质量,实现轻量化设计。为实现质量约束下的刚度(基频)要求,运用在模态分析中输出结构的应变能密度,以应变能密度的高低作为结构刚度设计的依据方法。钻取采样器前两阶模态的应变能密度云图如图 5.12 所示,应变能密度高的位置表明加强该区域能够显著提高该阶模态频率,低的位置表明对该区域减重不会对该阶模态频率产生太大影响,是轻量化设计的理想区域。

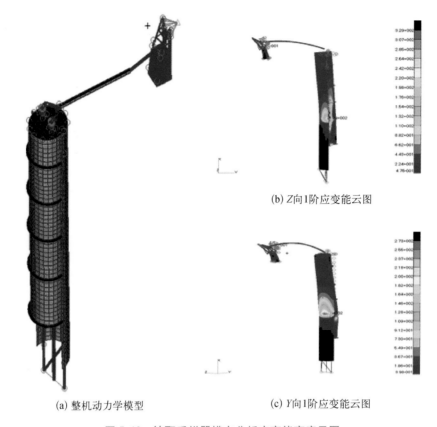

(a) 整机动力学模型

(b) Z向1阶应变能云图

(c) Y向1阶应变能云图

图 5.12　钻取采样器模态分析应变能密度云图

5.7　主结构力学分析

在确定了分析流程后,需要考虑钻取采样器在钻取采样任务的全周期中历经的力学环境。承载较大的阶段主要为主动段、着陆冲击阶段和月面钻采作业阶段,承受加速度过载、振动、噪声、冲击、月面最大钻进负载等力学环境。

5.7.1　悬臂圆筒式主结构

1. 力学模型

悬臂圆筒式主结构包括安装于着陆器侧板的悬臂支撑圆筒,以及圆筒内部为钻进机构提供支撑的导轨和顶板、安装于上升器顶板的整形连接结构,以及跨器连接支撑圆筒与整形连接结构的展开臂。

悬臂圆筒式主承载结构及安装于其上的部件的组成,如图 5.9 所示,其主要承受主动段的振动载荷和月面作业阶段的钻进反作用力[2]。各部分的力学建模如下:

（1）支撑结构的内半筒、外半筒、顶板均为蜂窝夹层结构,对于蜂窝夹层结构,一般蒙皮采用壳单元,材料为层合的二维正交各向异性,蜂窝芯采用实体单元分析,材料为三维正交各向异性。导轨与辅助支撑梁为碳纤维层合结构,一般采用壳单元分析,材料为层合的二维正交各向异性,对于已获取试验数据的复合材料杆件,也可直接输入其等效模量。

（2）整形机构包括整形连接结构环板、样品导向、十字加强梁和整形机构部分,整形连接结构环板为蜂窝夹层结构,蒙皮采用壳单元,材料为层合的二维正交各向异性,蜂窝芯采用实体单元分析,材料为三维正交各向异性。十字加强梁为碳纤维复合材料的壳单元。

（3）展开臂为碳纤维复合材料,采用梁单元模拟。展开铰链组件等效为质量点,通过 RBE2 刚性单元与展开臂 Y+端连接,展开时转轴的转动自由度需释放。位移协调的波纹管采用 BUSH 单元建立,一端与展开臂 Y−端连接,一端通过 RBE2 刚性单元与整形连接结构相连,波纹管的轴向刚度和横向刚度通过试验测得。

（4）由于钻进机构、加载机构、整形机构的刚度较大,远远大于与其相连的支撑结构,作为集中质量处理,简化为质量点单元,通过刚性多点约束单元 RBE2 模拟。支撑结构的埋件与附属件等效为质量点单元,电缆与热控涂层等效为非结构质量。

（5）取芯钻具用梁单元建立,材料各向同性。

有限元模型建立完毕后,需要复核模型质量、质心等信息,需与设计状态相同。主结构的有限元模型如图 5.13 所示。

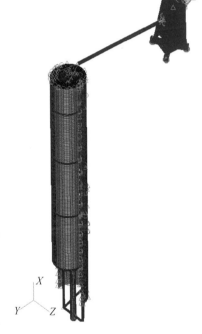

图 5.13　钻取采样器主结构有限元模型

不同的分析工况边界条件有所不同,钻取采样器与着陆器侧板、上升器顶板的连接位置,在强度分析、稳定性分析和模态分析中,约束全部自由度;在响应分析中放开主振方向的自由度,并在主振方向施加给定的激励,模拟钻取采样器在振动台上进行受迫振动的情况。

2. 模态分析

模态分析的目的包括以下几个方面:

（1）为钻取采样器的方案选择提供依据;

（2）验证与优化钻取采样器的刚度设计;

（3）规划部件频率,降低各部件在动环境下的响应;

（4）用于结构故障诊断。

对悬臂圆筒式主结构进行模态分析,前 6 阶振型如图 5.14 所示。

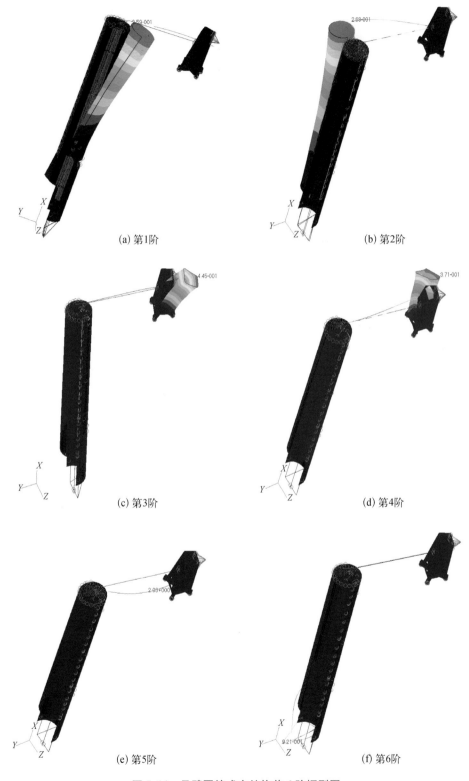

(a) 第1阶   (b) 第2阶

(c) 第3阶   (d) 第4阶

(e) 第5阶   (f) 第6阶

图 5.14　悬臂圆筒式主结构前 6 阶振型图

悬臂圆筒式主结构的前 10 阶模态有效质量如表 5.2 所示。

表 5.2　悬臂圆筒式主结构的前 10 阶模态有效质量

阶　次	固有频率/Hz	模态有效质量比/%					
		X	Y	Z	R_x	R_y	R_z
1	40.13	0.00	53.68	0.02	0.00	0.00	1.64
2	46.02	0.00	0.04	53.47	0.01	2.32	0.00
3	70.50	5.98	4.72	1.05	1.07	1.31	10.97
4	76.55	0.23	1.09	11.95	78.22	1.09	0.68
5	97.01	0.92	0.05	0.00	0.00	0.03	0.31
6	111.27	0.00	0.01	4.61	0.00	22.27	0.04
7	116.61	0.01	4.23	0.01	0.00	0.03	16.82
8	134.77	0.14	0.17	0.01	0.01	0.01	0.06
9	135.35	5.56	6.91	0.20	0.46	0.33	2.47
10	137.35	0.00	0.00	0.01	1.02	0.53	0.01
前 10 阶模态有效质量比之和		12.84	70.9	71.33	80.79	27.92	33.00

由模态分析可得到钻取采样器的前几阶固有频率和振型,由振型图和模态有效质量可以看出,1 阶固有频率为 40.13 Hz,为 Y 向弯曲;2 阶固有频率为 46.02 Hz,为 Z 向弯曲;3、4 阶为整形机构的弯曲。模态分析表明,主结构基频满足下凹条件下力学环境的要求。

3. 频率响应分析

频率响应分析的主要目的有以下两个方面:

(1) 获取钻取采样器主结构的动态响应特性;

(2) 根据钻取采样器主结构的动态响应特性,确定部件的力学环境条件。

除建模的准确度外,影响模态频率响应分析精度的因素还包括以下两个方面:

(1) 模态截断频率的范围。频率响应分析中频率范围的选取需要根据激励的频率范围确定,至少应保留激励频率范围内的所有模态,为提高分析精度,一般可将分析频率拓宽一倍左右。

(2) 模态阻尼的设置。阻尼的产生机理复杂,一般根据试验数据和分析数据确定,对于频率响应分析,结构一般只出现一个或几个共振峰,因此一般情况下准确设置几个主振频率的模态阻尼即可满足精度要求。复合材料的结构阻尼比金属材料的结构阻尼大,通过积累的研制过程试验响应与分析结果修正,一般可将金属材料的结构阻尼比设为0.02~0.03,复合材料的结构阻尼比设置为0.05~0.08,根据试验响应曲线的半功率点带宽,结合整体结构分析综合确定。

对于钻取采样器的频率响应分析,关注的结果包括以下几个方面:

（1）计算各部件安装位置的动态响应,为制定部件的力学环境条件提供依据;

（2）计算钻取采样器上各部件质心的最大加速度响应,作为部件强度分析和稳定性分析的依据;

（3）计算钻取采样器各安装接口的最大支反力,校核其是否超出探测器埋件的许用载荷;

（4）计算振动过程中整形压紧释放机构4个压紧点的最大拉拔力,为整形压紧杆的预紧力设计提供依据;

（5）计算振动过程中钻进压紧释放机构4个压紧点的拉拔力、钻杆轴向压紧的拉拔力,为钻进压紧杆的预紧力设计提供依据。

表 5.3　钻取采样器某部件的振动条件

沿探测器 X 方向			沿探测器 Y、Z 方向		
频率/Hz	鉴定级	验收级	频率/Hz	鉴定级	验收级
5~15	16.7 mm	11.1 mm	5~15	23.3 mm	15.6 mm
15~55	15 g	10 g	15~45	21 g	14 g
55~100	6 g	4 g	45~80	36 g	24 g
			80~100	9 g	6 g

以表5.3为振动条件进行仿真分析,由表5.4可见,内半筒共体圆筒垂直构型在6个维度上均满足要求并指标先进,在消耗质量、接口支反力上优势明显,因此最终优选该构型方案。

表 5.4　钻取采样器方案构型多维度比较

序号	维　度	整体圆筒垂直构型	内半筒共体 圆筒垂直构型
1	消耗质量	12.6 kg	10.95 kg
2	刚度（1阶基频）	55.59 Hz	52.20 Hz
3	温控	便于温控	便于温控

续　表

序号	维　度	整体圆筒垂直构型	内半筒共体 圆筒垂直构型
4	接口支反力	17 938. 17 N	5 763. 70 N
5	样品通道钩挂风险	风险小	风险小
6	装配性	整体性好,便于装配	整体性好,便于装配

5.7.2　分析预示与振动试验

1. 分析预示

在探测器整器的振动环境下,低频时上升器安装面的响应高于着陆器安装面的响应,高频时着陆器安装面的响应高于上升器安装面的响应,采样器的振动条件为整器振动环境下两个安装面全部接口最大响应的直线包络。

为保证钻取采样器的各部件不过试验也不欠试验,拟采用上升器安装面 4 点+着陆器安装面 4 点,即 8 点平均控制的方法,但 8 点平均控制是否会超差,需进行组合体的频率响应分析,以夹具与振动台的连接面作为输入,计算 8 个控制点的响应。

建立钻取采样器与振动夹具组合体的有限元模型,如图 5.15 所示。

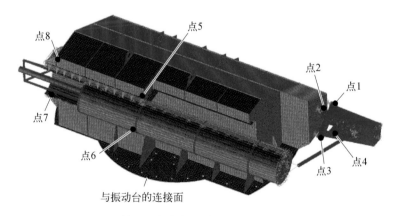

图 5.15　钻取采样器与振动夹具组合体有限元模型

对组合体进行频率响应分析,得到 8 个控制点在 3 个主振方向的响应,如图 5.16 所示。由响应曲线可得,8 个控制点的响应均匀,8 点平均控制可满足振动试验的容差要求。

分析预示的另一个目的是计算设备的最大响应是否超出其最大设计载荷,若超出则需下凹,通过分析预示下凹量级和下凹频段。钻取采样器某设备的鉴定级加速度响应如图 5.17 所示。

127

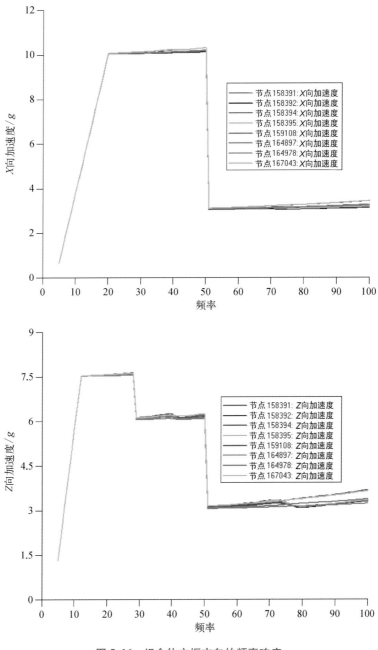

图 5.16　组合体主振方向的频率响应

　　由图 5.17 可见其最大加速度响应超出其设计载荷,需下凹。同样,提取钻取采样器上所有设备的加速度响应,分别确定其是否需要下凹及下凹频段,预示振动试验的量级。

　　2. 振动试验

　　钻取采样器的振动试验(图 5.18)包括正弦振动试验和随机振动试验,试验目的包括以下几个方面:

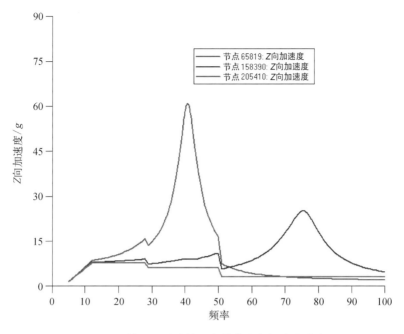

图 5.17　钻取采样器某设备的鉴定级加速度响应

图 5.18　钻取采样器振动试验

（1）验证钻取采样器的刚度是否满足要求；

（2）验证钻取采样器承受振动条件的能力；

（3）获取钻取采样器关键部位的响应参数；

（4）测量钻取采样器的动态特性，为分析模型的修正提供依据；

（5）暴露钻取采样器的材料和工艺缺陷。

对于振动试验，试验测点的选取是非常重要的，通过模态和响应分析可知，悬臂圆筒式主结构顶端中心位置的响应大，能够描述出钻取采样器的动力学特性。在两个横向的特征级扫频试验中，测得其加速度响应如图 5.19 所示。

响应曲线的第一峰值所对应的频率即为钻取采样器在该方向的 1 阶频率，由图 5.19

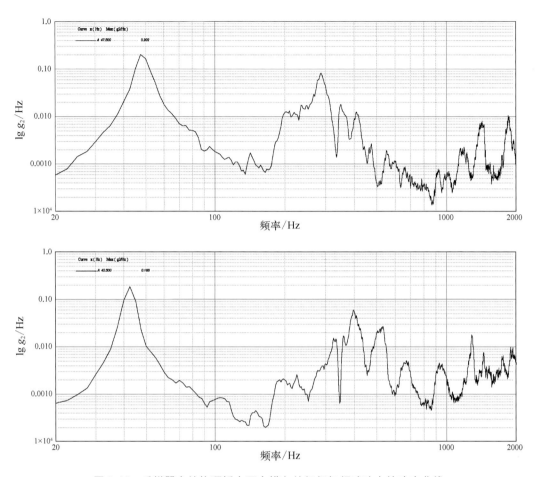

图 5.19　采样器主结构顶板在两个横向特征级扫频试验中的响应曲线

可以得出,钻取采样器 Y 向 1 阶频率为 41.1 Hz、Z 向 1 阶频率为 45.5 Hz,与模态分析结果相当。

根据响应曲线的峰值和频率,通过半功率点带宽公式,得到钻取主结构的模态阻尼,即

$$\zeta = \frac{\Delta W}{2W\eta} = 0.063 \tag{5.1}$$

大量级的振动试验一般需要下凹。允许下凹的原因是试验条件并非真实的环境条件,而是安装界面响应最大值的直线包络,只是在某些频段的激励较高。下凹的原则有以下 2 个方面:

（1）预估的结构响应不高于最大设计载荷;

（2）试验量级不低于上一级频率响应的最大包络。

在大量级试验完成后,再进行一次特征级扫频,通过对比大量级试验前后特征级曲线

的吻合程度,判断结构的动力学特性是否发生改变。图 5.20 为经历某次满量级振动试验前后的特征级曲线对比。

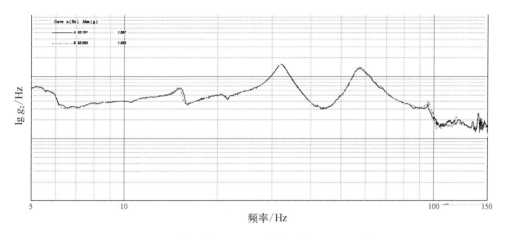

图 5.20 采样器某测点满量级振动试验前后的特征级曲线对比

两条曲线几乎重合,证明了采样器经历满量级振动试验后,力学特性未发生改变,动力学分析的正确性和结构设计的合理性得到验证。

5.7.3 总体指标与指标分解

总体参数来自关键技术攻关、边界约束条件与现有产品的分析结果,在工程样机阶段获得了核心参数,包括力载基线、钻进参数、精度与刚度初值等,具体参数如表 5.5 所示。

表 5.5 钻取采样器整体主要参数表

序号	参数名称	参 数 值
1	质量	50 kg
2	钻进深度	2 m
3	回转驱动性能	Ⅰ档:(60±5)r/min,>40 N·m Ⅱ档:转速 120 r/min,扭矩>20 N·m,功率<1 000 W
4	冲击驱动性能	冲击频率:(25±2)Hz,单次冲击功(10±0.5)J
5	进给性能	进给速度:(50±5)mm/min、(100±5)mm/min、(160±10)mm/min,进给力>600 N
6	提芯性能	提芯速度:(70±5)mm/min、(200±10)mm/min
7	避让速度	展开时间<30 s,角度>118°
8	基频	43.18 Hz

部组件指标分解包括以下几个方面：

（1）柔性大行程进给驱动设计；

（2）回转-冲击共轴驱动设计；

（3）大力载高效率冲击驱动设计；

（4）样品提芯整形、分离与传送设计；

（5）避让展开机构；

（6）取芯钻具。

仅以柔性大行程进给驱动机构为例，对作用功能模块进行分解，以作为部组件的设计依据。其他部组件不再赘述。

5.7.4 柔性大行程进给驱动指标分解

1. 功能实现方案

进给驱动功能原理如图 5.21 所示。加载机构（加载驱动部件）输出端的加载钢丝绳分别通过上加载轮组、下加载轮组与进尺执行单元（钻进机构＋取芯钻具）相连接[3]。加载机构通过卷筒正反转卷绕下加载拉绳、上加载拉绳，从而实现正反向驱动进尺执行单元沿钻进导轨上下运动功能，实现进尺和提钻。

加载机构处设置光电编码器测量进尺驱动部件轴系转动角度，用于计算钻进行程，利用拉力传感器测量进尺驱动力。进尺驱动采用绳索传动方式，主要考虑钻进行程较大，轻量化要求高，以及考虑月面月尘环境适应性，是适用于月面工作的大行程传动方式。

进给驱动的传力路径如图 5.22 所示。加载机构提供驱动力，驱动钻进机构＋取芯钻具向下运动，将进尺力传递至深层月壤。在进尺过程中与支撑结构

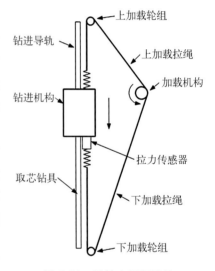

图 5.21 柔性大行程进给驱动功能原理

的导轨产生滚滑摩擦，与支撑导向的定位元件产生滑动摩擦，而进尺驱动力的反作用力通过加载机构、支撑结构传递至着陆器，并作用到月面。因此，进尺驱动力需要考虑探测器能够提供的反作用力，在其允许范围内，防止发生倾覆危险，确保着陆上升组合体安全。

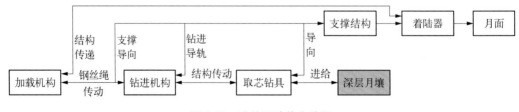

图 5.22 进给驱动传力路径

2. 钻压进给功能设计参数

加载机构参数如表 5.6 所示。

表 5.6　加载机构参数表

序　　号	参 数 名 称	参 数 值
1	质量	不大于 1.75 kg
2	功率	不大于 25 W
3	出线速度	四级可调（25、50、65、80）r/min
4	驱动力	不小于 600 N
5	保持力	不小于 60 N

5.8　月面钻进规程设计

星壤钻取采样任务的难点与星壤的性质关联很大,特别是在深层月壤钻取采样任务中体现更为显著。由于陨石撞击产生高温熔融及破碎作用,月壤中常含有玻璃球、黏结颗粒,以及玄武岩、角砾岩碎块等,颗粒组成较为复杂。实际月壤呈现以下典型性质:① 月壤无水表现出较强的散体颗粒性质,内摩擦角大,静电导致黏性大;② 密实度高,使月壤难以钻进,且剪胀系数大,亦自锁成拱;③ 月壤级配复杂不确定性高,不同着陆区域模拟月壤有很大差异性,这种级配可能带来与钻进尺度、取芯尺度相当的粗糙颗粒,对钻取影响强烈。月壤的以上特性对月面钻进规程提出系列要求。

5.8.1　安全有效钻进与可靠取芯

在无人自主模式下执行复杂苛刻月壤剖面的钻取风险程度高、困难大,各种不同钻取剖面会带来不同复杂钻取特性与匹配规程及作用参数,易出现卡钻、烧钻风险,钻进规程具有科学合理的运行机制、推理诊断、判据与阈值,能充分控制钻进状态。因此,月面钻取首要解决安全有效钻进、可靠取芯[4]的难题。

5.8.2　在线辨识及参数集状态预估原则

月面工况存在较大差异,采样区域月壤工况存在很大的不确定性,钻进规程需要包络主要的月壤剖面工况。根据螺旋钻具月壤钻取特性钻进过程中取样效果和钻进力载依赖钻进对象和钻进参数之间的匹配关系[5]。这种匹配关系受到月壤的密度、颗粒形状及级配、相对密实度和孔隙比、内摩擦角与内聚力、颗粒硬度等的影响。要保证取样效果首先必须要有效识别月壤工况和该工况对应的钻取作用特性,再合理匹配钻进参数。

5.8.3 钻进规程研究方法

干粉钻取过程采用一种双管单动取芯方法,解决保持层理原位包裹样品技术瓶颈,同时也解决了大深度比样品收纳,但这种取芯方法也带来"厚壁螺旋钻"模型效应,需要控制精准进样量与排粉量分土比例。由于排粉域需要形成塞流映射孔底应力场,保证孔底月壤柱突破被动段进入样品软袋,螺旋钻与干粉钻进作用复杂。根据钻杆与钻头孔底应力场与速度场映射关系与演化形态,发现进样应力场与塞流应力水平强相关,存在进样临界条件,其中钻杆中月壤运移的两个界面摩擦力是控制月壤上升角决定因素,并建立了理论模型。以上理论为钻进规程的设计奠定了理论指导基础。

针对复杂月壤级配,在工程上按苛刻度划分不同的剖面,组合后剖面构建对月壤存在具有包络性作用特性,分类提取钻取作用规律及关键参数;由于理论模型与数值手段对颗粒级配离散处理具有局限性,以理论模型为指导,以试验研究为主,辅助钻进理论模型预示控制,利用地面半物理平台,通过研制阶段长期积累形成的数据库与数据挖掘,开展钻进规程逻辑框架设计,主要通过试验研究钻进规程作用行为,形成高适应性、有效性的无人自主在轨实时钻进取芯操控方法。运用人工智能算法,与在轨作业状态同步比对分析,形成地面智能支持平台,联合在轨实时操控模块,建立天地一体化自主钻进规程与解决预案。

5.8.4 钻取采样感知参数集的建立与应用

为反映钻进状态,规划了钻取采样感知参数集,特征参数包括以下几个方面。
(1)力载参数方面:回转扭矩、钻压力、提芯力。
(2)运动参数方面:回转转速、进给速度、冲击频率。
(3)位移方面:进给位移。

运动参数为系统设定参数,可以通过试验数据挖掘、在线辨识、状态反演等方式确定。对于设定运动参数,通过孔底压扭分离传感设置和进样阻力感知,利用扭矩与钻压相关性与相位剥离受力特征,利用提芯力揭示进样状态,三个特征量基本能反演钻取过程状态,也是钻进规程自适应调节判据及钻进故障状态判读与解决策略感知依据。

在试验中均质月壤会使三个特征量变化平缓、具有准静态趋势,在粗糙级配下,力载曲线表现大量毛刺,塞流是进样的必要条件,在任何复杂干扰力载中,剥离干扰其均值满足塞流特征,钻压与扭矩具有相关性且数值在设定阈值内时,判定具有塞流存在,也可以判断出塞流发展强度。

通过大量试验,针对预设工况,采集取样量及取样颗粒级配,通过数据挖掘提取出演化规律与作用机制,通过盲设工况反向验证采取参数阈值与作用规律正确性,以此作为设计钻进规程依据。

5.8.5 不确定月壤剖面的包络性试验矩阵

针对不确定性月壤,研制了钻取用模拟月壤,在化学成分和矿物组成方面模拟低钛模拟月壤,在剖面构造上,参照 Apollo 样本剖面,依据物质存在一般形式和剖面变化规律,在颗粒级配、颗粒粒度、颗粒形态、密实度、大尺度颗粒硬度,结合摩擦角与内聚力两个控制参数,设计有限剖面,在钻取苛刻度维度上体现对实际月壤钻取特性包络性与等效性。

1. 国外采样返回月壤状态

钻取子系统的采样对象是非确定的风化物质,其级配在一定包络范围内,如图 5.23 所示,月壤密实度变化,如图 5.24 所示,从表面自然堆积状态逐渐变化至相对密实度 100%。

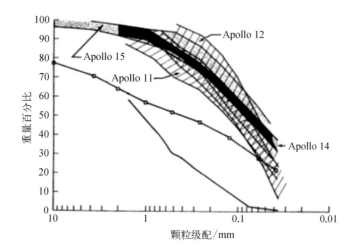

图 5.23 不同 Apollo 着陆场地的月壤颗粒级配

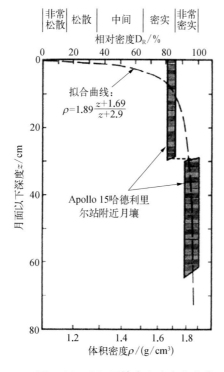

图 5.24 实际月壤密实度变化曲线

135

2. 试验研究月壤验证工况

标称月壤、挑战月壤、极端月壤颗粒级配如图 5.25 所示。

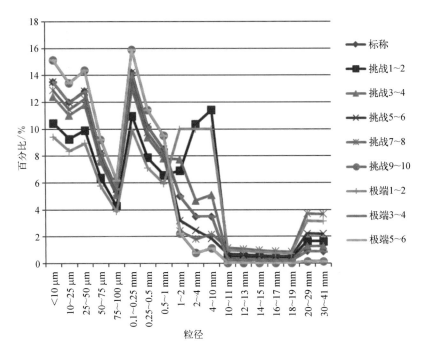

图 5.25　模拟月壤不同粒径范围百分比

5.8.6　钻进规程总体框架

1. 钻进规程组成

钻取子系统月面工作分为三个阶段：钻进取芯、提芯整形、样品分离。其中在钻进取芯阶段以月壤钻进取芯流程为主工作流程,针对月面的小概率但很苛刻的岩石工况,设计岩石钻进取芯流程,备用岩石切削。提芯整形阶段和样品分离阶段分别设计样品提芯整形流程和样品分离流程,如图 5.26 所示。

2. 月面钻取工作运行流程

钻进规程根据采集到的温度传感器、拉力放大器、提芯力放大器等信号进行运算,实现对钻取采样器运动控制和工作状态监视,通过 1553B 总线进行遥测参数的传输。根据月面钻进取芯要求,钻进规程运行流程如图 5.27 所示。

5.8.7　月壤钻进流程

根据技术要求,钻取子系统需要具备两种工作模式,即预编程工作模式和遥控工作模式。这两种工作模式与产品能力和钻取工况关系如图 5.28 所示。

钻取子系统能力包络范围和可能工况范围的交集为钻取子系统的目标区域,该区域

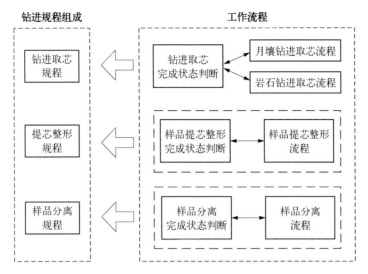

图 5.26　钻进规程组成图

对应的产品性能要求是钻取子系统钻取性能要求,而该区域对应的工况为产品设计需要分析的考核工况。预编程工作模式下的钻进规程能解决绝大多数的考核工况,其他少部分超出预编程能力的工况通过遥控工作模式解决,对应的钻进策略是已经预先经历地面充分验证的遥控预案。钻进规程需要根据以上两种工作模式分别设计。

根据机理研究,通过系统性试验研究,挖掘钻取作用数据,提取共性认识与钻取特性规律,钻进规程设计如图 5.29 所示。

1. 总体运行说明

以上月面钻取工作流程中,针对月面钻进取芯的三个子流程(钻进取芯、提芯整形、样品分离)分别进行了设计。

月壤钻取阶段首先根据监视相机,识别月面是月岩工况还是月壤工况并选择对应预编程工作模式。在每种预编程工作模式中,都需要首先根据阈值判断系统安全状态,如果系统处于非安全状态,系统从预编程工作模式自动跳出进入遥控工作模式或者人工介入进入地面遥控工作模式。遥控工作模式下根据遥控参数判断已经具备进入预编程工作模式条件下,切换入预编程工作模式。

2. 安全阈值保护状态

以上流程中,确定安全钻进下可靠取芯,首先需要在系统的阈值保护有两层,一层是产品硬件安全保护,该保护在钻取采样器产品设计和钻取控制单元驱动设计中已经完成;第二层是产品额定工作能力阈值保护。

5.8.8　月壤钻进阶段规程

月壤钻进取芯工作流程需要按如下准则设计各功能模块:① 系统安全状态判断;② 钻进取芯子阶段判断;③ 各子阶段安全状态判断;④ 各子阶段钻进参数匹配;⑤ 异常

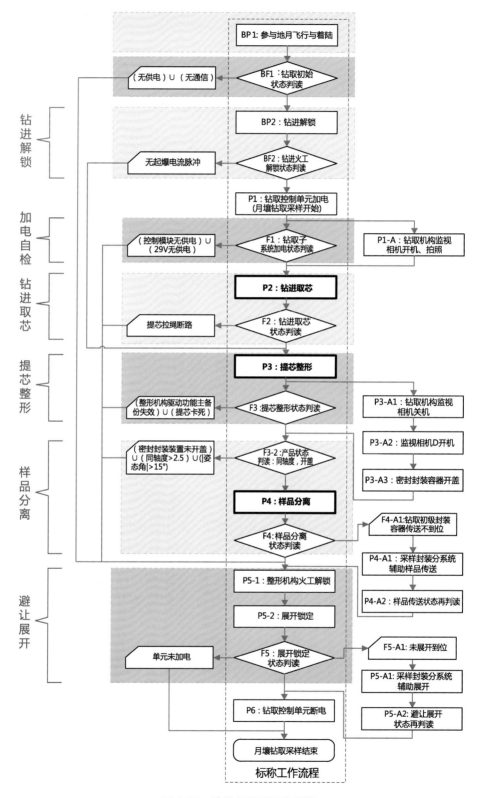

图 5.27　钻进规程运行流程图

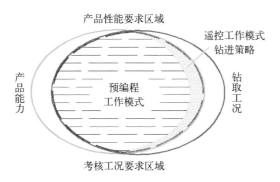

图 5.28　钻进规程、产品能力与钻进工况

情况退出机制。以上各功能模块的设计思路如图 5.30 所示。

结合钻进取芯需要经历的破断拉索阶段、月面滑行阶段、月壤钻取阶段、钻进到位阶段这四个子阶段,及其存在的钻进风险及对钻进规程的要求,预编程钻进规程逻辑流程可以进一步拓展如下:

(1) 钻进开始后系统每运行一个逻辑循环,就执行一次系统安全状态检查,如果系统安全,则进入钻进过程;否则跳出预编程。

(2) 钻进过程设置钻进状态标志量,并根据遥测参数(拉力值、行程开关)判断钻进阶段是否已经完成,确定当前所处的钻进阶段并匹配相关的钻进参数。

这两个阶段不再单独添加安全保护,通过每个逻辑循环中的系统安全状态判断保证机构安全,辅助以地面参数遥测数据监测、判读及遥控工作模式作为补充保证系统安全。

钻进到位阶段虽然在月壤之中,但运行时间短,且该阶段只回转、不进尺,不会发生钻进风险,有可能发生回转扭矩超限风险。该风险保护已经在系统安全状态判断中添加,不需要重复保护。

月面钻进阶段工况较复杂,月壤工况存在较大不确定性,可能存在风险较大的钻进状态,需要提前保护;同时螺旋钻具月壤的钻取特性要求系统能有效识别月壤工况且匹配合理的钻进参数。月壤钻进阶段除了可能导致系统安全风险时跳出预编程,还需要根据预编程钻进规程的能力,判断当前钻进工况及钻进状态是否在预编程能力解决范围内,若不满足,需要及时跳出预编程程序。

5.8.9　不同月壤钻进参数搜索与匹配算法

不同月壤有其对应方法,或者说适用的作业参数,需要兼顾钻进和取芯两种效果,在保证能够钻进的前提下,获得一定取芯效果,才是相对适宜的状态。钻进比是一种常用的比较量,指钻具的进尺速度与回转转速的比值;螺旋钻具取芯效果与钻进比密切相关。根据第 4 章月壤钻进机理,当钻进比过小时取芯率较低,此时钻进力载较小;当钻进比过大时,取样效果好,但钻进力载大,容易卡钻。因此,对于某一种月壤剖面,必须匹配合理的钻进参数。

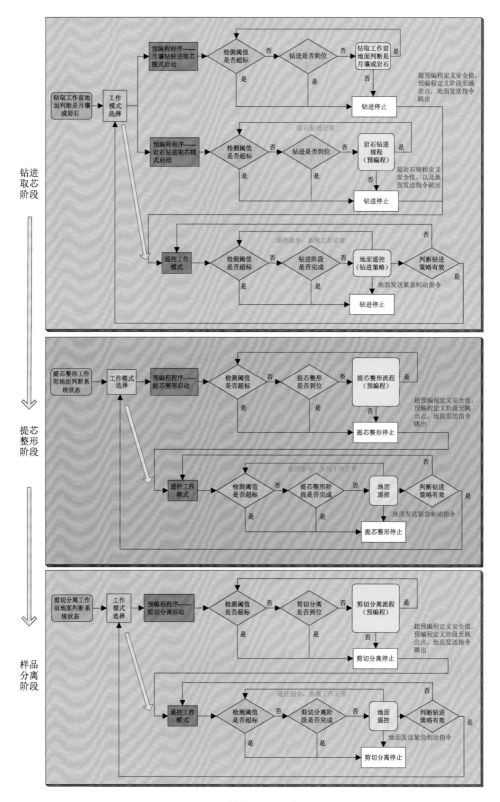

图 5.29　钻进规程设计流程

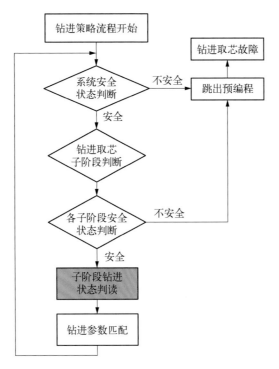

图 5.30　月壤钻进取芯设计思路

无人自主自适应钻进取芯具体方法如下：

（1）将可选择的钻进主参数组合按照容易钻进的程度进行排序，包括根据螺旋钻具的驱动系统设定的回转档位 M 档和进尺档位 N 档形成 $M \times N$ 种钻进参数组合；采用 L 种标准的模拟月壤 $\{S_1, \cdots, S_L\}$ 对 $M \times N$ 种钻进参数组合进行评价；排序先后规则为对于同一种月壤相同的钻进深度，钻进力载越大的钻进参数组合排序越靠前，对于 L 种月壤相同的钻进深度取样量越大或者能保证取到样品的月壤种类越多的钻进参数组合越靠前；最终形成一种越靠前越能取到样品，越靠后钻进力载越来越小的钻进参数组合序列 $\{A_1, \cdots, A_{M \times N}\}$。

（2）按照产品允许的加载驱动能力及足够的安全裕度，设定各钻进参数组合下的判断阈值包括将钻具进尺驱动系统的能力作为每种钻进参数组合 A_i 下允许运行进尺力载最高上界 F^{sup}，在合理选择安全裕度 η 条件下，设定每组钻进参数组合工作时的钻进力载最大允许值 F_i^{sup}，F_i^{sup} 作为钻进参数组合 A_i 下的钻进力载判断阈值。

（3）针对某一不确定工况月壤，月壤状态识别算法如下：根据钻进参数组合序列 $\{A_1, \cdots, A_{M \times N}\}$，首先通过系统驱动钻具以钻进参数组合 A_1 驱动钻具钻取月壤；如果钻进参数组合 A_1 驱动钻具工作一段时间后，钻进力载超过第二结果确定的钻进力载阈值 F_1^{sup}，则钻进参数调整为 A_2；在钻进参数组合 A_2 工作状态下继续观察钻进力载，如果力载仍然超过 A_2 对应的钻进力载阈值 F_2^{sup}，钻进参数调整为 A_3；依次类推，直到钻进参数调整至 A_i，钻进力载控制在 F_i^{sup} 以下，此时确定当前钻进月壤工况为 S_i^0。

（4）根据识别出的月壤状态,形成钻进参数匹配算法如下：根据识别到的月壤状态 S_i^0 及与之相对应的钻进参数组合 A_i,驱动钻具运动,实现正常钻进有效取样;月壤状态识别到 A_i 前采用 A_1, A_2, $\cdots A_{i-1}$,通过钻进力载与 F_i^{sup} 比较实现档位切换。

根据以上策略形成的逻辑图如图 5.31 所示。

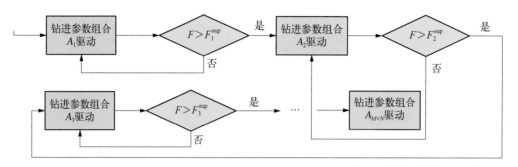

图 5.31　月壤状态及参数匹配逻辑

5.9　本章小结

针对月球环境无人自主操控钻进取芯与样品收纳的难点,提出了钻取采样器的设计理念与准则。面向月球无人自主采样任务的科学目标与工程目标,以前期关键技术攻关成果为依据,以探测器边界条件为约束,开展了构型与布局、功能实现方案等的总体设计,首先开展了采样器布局与构型论证,规划独特有效的载荷设计方案,开展工作流程设计。

提出了总体设计准则,主要体现在钻进链、取芯链的高适应性、采样器的月球环境适应性、有限资源最大能力设计方面。

（1）依据探测器接口约束,合理规划了"钻进取芯"与"样品收纳"哑铃形技术特征布局,提出了横跨两器的两体组合结构,主结构用于实现钻进取芯与样品的获取,次结构用于样品的分离传送与收纳,采用高可靠性的整杆钻进、摆杆分离方案,形成完整的样品链条。

（2）依据前期关键技术攻关结果、约束条件下的总体方案分析,制定了几何、动力、运动等总体参数。为验证总体的设计状态,详细地规划了产品功能、性能、环境适应性、可靠性等试验项目及试验矩阵,测试具有包络性与规范性。提出跨器复材壳体大悬臂结构,单摆杆展开,柔性环节解耦结构,解决了两器力学边界耦合、重力面内避让展开的技术难题,实现大跨度空间结构机构产品高稳定性、轻量化与高刚度设计。

（3）提出了钻进规程设计原则,识别不同钻取剖面的钻取特性,建立特征参数集,运用特征参数集挖掘了钻取数据及共性规律,提出了以拉力为主判断量按钻进比顺序搜索的钻进参数自主辨识方法,解决了高效的钻进和取样量化匹配,月壤状态在线辨识难题。

(4) 依据钻进过程设计技术路线,确立了以试验包络性方法提炼共性规律,凝练自适应、可控可调节钻进规程设计,界定了不同密实度下可钻进域,为钻进参数阈值提供边界。建立了钻进、取芯、排粉与月壤流变应力场、速度场系统关联的模型,解决月壤剖面特性带来的月壤钻具相互作用特性复杂的难题,实现对不确定月壤钻取工况和产品工作状态的可观可控。

钻取采样器设计具有较大动力裕度,在有限资源条件下实现最大能力设计,以解决异常问题;具有较强环境适应性,结构机构系统复杂,在设计中充分考虑环境影响,应对多工况钻取能力。

参 考 文 献

[1]　庞勇,赖小明,王国欣,等. 一种面向复杂月面工况的无人自主自适应钻进方法[P]: 201611091886. 0. 2019 - 4 - 9.
[2]　李鹏,杨帅,刘硕,等. 钻取采样机构全参数力学研究框架的构建[C]. 中国宇航学会深空探测技术专业委员会第九届学术年会,杭州,2012: 925 - 932.
[3]　张伟伟,曾婷,王冬,等. 绳驱式进尺驱动机构多方案设计与分析[C]. 中国宇航学会深空探测技术专业委员会第九届学术年会,杭州,2012: 1261 - 1267.
[4]　李大佛,殷参,雷艳,等. 月球钻孔取心机具试验与钻进规程[J]. 地球科学,2016,41(9): 1611 - 1618.
[5]　庞勇,冯亚杰,孙启臣,等. 月壤大颗粒对钻进力载影响的仿真及实验研究[J]. 北京大学学报: 自然科学版,2019,55(3): 8.

第6章

钻取采样系统关键部组件设计技术

6.1 引言

钻取采样器的总体设计,明确了钻取采样器"整杆钻进、软袋原位取样、螺旋缠绕整形、摆杆分离"的大方案、各功能的详细参数及基本构型需求。

对钻取采样器机械系统按作用功能划分部组件,阐述部组件设计技术,包括方案与参数、关键技术、仿真分析、空间环境适应性设计等内容。

6.2 钻取采样器机械系统及部组件分解

根据第5章的介绍,钻取采样器是一台具有较高自主工作能力的采样器,其在轨工作全流程的运动均需要由控制与机构自动完成。钻取采样器在轨工作全过程涉及的运动包括钻进取芯、样品提芯、样品收纳、样品转移、避让展开,机构运动多且复杂。钻取采样器的传动原理及结构、机构拓扑组成如图6.1所示。

钻取采样器的工作主要分为以下3步骤:

(1)钻进取芯。实现对月面不确知月壤工况的钻进及取样。该步骤的执行机具是取芯钻具,它负责完成对月壤的钻进及取样。取芯钻具工作过程中的驱动动力主要有3种,即回转运动、进给运动、冲击运动,这3种驱动动力按照一定的工作策略驱动取芯钻具完成月面不确知月壤工况的钻进及取样,密闭软袋封口。

(2)样品收纳及转移。钻进取芯完成后,月壤样品被封装在取芯钻具中心的圆柱形孔中,一端通过细长绳连接在安装于嫦娥五号上升器顶部的样品收纳、转移机构的卷绕筒上。样品收纳转移机构首先通过卷绕细长绳将样品提拉至上升器的顶部;再将样品螺旋缠绕进入样品容器内部,完成样品收纳;最后将样品容器送入密封容器内部。

(3)避让展开。由于样品收纳转移机构安装在上升器的顶部,钻取采样器最后一个

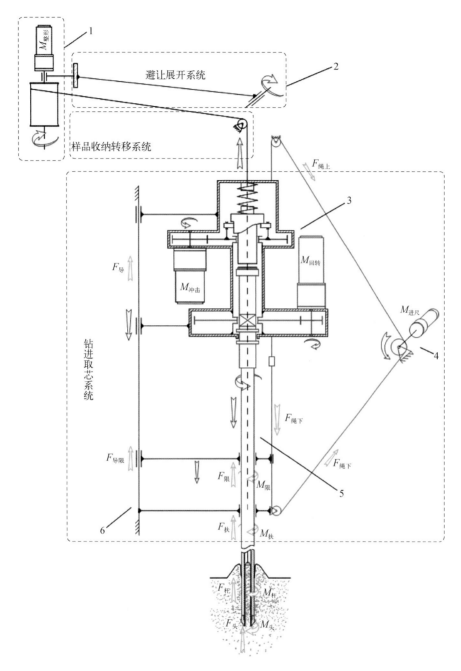

1-整形机构；2-展开机构；3-钻进机构；4-钻进进给机构；5-取芯钻具；6-支撑结构

图 6.1　钻取采样器传动原理图

工作步骤是样品收纳、转移机构与上升器顶部分离，在展开机构的驱动下展开到一侧，为上升器让开起飞通道。

上述 3 方面的动作，分别对应由钻进取芯系统、样品收纳转移系统、避让展开系统完成。钻进取芯系统由回转冲击驱动机构、钻进进给机构、取芯钻具、支撑结构 4 部分构成，实现回转运动、进给运动、冲击运动;样品收纳转移系统由样品提芯整形、收纳传送机构、样品导轮构成;避让展开系统由展开机构、整形压紧释放机构构成。

钻取采样器各主要组成模块的具体功能如下。

(1)钻进取芯驱动机构。设计技术主要包括:钻进取芯驱动机构方案设计、回转与冲击共轴技术与大力载、高效率冲击驱动机构技术;分别独立产生回转运动、冲击运动,并且这两种运动共同传递到中心主轴上输出到取芯钻具。

(2)钻进进给机构。设计技术为柔性大行程进给驱动技术,通过卷绕驱动绳系,实现回转冲击驱动机构和取芯钻具组合体沿轴线向上、沿轴线向下的直线运动。

(3)样品收纳转移机构。设计技术为样品提芯整形、分离与传送技术,将月壤样品从取芯钻具中取出,并收纳进容器中,最后将盛装月壤样品的容器送入密封容器中。

(4)展开机构。设计技术为避让展开机构技术,在弹簧力驱动下,将样品收纳转移机构从上升器的顶部展开到探测器的外侧,并锁定角度位置,为上升器让开起飞上升的通道。

(5)取芯钻具。实现月壤切削钻进以及样品取芯的执行机构。

6.2.1 钻进取芯驱动机构设计

1. 钻进取芯驱动机构方案设计

1)方案设计

钻进取芯系统由回转冲击驱动机构、钻进进给机构、取芯钻具、支撑结构 4 部分构成。

钻进取芯驱动机构的功能是驱动取芯钻具实现回转、冲击运动。钻进进给机构的功能是通过钢丝绳系驱动取芯钻具实现 2 m 行程的钻进进给运动。支撑结构的功能是各机构的安装机架,以及为取芯钻具下钻提供导向功能。

2)钻具回转-冲击联合驱动传动方案

钻具的回转驱动和冲击驱动功能既可分别单独工作,又可同时工作,就是要求回转驱动功能和冲击驱动功能的传动链完全独立。但钻具是一个细长的回转体结构件,其要求具备的回转运动、冲击运动最终都要输出到钻具上,这不可避免地导致回转传动链和冲击传动链在输出端发生关联和相互影响。因此,如何实现回转驱动、冲击驱动两种运动的无耦合共轴输出是实现钻具回转驱动和冲击驱动两套驱动功能完全独立的关键。

回转驱动、冲击驱动两种运动的无耦合共轴输出实现的关键是一种具有回转、轴向运动双自由度的轴系,该轴系还要分别具有与回转传动链、冲击传动链的传动接口,从而将两条传动链关联起来。将具有上述功能的轴系称为回转冲击传动轴系。

基于以上分析,钻具的回转-冲击无耦合共轴驱动方案基本明确,通过回转传动链、冲击传动链共轴独立驱动,实现回转冲击传动轴系设计。回转传动链、冲击传动链通过回转冲击传动轴系将回转运动、冲击波传递到钻具上。

回转-冲击无耦合共轴驱动功能的设计方案如图 6.2 所示。其中回转驱动功能实现途径为回转电机驱动回转传动机构转动,并带动回转冲击传动轴回转,回转冲击传动轴通过连接套与钻具连接,从而将回转运动传递至钻具上,实现钻具对月壤的回转钻进功能。

冲击驱动功能实现路径为冲击电机驱动冲击传动机构转动,带动端面凸轮转动,并通过凸轮式冲击锤的凸轮廓线作用压缩冲击弹簧积蓄弹性势能,当转动至凸轮廓线波峰的位置时,弹簧的弹性势能得以释放,推动凸轮式冲击锤高速冲向回转冲击传动轴的一侧端面(实现弹性势能-冲击锤动能的转换),并与回转冲击传动轴发生碰撞,在撞击的瞬间回转冲击传动轴及钻具获得轴向冲击能量应变脉冲,应变波通过钻杆、钻头、钻牙传递至钻牙下部的月壤、岩块、岩石,从而实现冲击应变能作用。

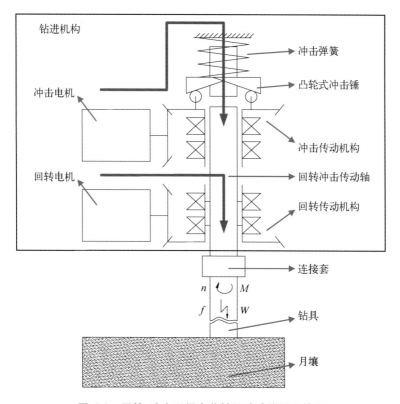

图 6.2　回转-冲击无耦合共轴驱动功能原理简图

回转冲击传动轴系是实现回转-冲击复合驱动、传动的关键。本方案中回转冲击传动轴系采用密珠-花键双自由度轴系,具有回转、轴向线性运动两个自由度。密珠-花键双自由度轴系由密珠轴系、回转花键副两部分构成,密珠轴系支撑起回转冲击传动轴,并使其具有回转、轴向线性运动两个自由度,冲击机构重锤与回转冲击传动轴端面碰撞,实现冲击功的传递,碰撞过程中重锤与中心轴端面间有相对转动;回转花键副具有轴向线性运动一个自由度,其内圈为回转冲击传动轴,外圈是回转传动齿轮的安装接口,使得回转冲击传动轴相对回转传动齿轮既具有轴向运动自由度,又可实现回转运动的传递。

3) 柔性大行程进给驱动方案

取芯钻具大行程进尺运动具有行程大、传动距离远的特点,采用钢丝绳卷绕长距离传动技术实现该功能,在满足功能、性能要求的前提下,可最大化地实现传动系统的轻量化设计。

钻取采样系统的钻进进尺功能实现路径为在进尺驱动机构的驱动电机处产生钻进力,通过钢丝绳经过下滑轮传递给钻进机构,驱动钻进机构沿支撑结构导轨向下运动,从而实现深层月壤钻进。在此过程中,利用串联在下段钢丝绳中的拉力传感器测量下段钢丝绳拉力,用于计算钻压力。钻进进尺功能实现简图如图 6.3 所示。

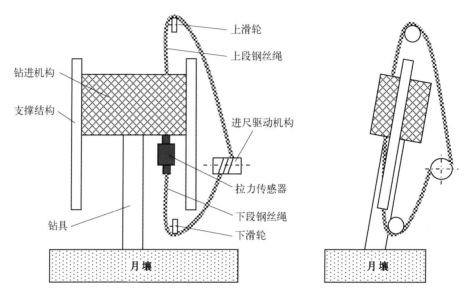

图 6.3　钻进进尺功能实现简图

同时,进尺驱动机构通过钢丝绳经过上滑轮与钻进机构顶部连接,从而使进尺驱动机构可通过上段钢丝绳驱动钻进机构沿支撑结构导轨向上运动,从而实现提钻动作。

进尺驱动机构通过支撑座直接安装在着陆器上,钢丝绳从卷筒上双向输出,通过支撑结构滑轮导向后与钻进机构连接,从而使钻进机构在导轨上形成封闭的传动回路,通过进尺驱动机构卷筒的正反转实现钻进机构的上下移动[1]。

4) 技术创新

地外天体无人自主钻取采样系统的钻具需要大功率的回转-冲击驱动动力以及进尺动力,以保证系统的钻进能力。

回转千瓦、冲击功 10 J 动力指标已经超过了以往所有宇航型号的力载指标要求,属于空间大力载指标。进尺驱动行程大,属于空间长距离传动。

经分析,钻进取芯系统设计的创新点主要在如下几个方面:

(1) 发明了密珠轴系,解决传统两个自由度需要双层复杂结构的难题,同时实现共轴驱动轻量化设计,突破了密珠轴系外曲率冲击条件下轴系摩擦学设计技术,来力载传递全部滚动摩擦、传动效率高。

(2) 冲击机构布置在回转机构上方,回转是钻取成败单点,冲击是能力提升,放置上方是为了保证一旦冲击出现问题不会影响回转功能。

(3) 柔性钢丝绳弹性保障故障延迟性,其动力学特征显著,具有冲击预压缩性,可增强冲击效能,实现行程 2 m 进给驱动,传动具有轻量化、耐月尘环境的特点。

（4）实现大力载、高效率冲击机构设计,通过试验研究了切削钻进玄武岩有效、安全的冲击功阈值,首次开展螺旋杆构造冲击功传递效率研究,并通过优化冲击锤构型贯入冲击波构型给冲击碎岩足够发育时间。

2.回转-冲击共轴传动技术

1）密珠-花键双自由度轴系技术方案

密珠-花键双自由度轴系需要实现双向回转与轴向往复运动功能,功能原理如图 6.4 所示[2]。密珠-花键双自由度轴系的双向回转运动由钻进机构大齿轮通过回转花键副轴承实现回转运动的传递,回转花键副轴承具有内外圈可沿轴向往复运动的自由度,在传递回转运动动力的同时,还可使中心主轴具有轴向冲击运动的自由度;密珠-花键双自由度轴系的轴向往复窜动由冲击驱动机构产生冲击激励,中心主轴传递,密珠轴承 A 和密珠轴承 B 提供中心主轴的径向定位并承担径向载荷,并使得中心主轴具有回转、轴向往复运动双自由度。

密珠-花键双自由度轴系三维组成及构型如图 6.5 所示,包括 2 个密珠轴承、1个回转花键副轴承和 1 个中心主轴,中心主轴作为密珠轴承和回转花键副轴承的内圈,密珠轴承和回转花键副轴承可根据需求套接在中心主轴的相应位置上;密珠轴承包括第一外圈、第一滚珠和保持架,保持

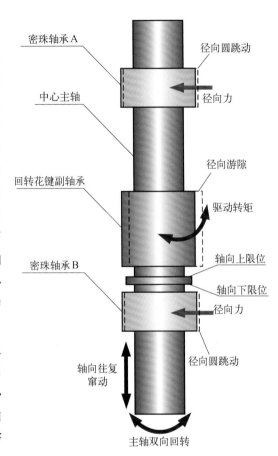

图 6.4　密珠-花键双自由度轴系功能原理图

架设置在第一外圈及中心主轴之间,保持架为圆环结构,在保持架表面交错布置孔槽,第一滚珠装配在孔槽中,密珠轴承外圈固定连接在轴承座上,外力作用在中心主轴上,可实现密珠轴承相对于中心主轴的轴向移动和周向旋转;回转花键副轴承包括第二外圈、第二滚珠和隔离块,中心主轴及第二外圈周向对应设置多排花键槽,滚珠放置在花键槽中呈直线排布,滚珠与滚珠之间通过隔离块隔离;回转花键副轴承外圈固定连接在轴承座上,外力作用在中心主轴上,可实现回转花键副轴承相对于中心主轴的轴向移动及力载的周向传导。

2）回转花键副轴承

（1）回转花键副轴承方案。

回转花键副轴承按照内外花键之间的摩擦形式可以设计为滚动花键或滑动花键。滚动花键根据滚动体采用 9Cr18 钢滚珠或 Si_3N_4 陶瓷滚珠分成两大类,而滚动体布置可以设

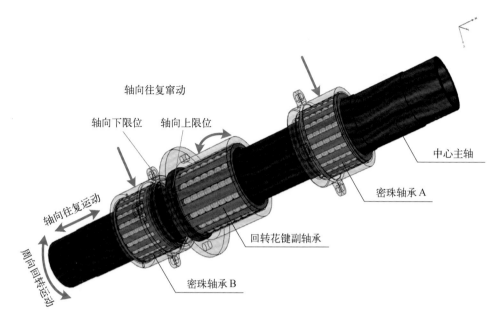

图 6.5　密珠-花键双自由度轴系结构

计为满装滚动体模式或隔离滚动体模式,内外圈滚道亦可设计为平面滚道或曲面滚道模式,滚动体保持器材料则可以选择青铜、硬铝、聚四氟乙烯(polytetrafluoroethylene, PTFE)或聚醚醚酮(polyetheretherketone, PEEK)等材料。表 6.1 给出了不考虑保持器材料变化的 9 种回转花键副轴承方案编号 BS1~BS9。

表 6.1　回转花键副轴承结构材料方案

结构型式	结 构 方 案			方案编号	备　注
滚动花键	9Cr18 钢滚珠	满装滚动体	曲面滚道	BS1	
			平面滚道	BS2	
		隔离滚动体	曲面滚道	BS3	
			平面滚道	BS4	隔离滚动体　满装滚动体
	Si_3N_4 陶瓷滚珠	满装滚动体	曲面滚道	BS5	
			平面滚道	BS6	平面滚道　曲面滚道
		隔离滚动体	曲面滚道	BS7	
			平面滚道	BS8	滚动体保持器材料包括青铜、硬铝、PTFE、PEEK
滑动花键	矩形花键			BS9	苏联"月球 24"曾使用

150

（2）应力分析模型。

① 内部载荷分析。

回转花键副轴承正常工作时,转矩载荷在滚动体上均匀分布,内、外圈与滚动体接触应力相同,可采用 Hertz 点接触理论进行接触应力计算。

回转花键副轴承通过滚动体与内、外圈挡边接触传递转矩,每个滚动体上承担的载荷为

$$Q = \frac{2T}{d_{\mathrm{m}} \times N \times Z \times \sin \alpha_0}$$ (6.1)

式中,T 为传递转矩;d_{m} 为节圆直径[(外径+内径)/2];N 为滚动体排数;Z 为每排滚动体数目;α_0 为设计的初始接触角。

② 平面滚道应力分析模型。

等效弹性模量计算公式为

$$\frac{1}{E} = \frac{1 - \nu_1^2}{E_1} + \frac{1 - \nu_2^2}{E_2}$$ (6.2)

式中,角标 1、2 分别表示滚道与滚动体;E 为材料弹性模量 a;ν 为泊松比。中心主轴(一体化轴承内圈)、回转花键副轴承外圈材料需采用轴承钢。

等效接触半径计算公式(凸曲面取加号,凹曲面取减号)为

$$\frac{1}{R} = \frac{1}{R_1} \pm \frac{1}{R_2}$$ (6.3)

当接触体中有一个半径为无穷大(曲率为零)时,表示球体与平面 Hertz 点接触,其最大应力计算公式为

$$\sigma_{\max} = \sqrt[3]{\frac{6QE^2}{\pi^3 R^2}}$$ (6.4)

③ 曲面滚道应力分析模型。

如果滚动体与曲面滚道接触,计算方法采用两曲面接触模型,如图 6.6 所示。

两曲面接触并压紧,压力 Q 沿垂直方向作用,在初始接触点的附近材料发生局部变形,靠近接触点区域形成椭圆形接触区。椭圆形接触区内各点的单位压力大小与材料的变形量有关,椭圆中心处变形量最大,将产生最大表面单位压力 P_0,其余各点的单位压力 P 是按椭圆球规律分布的。其椭圆

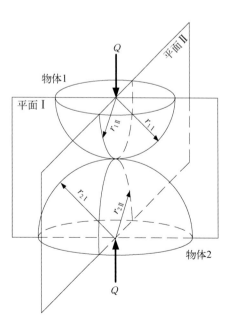

图 6.6　曲面接触模型

方程为

$$\frac{P^2}{P_0^2} + \frac{x^2}{a^2} + \frac{y^2}{b^2} = 1 \tag{6.5}$$

则单位压力 P 可表示为

$$P = P_0 \sqrt{1 - \frac{x^2}{a^2} - \frac{y^2}{b^2}} \tag{6.6}$$

法向外载荷 Q 等于总压力,即

$$Q = \int P \mathrm{d}A \tag{6.7}$$

从几何意义上讲 $\int \mathrm{d}A$ 等于半椭圆球的体积,故

$$Q = \frac{2\pi a b P_0}{3} \tag{6.8}$$

接触面上的最大表面单位压力 P_0 等于最大接触应力 σ_{max},即

$$\sigma_{max} = P_0 = \frac{3Q}{2\pi a b} \tag{6.9}$$

式(6.5)~式(6.6)中椭圆长、短轴参数 a、b 的大小与接触体材料属性和几何形状有关。

④ 回转花键滑动轴承应力计算。

回转花键滑动轴承为平面对平面的接触方式,接触应力在接触面内平均分布。采用如下计算公式:

$$\sigma = \frac{2T}{d_\mathrm{m} \times L \times bs \times Z} \tag{6.10}$$

式中,L 为回转花键滑动轴承工作段长度;bs 为回转花键滑动轴承工作段高度;Z 为花键承载齿数。

3) 密珠轴承

密珠轴承承受径向力,外圈与机壳固连,内径与中心主轴一体化设计,中间为滚动体。密珠轴承不承受轴向载荷,无法预紧。

① 滚动体尺寸和数量初选。

由密珠轴承排数和滚动体数可计算滚动体分布间隙及分担载荷大小。内部滚动体上的径向载荷为非均匀分布,如图 6.7 所示。

采用 Stribeck 公式计算密珠轴承内部滚动体上的载荷分布,得到滚动体的最大载荷计算公式:

$$Q_{\max} = \frac{4.37F_r}{Z \times N} \tag{6.11}$$

式(6.11)中忽略了轴承内部径向游隙。材料参数以及最大接触应力计算公式参照前面回转花键副轴承应力计算公式。密珠轴承采用的滚动体材料、尺寸和数量对承载性能有着较大的影响。

② 径向游隙下的密珠轴承最大接触应力分析。

当轴承内部存在径向游隙 P_d 时,如图 6.8 所示,任意角度位置处滚动体的径向位移为

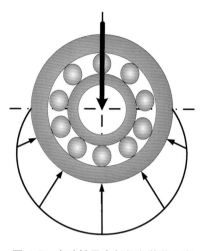

图 6.7　密珠轴承内部径向载荷分布

$$\delta_\psi = \delta_r \cos\psi - \frac{P_d}{2} = \delta_{\max}\left(1 - \frac{1 - \cos\psi}{2\varepsilon}\right) \tag{6.12}$$

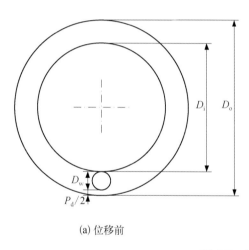

(a) 位移前

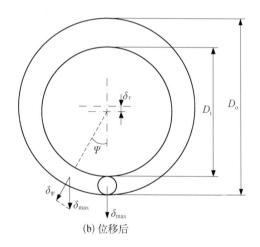

(b) 位移后

图 6.8　轴承套圈位移

式(6.12)中,载荷分布系数为

$$\varepsilon = \frac{1}{2}\left(1 - \frac{P_d}{2\delta_r}\right) \tag{6.13}$$

根据式(6.13)可以得到由径向游隙 P_d 和轴承内套圈径向位移 δ_r 确定的负荷区域的角度范围为

$$\psi_1 = \arccos\left(\frac{P_d}{2\delta_r}\right) \tag{6.14}$$

若在滚动体尺寸和数量初选时忽略了径向游隙,则 $\psi_1 = 90°$。由 Hertz 接触理论,对

于球轴承滚动体与滚道接触时的载荷-位移关系为

$$Q = K\delta^{1.5} \tag{6.15}$$

式中,Q 为法向外载荷;δ 为接触位移(变形);K 为内、外圈综合接触刚度系数,有

$$\left(\frac{1}{K}\right)^{\frac{2}{3}} = \left(\frac{1}{K_i}\right)^{\frac{2}{3}} + \left(\frac{1}{K_o}\right)^{\frac{2}{3}} \tag{6.16}$$

由式(6.15),得

$$\frac{Q_\psi}{Q_{\max}} = \left(\frac{\delta_\psi}{\delta_{\max}}\right)^{1.5} \tag{6.17}$$

将式(6.17)代入滚动体的径向位移公式(6.12),得

$$Q_\psi = Q_{\max}\left[1 - \frac{1}{2\varepsilon}(1 - \cos\psi)\right]^{1.5} \tag{6.18}$$

滚动体上载荷的竖直分量之和必须与径向外载荷 F_r 相平衡,即

$$F_r = \sum_{\psi=-\psi_1}^{+\psi_1} Q_\psi \cos\psi = Q_{\max}\sum_{\psi=-\psi_1}^{+\psi_1}\left[1 - \frac{1}{2\varepsilon}(1 - \cos\psi)\right]^{1.5}\cos\psi \tag{6.19}$$

通过搜索迭代方法使式(6.19)左右两端平衡即可获得任意角度 ψ 位置处滚动体上的载荷 Q_ψ。然后,参照回转花键副轴承应力计算公式,计算密珠轴承 A 受径向载荷时每一个滚动体上的接触应力。

4) 中心主轴回转端面的碰撞摩擦及润滑设计

回转-冲击共轴驱动属于空间大力载驱动,各处运动副的空间润滑设计关系到运动副的寿命及摩擦磨损,特别是冲击锤与中心主轴的碰撞端面处,同时存在相对转动、轴向碰撞两种运动模式,复杂工况在轨第一次遇到,其润滑设计面临较大的挑战。

(1)中心主轴上端面摩擦副。

在纯回转模式下,中心主轴上端面与重锤下端面构成滑动摩擦副。

滑动摩擦面承受的压强为

$$p = \frac{F}{S} = \frac{F}{\pi(R^2 - r^2)} \tag{6.20}$$

滑动摩擦面最大滑动速度为

$$v = \frac{\pi dn}{60 \times 1\,000} \tag{6.21}$$

（2）回转-冲击摩擦。

对于纯回转模式下的重锤下端面润滑,可视为两个平面间的摩擦润滑问题。通过对比分析以往销盘(平面与平面对磨,销盘直径 3.57 mm,如图 6.9 所示)试验已取得的试验数据,并总结针对钻取采样器所进行的润滑试验,最大限度地使用成熟的润滑方案。

对于回转-冲击模式下的重锤下端面润滑这种特殊情况,需要考虑重锤冲击造成的重锤下端面的黏着磨损问题,冲击可能造成重锤下端面材料表面的变形及磨粒的形成。同时要考虑主轴的旋转速度及旋转方向对冲击黏着磨损的作用。由于针对此

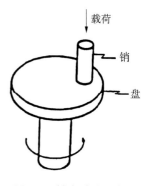

图 6.9　销盘试验示意图

种情况以往的型号任务积累的试验数据及润滑经验匮乏,需要开展针对性的关键技术验证试验。

在材料的摩擦表面使用黏接 MoS_2 薄膜、溅射 MoS_2 薄膜、DLC 薄膜以减小甚至消除冲击作用造成的黏着与冷焊。图 6.10 是润滑处理的表面经受冲击后的表面形貌 MoS_2 与 DLC 都具有极低的黏着力,但考虑到本部分润滑需求既要耐冲击又要耐长时间的回转,根据前期积累的试验数据表明,黏接 MoS_2 更适应于此种工况(见表 6.2)。

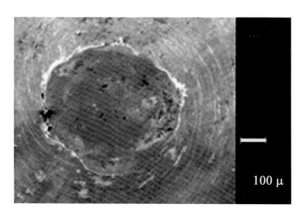

图 6.10　冲击后的表面形貌及黏着力对比

表 6.2　纯回转摩擦学试验结果

试验名称	纯回转工况试验						
试验条件	试验设备:真空四球摩擦试验机						
	工况	回转转速 /(r/min)	正压力/N	试验时间 /min	设计转数 /×10⁵	摩擦副 温度/℃	接触面积 /mm²
	纯回转	120	170	2 500	3	150	84.78

续　表

试验结果 及分析	 重锤模拟 黏接膜摩擦前表面轮廓表面粗糙度0.24 μm　　黏接膜摩擦试验后表面粗糙度0.20 μm 试验后润滑膜状态 试验后表面

3. 大力载、高效率冲击驱动设计

钻取采样机构的冲击功能是指在钻具端部施加沿钻具轴向的脉冲力载,并通过钻具传递到与钻头相互作用的岩石或土壤上的加载功能。由于要求的冲击频率较高,冲击功较大。

冲击功能实现:端面凸轮安装在冲击锤上,被限制转动,可轴向滑动;与端面凸轮啮合的辊子安装在传动齿轮上;冲击电机驱动冲击传动齿轮副带动辊子回转,实现端面凸轮副的啮合传动,经过凸轮式重锤的凸轮廓线作用,冲击弹簧压缩,积蓄弹性势能,当回转至通过凸轮廓线波峰的一瞬间,弹簧的弹性势能得以释放,推动凸轮式重锤高速冲向中心主轴,在撞击的瞬间,中心主轴及钻具获得冲击能量,进而实现对月壤的冲击功能[3]。

空间曲面全滚动储能式冲击机构包括冲击驱动部件、冲击传动部件、冲击重锤和冲击弹簧。

1)冲击机构构型及传动链

钻进机构的冲击动作由冲击部件完成,冲击部件位于整个钻进机构的最上端。冲击部件整体构型如图 6.11 所示,主要由冲击驱动部件、小冲击齿轮、冲击传动部件、冲击生成部件组成。冲击驱动部件为动力源,用于提供冲击能量;冲击驱动部件输出轴与小冲击齿轮固连,小冲击齿轮与冲击传动部件通过齿轮副进行动力传递;冲击传动部件与冲击生成部件通过凸轮副共同产生冲击动作。从冲击驱动部件到取芯钻具间的冲击传动链如图 6.12 所示。

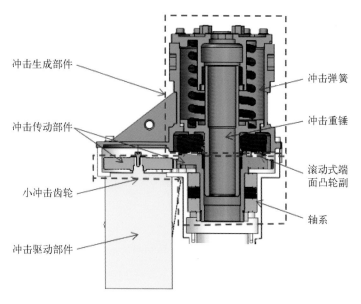

图 6.11　冲击部件整体构型

2)端面凸轮廓线设计

冲击机构端面凸轮廓线采取缓抬升、急释放的方案。在凸轮抬升冲击重锤、压缩储能弹簧的过程保证加速度连续,保证负载力值稳定。

凸轮抬升曲线具体采用正弦加速度运动曲线和等速运动曲线组成,具体形式如图 6.13 所示。

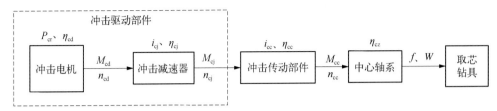

P_{cr}—冲击电机输入功率;η_{cd}—冲击电机效率;M_{cd}—冲击电机输出扭矩;n_{cd}—冲击电机输出转速;i_{cj}—冲击减速器减速比;η_{cj}—冲击减速器效率;M_{cj}—冲击减速器输出扭矩;n_{cj}—冲击减速器输出转速;i_{cc}—冲击传动部件减速比;η_{cc}—冲击传动部件效率;M_{cc}—冲击传动部件输出扭矩;n_{cc}—冲击传动部件输出转速;η_{cz}—中心轴系冲击传动效率;f—钻进机构输出冲击频率;W—钻进机构输出冲击功

图 6.12　冲击传动链

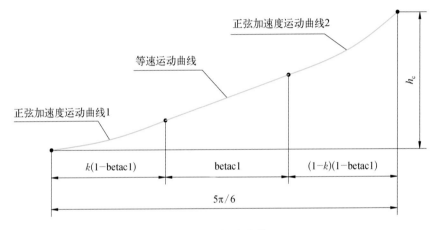

图 6.13　组合曲线

设 betac1 为等速运动曲线推程运动角,即

$$\text{betac1} \in \left[0, \frac{5}{6}\pi \right] \tag{6.22}$$

正弦加速度运动曲线推程运动角 β_s 为

$$\beta_s = \frac{5}{6}\pi - \text{betac1} \tag{6.23}$$

则,正弦加速度运动曲线 1 的推程运动角 β_{s1} 为

$$\beta_{s1} = k\left(\frac{5}{6}\pi - \text{betac1} \right) \tag{6.24}$$

正弦加速度运动曲线 2 的推程运动角 β_{s2} 为

$$\beta_{s2} = (1 - k)\left(\frac{5}{6}\pi - \text{betac1} \right) \tag{6.25}$$

式中, $k \in [0, 1]$。

通过上述优化设计,结合冲击频率要求,重锤凸轮部分由推程运动和空程运动组成,周期为 π。其中推程运动为组合运动,由正弦加速度运动曲线、等速运动曲线、正弦加速度运动曲线组成,运动角度为 $\dfrac{5}{6}\pi$。

重锤沿周长展开,推程运动曲线可用式(6.26)表示:

$$\begin{cases} s_c = h_{c1} \cdot \left(\dfrac{\varphi_c}{\beta_{c1\_1}} - \dfrac{1}{\pi} \cdot \sin \dfrac{\pi \cdot \varphi_c}{\beta_{c1\_1}} \right), & 0 < \varphi_c \leqslant \beta_{c1\_1} \\ s_c = h_{c1} + \dfrac{(h_c - h_{c1} - h_{c2}) \cdot (\varphi_c - \beta_{c1\_1})}{\beta_{c1} - \beta_{c1\_1} - \beta_{c1\_2}}, & \beta_{c1\_1} < \varphi_c \leqslant \beta_{c1} - \beta_{c1\_2} \\ s_c = h_c - \dfrac{h_{c2} \cdot (\beta_{c1} - \varphi_c)}{\beta_{c1\_2}} + \dfrac{h_{c2}}{\pi} \cdot \sin \dfrac{\pi \cdot (\beta_{c1} - \varphi_c)}{\beta_{c1\_2}}, & \beta_{c1} - \beta_{c1\_2} < \varphi_c \leqslant \beta_{c1} \end{cases}$$

$$(6.26)$$

式中, h_c 为重锤凸轮曲线的高度, $h_c = 15$ mm; h_{c1}、h_{c2} 为正弦加速度运动曲线的高度, $h_{c1} = h_{c2} = \dfrac{1}{18}h_c$; β_{c1} 为重锤凸轮曲线的推程运动角, $\beta_{c1} = \dfrac{5}{6}\pi$; β_{c1_1}、β_{c1_2} 为重锤正弦加速度运动曲线的推程运动角, $\beta_{c1\_1} = \beta_{c1\_2} = \dfrac{1}{10}\beta_{c1}$; φ_c 为重锤凸轮曲线的展开角。

重锤的展开周长 $l = \varphi_c D$, D 为重锤凸轮的直径。

3) 冲击机构运动力学模型

重锤-弹簧单元系统力学模型如图6.14所示。

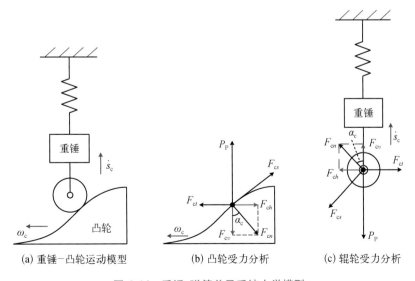

图 6.14　重锤-弹簧单元系统力学模型

当凸轮廓线分别选为改进型等速运动曲线时,凸轮负载转矩方程为

$$
\begin{cases}
T_{\mathrm{c}} = (m_{\mathrm{P}} \cdot g + k_{\mathrm{P}} \cdot s_{\mathrm{c}} + F_{\mathrm{P0}} + m_{\mathrm{P}} \cdot \ddot{s}_{\mathrm{c}} + F_{\mathrm{Ps}}) \cdot \dfrac{\tan \alpha_{\mathrm{c}} + f_{cf}}{1 - f_{cf} \cdot \tan \alpha_{\mathrm{c}}} \cdot \dfrac{D_{\mathrm{c}}}{2} \\
F_{\mathrm{P0}} = k_{\mathrm{P}} \cdot h_{\mathrm{P0}} \\
s_{\mathrm{c}} = f(\varphi_{\mathrm{c}}) \\
\varphi_{\mathrm{c}} = \omega_{\mathrm{c}} \cdot t = \dfrac{\pi}{30 i_{\mathrm{P}}} n_{\mathrm{P}} \cdot t \\
\tan \alpha_{\mathrm{c}} = g(\varphi_{\mathrm{c}})
\end{cases}
\tag{6.27}
$$

式中,s_{c} 为凸轮从动件和激振块(重锤)的实时位移;φ_{c} 为凸轮的转角;i_{P} 为冲击齿轮减速比;n_{P} 为冲击电机-减速器组件输出额定转速;ω_{c} 为冲击凸轮角速度;t 为冲击凸轮转动时间;m_{P} 为冲击重锤的质量;k_{P} 为冲击弹簧的刚度系数;F_{P0} 为冲击弹簧预紧力;α_{c} 为冲击凸轮压力角;F_{Ps} 为重锤与滚珠花间之间的摩擦阻力。

(1)计算工况。

计算工况有冲击钢垫工况、弹簧复位工况 1、弹簧复位工况 2 和中心主轴上限位固定工况,分别以最小转速(143.1 r/min)、最大转速(242.2 r/min)匀速加载驱动。

① 冲击钢垫工况:中心主轴处于下限位位置,不参与冲击过程。

② 弹簧复位工况 1:复位弹簧压缩后初始长度 13.5 mm,对应弹簧力为 235.3 N,弹簧刚度 16 218.4 N/m,中心主轴在弹簧力作用下自适应。

(2)仿真结果。

① 冲击钢垫工况。

(a)最小转速(143.1 r/min)。

防扭辊轮与冲击支撑体水平作用力如图 6.15 所示,其中红色实线为水平作用力,蓝色虚线表示重锤位置。图中显示,防扭辊轮与冲击支撑体冲击力最大幅值为 640 N,平均幅值为 366 N。

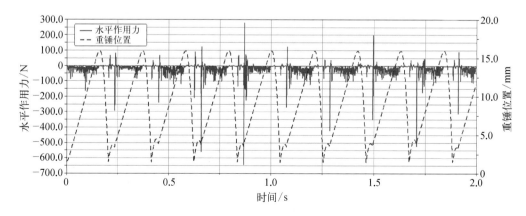

图 6.15　防扭辊轮与冲击支撑体水平作用力(冲击钢垫工况,最小转速)

（b）最大转速（242.2 r/min）。

防扭辊轮与冲击支撑体水平作用力如图 6.16 所示,其中红色实线为水平作用力,蓝色虚线表示重锤位置。图中显示,防扭辊轮与冲击支撑体冲击力最大幅值为 4 068 N,平均幅值为 3 511 N。

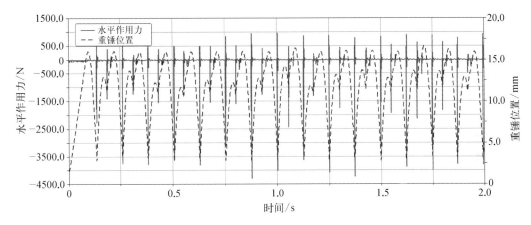

图 6.16　防扭辊轮与冲击支撑体水平作用力(冲击钢垫工况,最大转速)

② 弹簧复位工况。

（a）最小转速（143.1 r/min）。

防扭辊轮与冲击支撑体水平作用力如图 6.17 所示,其中红色实线为水平作用力,蓝色虚线表示重锤位置。图中显示,防扭辊轮与冲击支撑体冲击力最大幅值为 616 N,平均幅值为 395 N。

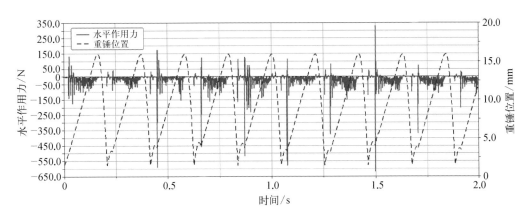

图 6.17　防扭辊轮与冲击支撑体水平作用力(弹簧复位工况,最小转速)

（b）最大转速（242.2 r/min）。

防扭辊轮与冲击支撑体水平作用力如图 6.18 所示,其中红色实线为水平作用力,蓝色虚线表示重锤位置。图中显示,防扭辊轮与冲击支撑体冲击力最大幅值为 4 072 N,平均幅值为 3 516 N。

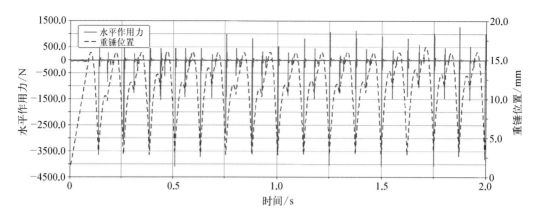

图 6.18　防扭辊轮与冲击支撑体水平作用力（弹簧复位工况，最大转速）

创新点有以下两个方面：

（1）凸轮廓线实现平稳启动，过程无冲力拟合样条曲线，实现凸轮下落点在预期处，实现了与回转匹配性，凸线修正后避免滚轮下落产生刮滑问题；

（2）中空冲击锤构型设计与波阻匹配实现了"矩形波"效应，月岩破碎具有充裕时间。

4.　进给长距离驱动设计

1）柔性大行程进给传动方案

钻进机构及钻具的进给驱动具有行程大的特点（大于 2 m），在空间机构中属于长距离传动。考虑到轻量化要求，以及空间环境的影响（温度、力学），提出了低刚度的卷绕钢丝绳传动方案，一方面实现低质量长距离传动，另一方面适应温度变化凸轮引起的热机耦合效应的影响。

2）卷绕钢丝绳传动方案

加载钢丝绳分别通过上加载滑轮、下加载滑轮与钻进机构连接，加载驱动机构通过驱动卷筒正反转实现对加载钢丝绳的卷绕，从而实现钻进机构沿导轨的上下进给驱动功能，如图 6.19 所示。

3）钢丝绳进给驱动机构动力学模型

钻取采样器固定在轻质高强的桁架上，由于存在钢丝绳、细长钻杆弹性与月壤阻抗特性，冲击激励与钻压变化使钻头端位移响应具有振荡特性，影响钻取作业进给精度，甚至可能对探测器产生周期脉动作用力载。

钢丝绳进给机构是一套开环控制进给系统。建立钢丝加载系统的进给动力学模型，如图 6.20 所示，执行末端为细长钻杆端（钻头），考虑系统弹性、进给机构进给函数关系、钢丝绳预紧张力、钻杆压弯弹性、土壤载荷的简化力学模型，推导出驱动动力学方程，分析影响位移传递性能主要因素。

进给机构用于提供向下钻压力，同时保证一定的进给精度，电机驱动机构对加载卷筒输入角位移、驱动力矩，经过滚筒与钢丝绳驱动加载，钢丝绳上下固定在滑轮上，中间拖动钻进机构向下进给钻进，根据滚筒型式与缠绕方式的不同，输入转角与输出角位移对应不

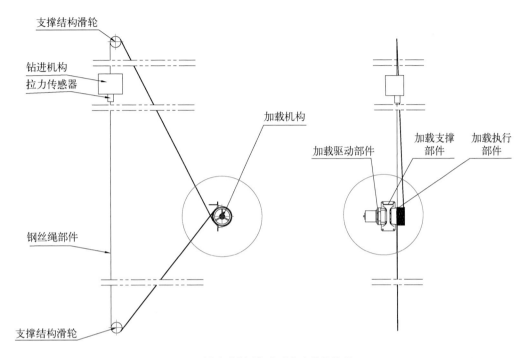

(a) 加载驱动机构功能实现总构型

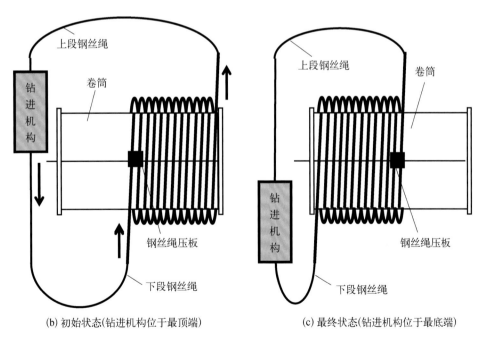

(b) 初始状态(钻进机构位于最顶端)　　　　(c) 最终状态(钻进机构位于最底端)

图 6.19　柔性绳系驱动原理图

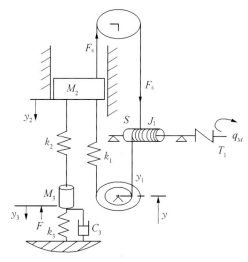

图 6.20　钢丝加载系统的进给动力学模型示意图

同函数关系,卷筒输出的线位移与输入角位移存在 $y_1 = S(q_M)$ 函数关系。钻进机构质量 M_2 通过弹性钻具作用等效月壤载荷,将静载荷等效为弹簧与阻尼,冲击反作用力 F 为周期激励力载。

驱动钻进机构质量 M_2,月壤等效静载荷弹性刚度为 K_3,月壤等效阻尼为 C_3,在冲击回转钻进过程中,反作用过程钻杆的周期动载荷用 F 表示,相当于周期激励力载。y_3 相当于钻头端的进给位移,描述系统进给精度,驱动钻进机构质量 M_2 与钻进载荷之间为钻杆,等效刚度为 K_2。 方程引入能量耗散型方程,在此引入月壤阻尼耗散型模型,按线性阻尼处理月壤散体阻尼问题。考虑月球与地球重力场的差异对进给响应特性的影响,采用 Runge-Kutta 法进行数值模拟,结论如下:

(1) 钻头处波动力载激起钻头纵向小幅振动,钻头振动周期来自于冲击机构的脉动周期及系统固有频率,杆的刚度与钢丝绳刚度对振荡影响较大。

(2) 月球重力会使钻头振动比地球略小,但激励载荷较大时月球重力影响不显著,较小的钻进载荷时月球环境对振动抑制较为明显,阻尼会有效抑制振动响应。

(3) 钢丝绳的预紧力在初始预紧阶段能有效抑制振动措施,当预紧力过大时,钻头处振荡明显加强,系统呈现刚化效应,外界冲力载荷会传送到着陆器上,这是应该避免的。

(4) 在最为苛刻的载荷工况,钢丝绳传动精度小于±3 mm。

(5) 要严格控制冲力的幅值,应合理选择与系统刚性匹配的幅值。

6.2.2　样品提芯、整形、分离与传送设计

嫦娥五号钻取采样机构采用了无人自主的钻取采样方案,在完成钻进及样品采集后,需要利用机构运动将取芯软袋包裹的月壤样品提升至上升器的顶部位置,如图 6.21 所示,并将月壤样品装入具有固定形状的初级封装容器内部。最后,还需要将盛装月壤样品的初级封装容器准确放入密封容器。

1. 样品提芯、整形、分离与传送集成一体化机构方案

1) 机构构型及传动链

样品提芯、整形、分离与传送集成一体化机构的构型设计如图 6.22 所示,为了保证盛装样品的初级封装容器与处于其下方的封装装置同轴布置,样品提芯、整形、分离与传送集成一体化机构采用二级悬臂结构构型。

样品提芯、整形、分离与传送集成一体化机构由整形驱动部件、回转传动组件、连接分离机构、初级封装容器、进给传动组件、路径导向部件、主结构等部分组成。通过单电机驱

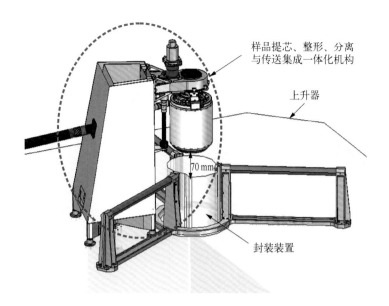

图 6.21 上升器上布局

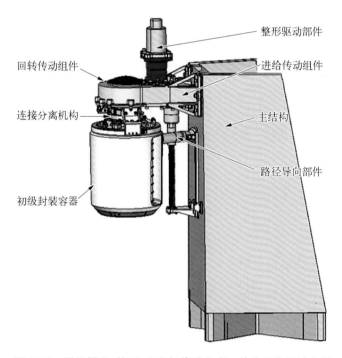

图 6.22 样品提芯、整形、分离与传送集成一体化机构设计方案

动,顺序运动机构控制机构工作时序,实现位置保持、取芯软袋提芯、螺旋缠绕整形、分离传送功能的顺序执行。

　　钻进取芯阶段,样品提芯、整形、分离与传送集成一体化机构利用电机的定位力矩实现保持力输出要求;样品整形阶段,电机驱动回转运动轴系、进给运动轴系以一定速度比例关系运行,实现取芯软袋的提芯、螺旋缠绕;样品分离传送阶段,电机反转,驱动连接分离机构剪断剪切销,实现初级封装容器与机构的连接解锁,初级封装容器在导向筒导向作用下,精确传送入封装装置内部。

　　驱动部件通过一个驱动齿轮同时驱动与样品容器连接的回转轴系转动,以及导向装置前级的进给齿轮轴系转动,从而实现一个电机驱动两条传动链[4],如图 6.23 所示。导向装置沿样品容器轴向的移动通过顺序运动机构的丝杠副驱动实现,丝杠副的动力来自前级传动部件进给齿轮轴系。顺序运动机构具有特殊的时序运动、锁定功能,可以事先将运动参数设计到顺序运动机构的传动副中,从而控制导向装置按规定的运动参数,顺序、连贯地执行运动功能。样品容器分离时,反向运行电机,通过单向驱动装置驱动连接分离结构分离,剪断连接结构,实现样品容器的分离。

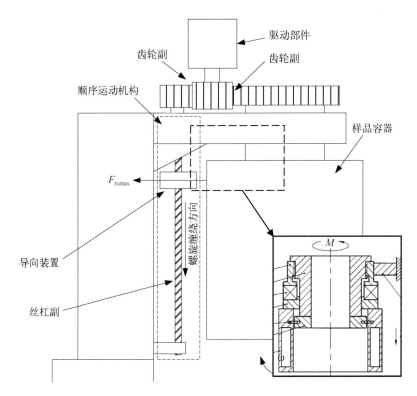

图 6.23　样品提芯、整形、分离与传送集成一体化机构单电机驱动方案

样品提芯、整形、分离与传送集成一体化机构的传动链设计如图 6.24 所示。

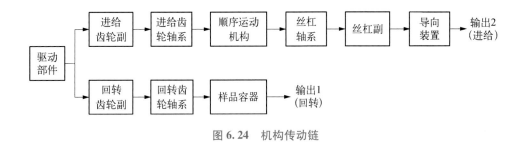

图 6.24　机构传动链

2）功能实现方案

（1）样品收纳方案。

嫦娥五号钻取采样机构的取芯样品为软袋包裹的长条状月壤样品（长约 2.5 m，直径为 17.7 mm），具有可变形特征。包裹取芯样品的取芯软袋的顶部通过一根细长绳（提芯绳）与封装容器相连。封装取芯样品的容器采用圆环状构型，方便可变形样品的缠绕封装。

考虑到探测器可利用的样品容纳空间有限，优选设计的钻取样品整形收纳方案如下：首先将提芯绳回转缠绕上封装容器的顶部，然后将长条状月壤样品螺旋缠绕在圆环形容器的夹层里，从而实现节约使用封装容器的内部空间，并使样品具有确定的几何形状，方便样品传送和回收，如图 6.25 所示。

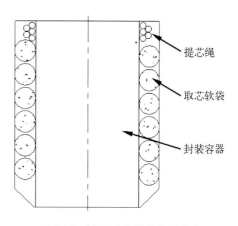

提芯绳

取芯软袋

封装容器

图 6.25　钻取采样样品整形方案

（2）提芯、整形运动功能实现。

根据对钻取采样器整个样品回收链条的分析，样品提芯、整形、分离与传送集成一体化机构必须首先缠绕长度约 4.5 m 的提芯绳，将月壤样品从月面处提升至上升器顶端，才能开始进行月壤样品（约 2.5 m 长）的螺旋缠绕整形。

为了实现前面所述的样品收纳方案，优选设计的机构方案如下：提芯绳和样品软袋穿过路径导向装置进入钻取初级封装容器中，钻取初级封装容器可转动卷绕提芯绳和样品软袋，丝杠可带动路径导向装置沿轴向运动，两种运动配合实现提芯绳的原位卷绕和样品软袋的螺旋卷绕。

运动的具体实现方案如图 6.26 所示，分为两个阶段：① 提芯绳缠绕阶段（提芯阶段），初级封装容器转动，进样导向装置不运动，实现提芯绳的原位回转卷绕；② 钻取采样样品缠绕阶段（样品整形阶段），初级封装容器转动，进样导向装置在机构驱动下匀速向下移动，两种运动按照设定的速比联合运动，实现钻取采样样品在初级封装容器内部的螺旋缠绕收纳。上述两个阶段的运动又分别称为提芯、整形运动。

（3）连接与分离。

盛装钻取采样样品的初级封装容器在完成样品整形后，需要与机构部分实现分离，并传送入封装装置内部，因此初级封装容器与机构部分的连接需采用可分离的连接结构。

由于初级封装容器安装在转动轴的末端，并需要进行多圈的连续转动，由于接线的原因常规的火工分离机构在此处无法应用。结合该处的机构运动特点，优选的初级封装容器的连接、分离方案原理如图 6.27 所示。

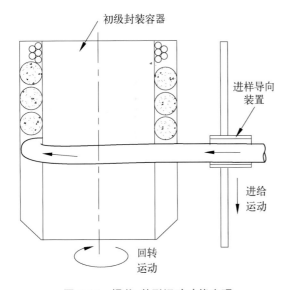

图 6.26 提芯、整形运动功能实现

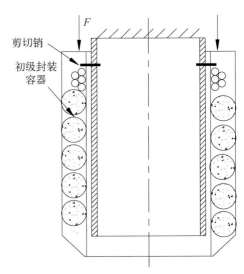

图 6.27 初级封装容器连接、分离原理

连接：初级封装容器的圆柱形内腔与机构部分的延伸段以孔轴配合关系实现径向位移自由度、径向转动自由度的固定，并在配合面圆周上以三个均布的剪切销连接两者实现轴向位移自由度、轴向转动自由度的固定，从而固定初级封装容器与机构部分之间的 6 个运动自由度。

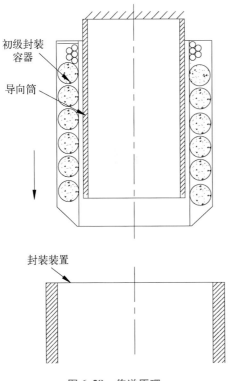

图 6.28 传送原理

分离：在机构驱动下，剪切机构在初级封装容器的上端面施加轴向压力 F，通过轴向压力剪断剪切销，实现初级封装容器与机构部分的分离。

（4）样品传送。

初级封装容器完成样品整形后，传送进入封装装置的技术方案如图 6.28 所示。导向筒与封装装置同轴安装，初级封装容器与机构分离后，在月面 1/6 重力作用和助推弹簧的共同作用下，沿导向筒滑入封装装置内部。

（5）悬臂构型的结构设计。

在钻取采样器的各部件中，样品提芯、整形、分离与传送集成一体化机构仅靠 1 个压紧杆和火工品压紧于上升器的顶端，位于整个探测器的最高点，动力响应大，力学环境苛刻。为满足样品传送的要求，其机构部分安装于结构的外侧，整体质心悬臂，使样品提芯、整形、分离与传送集成一体化机构呈现"悬臂支撑"

的状态。

① 结构设计方案。

主结构是样品提芯、整形、分离与传送集成一体化机构的主承力结构,并提供与压紧释放机构和展开机构的接口。根据样品提芯、整形、分离与传送集成一体化机构的悬臂构型特点,结构抗弯刚度是结构设计的关键因素,提高主结构的抗弯刚度可以有效提高样品提芯、整形、分离与传送集成一体化机构的刚度。主结构设计构型如图 6.29所示。

主结构采用碳纤维复合材料和碳蒙皮蜂窝夹层结构制造,由环板、样品导向及加强梁组件组成,其中环板保证机构及展开结构的相关接口,加强梁组件保证与上升器的相关接口。在包络尺寸一定

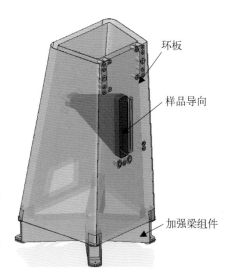

图 6.29　主结构设计构型

的情况下,提高主结构的抗弯刚度最有效的方法是增加主结构的板厚,蜂窝夹层板作为一种轻量化的厚板,具有优良的比刚度、比强度,可以获得很高的抗弯刚度,承受较高的横向载荷,可作为整形主结构的材料。选用高模量、高强度、低密度的碳纤维作为面板,蜂窝芯采用薄铝箔可以最大限度地降低结构的质量,铝蜂窝夹层结构基本组成如图6.30 所示。

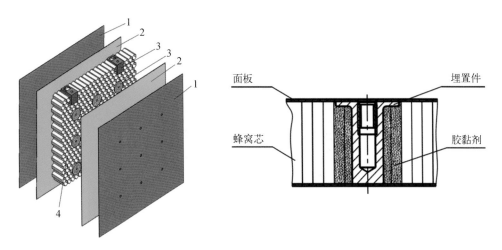

1-面板(上、下);2-结构胶黏剂;3-嵌入件(正向、侧向);4-夹层蜂窝芯

图 6.30　铝蜂窝夹层结构基本组成图

② 结构力学分析。

建立样品提芯、整形、分离与传送集成一体化机构的有限元模型,其中主结构、机构壳体、初级封装容器等薄壁结构采用壳单元;连接分离部件、丝杠等细长结构采用梁单元;整

形驱动部件、导向组件、齿轮等刚度特别高的组件等效为质量点,有限元模型如图 6.31 所示。

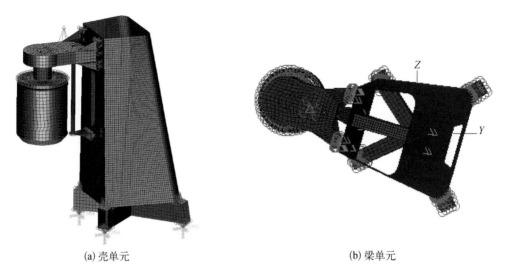

(a) 壳单元　　　　　　　　　　　　　(b) 梁单元

图 6.31　样品提芯、整形、分离与传送集成一体化机构的有限元模型

通过有限元仿真分析可以计算得到样品提芯、整形、分离与传送集成一体化机构的基频为 66 Hz,振型如图 6.32 所示。

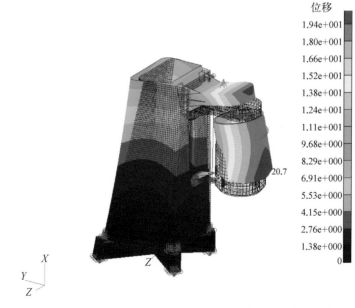

图 6.32　样品提芯、整形、分离与传送集成一体化机构的 1 阶振型

在样品提芯、整形、分离与传送集成一体化机构承受最大力载条件下,主结构碳纤维复合材料的最大应力如图 6.33 所示。纵向应力最大为 420 MPa,小于材料的纵向强度

618 MPa;横向应力最大为 10.5 MPa,小于材料的横向强度 18.2 MPa,满足强度要求。同时,计算得到 4 个固定点最大的拉拔力。

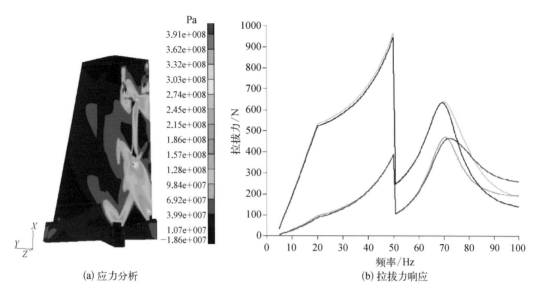

(a) 应力分析　　　　　　　　　　　　(b) 拉拔力响应

图 6.33　样品提芯、整形、分离与传送集成一体化机构的强度与稳定性分析

③ 创新点。

样品提芯、整形、分离与传送集成一体化机构的特点在于实现的运动动作多且复杂,高可靠地实现各运动动作是机构设计的难点。因此,发明了一种原位回转与螺旋缠绕顺序运动机构,具有自锁驱动设计,利用空程机构复合设计,可靠实现复杂运动,避免了采用离合器、增加驱动源等复杂的配置;发明了单电机反转功能实现分离功能设计,代替了电驱动装置,系统简单可靠。

2. 原位回转与螺旋缠绕顺序运动机构设计

1) 运动功能分析

样品提芯、整形、分离与传送集成一体化机构需要实现的功能有如下三个: ① 将月壤样品从钻具中提升至整个探测器的顶端;② 将月壤样品进行螺旋缠绕整形处理;③ 将月壤样品送入样品的封装容器中。上述三个功能顺序串行完成。

上述三个功能要求机构部分对应实现的三种运动形式分别如图 6.34 所示。图中运动执行装置有两个,分别是样品初级封装容器、进样导向装置,样品初级封装容器通过回转运动缠绕提芯绳和样品,进样导向装置控制提芯绳和样品进入样品初级封装容器的轴向位置。图 6.34(a)样品初级封装容器进行顺时针回转运动,进样导向装置不动,实现提芯绳在样品容器上的缠绕;图 6.34(b)样品初级封装容器进行顺时针回转运动,进样导向装置沿样品容器轴向方向向下运动,两者联动实现样品在容器上的螺旋缠绕;图 6.34(c)样品初级封装容器进行逆时针回转运动,进样导向装置沿样品容器轴向方向向上运动,实现样品的分离传送(该运动模式下,进样导向装置空载运行)。

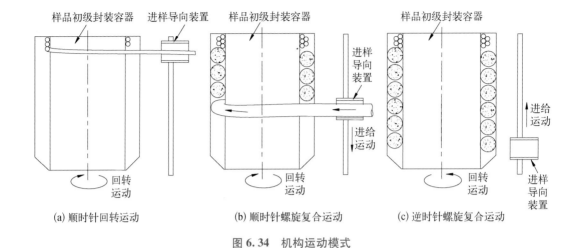

(a) 顺时针回转运动　　　　　(b) 顺时针螺旋复合运动　　　　　(c) 逆时针螺旋复合运动

图 6.34　机构运动模式

2）顺序运动原理

顺序运动机构的基本工作原理如图 6.35 所示,由两级串联的传动螺旋副、传动滑键副、锁紧螺母等主要部分构成。两级串联的传动螺旋副第一级为小导程传动螺旋,第二级为大导程传动螺旋,第一级螺旋为顺序运动控制螺旋,第二级螺旋为传动螺旋。

两级串联的传动螺旋副均具有设定的工作行程,工作时通过启动力矩控制及外围几何限位边界控制,保证首先完成第一级传动螺旋运动,第一级传动螺旋走完行程并锁定后,第二级传动螺旋启动并运行,直至第二级传动螺旋走完行程。

顺序运动工作模式及状态切换如下:

（1）第一级传动螺旋运动时,第二级传动螺旋不运动,即导向装置不运动,样品容器顺时针转动;

（2）第一级传动螺旋走完行程并锁定后,第二级传动螺旋启动并运行,驱动导向装置沿样品容器轴线向下运动,同时样品容器顺时针转动;

（3）当第二级传动螺旋走完行程后,驱动电机反转,由于该状态下第一级传动螺旋启动力矩大于第二级传动螺旋,且第一级传动螺旋处于锁定状态,从而可保证第二级传动螺旋工作并驱动导向装置沿样

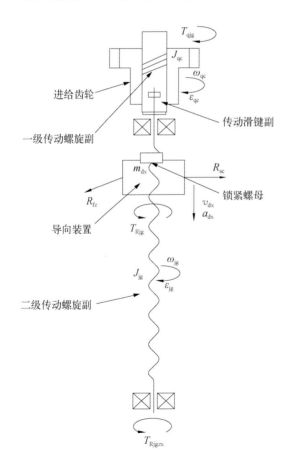

图 6.35　顺序运动机构基本工作原理

品容器轴线向上运动,同时样品容器逆时针转动。

运动模式切换参数控制如下:可通过设计第一级传动螺旋的导程、行程参数,来控制第二级传动螺旋的启动时机,达到运动参数控制的目的。

3. 初级封装容器可分离连接设计

钻取样品初级封装容器内筒与导向结构的连接关系如图 6.36 所示,中心孔通过两段具有间距的圆柱段配合,沿径向通过 3 个轴向均布的剪切销连接,剪切销结构如图 6.37所示。

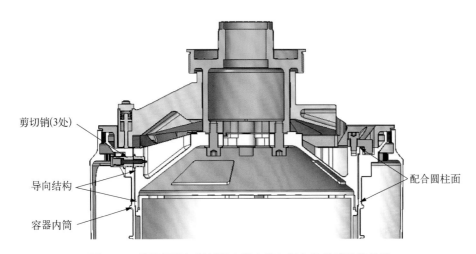

图 6.36　钻取样品初级封装容器内筒与导向结构的连接关系

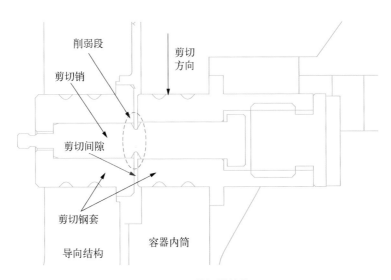

图 6.37　剪切销结构

如图 6.36 所示,初级封装容器内筒与导向结构之间通过 2 个圆柱配合段进行约束初级封装容器内筒相互垂直的两个径向的移动及转动 4 个自由度;初级封装容器内筒与导向结构之间通过 3 个轴向均布的剪切销结构约束轴向的移动及轴向的转动 2 个自由度,从而完全固定初级封装容器内筒的 6 个运动自由度,实现初级封装容器内筒的安装。

分离时,初级封装容器内筒在外压力作用下,相对导向结构沿轴向向下运动,在剪切间隙处剪断剪切销,从而恢复初级封装容器内筒轴向的移动及轴向的转动自由度,实现分离。

剪切销设计难点在于强度因子设计,在主动段随机载荷与正弦载荷会引起剪切销疲劳与过载断裂,而过于强壮的剪切销在分离时动力不足,要寻找一种平衡,这就要确定剪切销直径后调节强度剪切因子,利用断裂力学及疲劳理论设计强度因子,实现主动段可靠抗力学环境,月面剪切分离顺利。

6.2.3 避让展开机构设计

1. 展开方案

由于展开面在 1/6 重力面内,与传统正交重力面内展开不同,要突破低重力效应,同时着陆姿态也影响展开力矩裕度设计,必须按最苛刻包络工况设计。

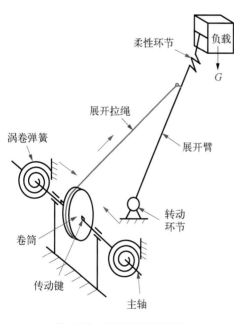

图 6.38 展开方案原理图

针对嫦娥五号钻取采样机构展开机构的大负载力矩展开驱动和锁定需求,经过调研分析及多方案比对,在传统涡卷涡簧驱动铰链展开方案的基础上,优选确定了"行星增力原理"演化出的"双涡簧驱动、行星绳系增力"展开驱动方案及基于波纹结构的刚度各向异性展开臂设计方案[5],方案原理如图 6.38 所示。

与传统的驱动方式相比,该展开驱动方案通过采用拉绳作为增力机构使得支、点分离,通过增大作用力臂,降低了对驱动源驱动能力的需求,实现了小卷簧驱动大载荷的设计[6]。展开臂通过在前端增加刚度各向异性的波纹结构,展开臂轴向刚度可适应两器之间的刚性振动位移,弯曲刚度能够托举起样品提芯、整形、分离与传送集成一体化机构不发生过大的弯曲位移,解决了器间力学耦合的问题。

展开机构工作原理如下:在发射阶段,柔性环节通过释放其轴向、横向位移协调,吸收器间错动振幅,保证压紧的可靠性及自身安全。在工作阶段,当展开负载被释放时,涡卷弹簧释放其所储存的弹性势能,驱动卷筒旋转。卷筒通过卷绕拉绳[7],带动展开负载进行避让展开。展开到位后,转动环节中的锁铰部件可实现对展开机构的锁定。展开机构锁定的同时触发微动开关,提供展开到位信息给控制系统,展开机构工作完成。

2. 工作原理及机构设计

展开机构的功能:通过展开锁定的方式,带动负载——样品提芯、整形、分离与传送集成一体化机构的向外展开,为上升器让出上升通道。展开机构组成及构型如图 6.39 所示。

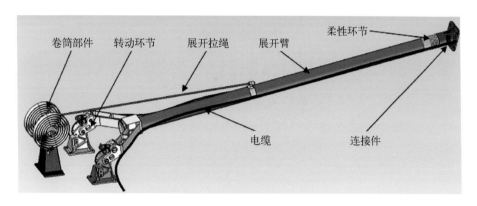

图 6.39　展开机构组成及构型

展开机构的工作原理如图 6.40 所示,卷筒部件通过卷筒卷绕展开拉绳将其驱动力矩 M_j 传递到展开臂上,转化为转动环节处的驱动力矩 T_q;展开臂在驱动力矩 T_q 的作用下,带动负载绕转动环节从初始压紧位置展开 110.5° 后锁定;展开全过程需克服卷筒部件阻力矩 T_{f1}、转动环节阻力矩 T_{f2}、电缆阻力矩 T_{f3}。

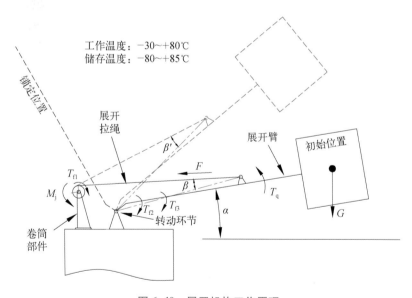

图 6.40　展开机构工作原理

卷筒部件是展开机构的驱动单元,整体构型及连接关系如图 6.41 所示,主要由平面涡卷弹簧(以下简称涡簧)、卷筒、卷筒轴、支承座等零件构成。

卷筒部件采用双涡簧驱动,两个涡簧外圈与支承座固定连接,内圈固定在卷筒轴上,

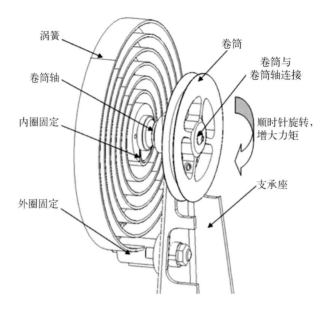

图 6.41　卷筒部件整体构型及连接关系

卷筒固定安装在卷筒轴上,涡簧内圈、卷筒与卷筒轴共同转动。涡簧通过卷筒轴直驱卷筒,将两个涡簧的驱动力矩传递到展开拉绳上,转化为转动环节处的驱动力矩。

3. 展开机构驱动与动力学设计

1）总体受力分析

根据展开机构实际应用工况及受力情况,在整个工作过程中,展开机构主要受负载力矩、卷筒部件驱动力矩、电缆阻力矩、转动环节阻力矩、卷筒部件阻力矩等作用,具体如图6.42所示。

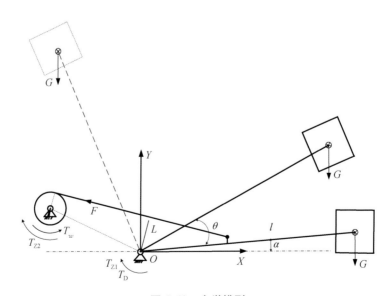

图 6.42　力学模型

（1）负载力矩计算。

重力矩为

$$T_G = \frac{Gl\cos(\theta + \alpha)}{6}$$

式中，T_G 为重力阻力矩，$N \cdot m$；G 为展开负载的重力，N；l 为展开物的质心与旋转中心的距离，m；θ 为展开角度；α 为初始角度。

（2）阻力矩计算——两个轴系阻力矩分开。

展开机构阻力矩主要有电缆阻力矩 T_D、转动环节阻力矩 T_{Z1}、卷筒部件阻力矩 T_{Z2}

$$T_Z = \gamma_T \times (T_D + T_{Z1}) + i \times T_{Z2}$$

式中，T_Z 为总的摩擦阻力矩，$N \cdot m$；γ_T 为温度影响系数（常温常压相对于热真空）；T_{Z1} 为转动环节的阻力矩，$N \cdot m$；T_{Z2} 为卷筒部件的阻力矩，$N \cdot m$；T_D 为电缆的阻力矩，$N \cdot m$；i 为减速比。

2）运动过程分析

根据展开机构设计原理及传力方式，建立展开机构力学模型及参数汇总如图 6.43 和表 6.3 所示。

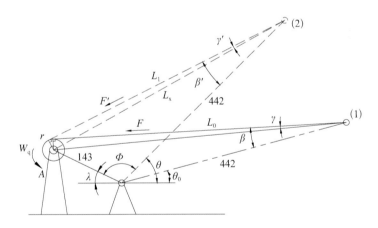

图 6.43　展开力系几何关系图（单位：mm）

表 6.3　展开机构参数状态汇总

序　号	参　数	含　　义
1	θ	拉绳牵引点至转动中心连线与上升器顶板夹角（°）
2	θ_0	展开初始位置拉绳牵引点至转动中心连线与上升器顶板夹角（°）
3	β'	拉绳牵引点至转动中心连线与拉绳夹角（°）
4	β	展开初始位置拉绳牵引点至转动中心连线与拉绳夹角（°）

序　号	参　数	含　义
5	Φ	拉绳牵引点和卷筒中心分别至转动中心连线的夹角(°)
6	A	卷筒旋转角度(°)
7	F'	展开过程中拉绳张力(N)
8	L_1	拉绳在卷筒切点外的长度(mm)
9	L_0	拉绳在卷筒切点外的初始长度(mm)
10	L_x	拉绳牵引点至卷筒中心距离(mm)
11	λ	卷筒中心至转动中心连线与上升器顶板夹角(mm)
12	r	卷筒半径(mm)
13	W_q	单个涡卷弹簧刚度[(N·m)/°]
14	F	展开初始位置拉绳张力(N)

如图 6.43 所示,当从位置(1)展开到任意位置(2)时:角 γ 变为 γ',β 变为 β',绳长 L_0 变为 L_1,绳张力由 F 变为 F',卷筒转过的角度(即涡卷弹簧转过的角度)记为 A。建立驱动力矩 T_q 与 θ 的函数关系过程如下。

涡簧刚度为

$$K = \frac{T_q}{\theta} \tag{6.28}$$

卷筒旋转角度为

$$A = \frac{(L_0 - L_1) \times 360°}{2\pi r} \tag{6.29}$$

解析三角形中 L_1、L_x、γ' 的关系,即

$$\begin{cases} L_1 = L_x \cdot \cos\gamma' \\ 21 = L_x \cdot \sin\gamma' \end{cases} \tag{6.30}$$

因此:

$$\gamma' = \arcsin\frac{21}{L_x} \tag{6.31}$$

得

$$L_1 = L_x \cos\left(\arcsin\frac{21}{L_x}\right) \tag{6.32}$$

涡簧扭矩与旋转角度 A 的关系为

$$W_q = K(680 - A) \tag{6.33}$$

卷筒驱动力矩为

$$T_q = 2W_q = 2K(680 - A) \tag{6.34}$$

展开时拉绳所受拉力为

$$F = \frac{T_q}{r} \tag{6.35}$$

式中, r 为卷筒半径,mm。

解析 $\sin\beta'$:

$$\begin{aligned}\sin\beta' &= \sin(\beta' - \gamma' + \gamma') = \sin(\beta' - \gamma')\cos\gamma' + \cos(\beta' - \gamma')\sin\gamma'\\ &= f_1(\theta), \quad \theta \in [15.2°, 125.7°]\end{aligned} \tag{6.36}$$

通过拉绳增力后的驱动力矩为

$$T_{Qs} = F\sin\beta' \times 442 \tag{6.37}$$

综上,得出展开机构驱动力矩 T_Q 与角度 θ 的函数关系,即

$$T_{Qs} = f(\theta), \quad \theta \in [15.2°, 125.7°] \tag{6.38}$$

计算得到展开机构整个运动过程中驱动力矩曲线如图 6.44 所示。

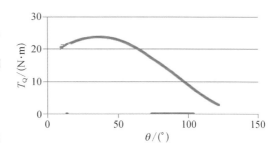

图 6.44 驱动力矩曲线

3) 展开过程仿真分析

根据展开机构工作原理及运动过程,建立动力学模型如图 6.45 所示。

图 6.45 动力学模型

　　将展开拉绳离散成为若干个刚性小圆柱段,引入由扭转弹簧、线弹簧和阻尼器组成的柔性连接将圆柱段连接起来的方法完成建模,如图6.46所示。基于机械系统动力学自动分析(automatic dynamic analysis of mechanical systems, ADAMS)建立的虚拟样机模型中,圆柱段间采用轴套力单元连接绳段模拟展开拉绳内力。轴套力柔性连接单元本质上为一个6自由度弹簧,由3个力分量和3个力矩分量共同模拟圆柱段间的柔性力,即

$$
\begin{bmatrix} F_x \\ F_y \\ F_z \\ T_x \\ T_y \\ T_z \end{bmatrix} = \begin{bmatrix} K_{11} & 0 & 0 & 0 & 0 & 0 \\ & K_{22} & 0 & 0 & 0 & 0 \\ & & K_{33} & 0 & 0 & 0 \\ & & & K_{44} & 0 & 0 \\ \text{对称} & & & & K_{55} & 0 \\ & & & & & K_{66} \end{bmatrix} \begin{bmatrix} r_x \\ r_y \\ r_z \\ \theta_x \\ \theta_y \\ \theta_z \end{bmatrix} - \begin{bmatrix} C_{11} & 0 & 0 & 0 & 0 & 0 \\ & C_{22} & 0 & 0 & 0 & 0 \\ & & C_{33} & 0 & 0 & 0 \\ & & & C_{44} & 0 & 0 \\ \text{对称} & & & & C_{55} & 0 \\ & & & & & C_{66} \end{bmatrix} \begin{bmatrix} v_x \\ v_y \\ v_z \\ \omega_x \\ \omega_y \\ \omega_z \end{bmatrix} + \begin{bmatrix} F_{x_0} \\ F_{y_0} \\ F_{z_0} \\ T_{x_0} \\ T_{y_0} \\ T_{z_0} \end{bmatrix}
$$

$$(6.39)$$

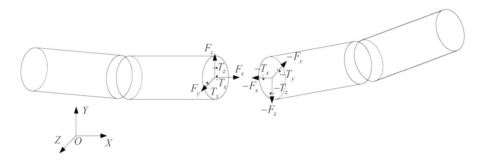

图6.46　圆柱段间轴套力

　　通过轴套力连接的相邻两圆柱刚段, r_i 为相对位移, θ_i 为相对角位移, v_i、ω_i 分别为相对线速度与角速度, F_{i_0}、T_{i_0} 分别为初始力载荷与力矩载荷。轴套力各个刚性系数定义如下:

$$
\begin{cases} K_{11} = \dfrac{EA}{L} \\ K_{22} = K_{33} = \dfrac{GA}{L} \end{cases}
$$

$$(6.40)$$

$$
\begin{cases} K_{44} = \dfrac{G\pi d^4}{32L} \\ K_{55} = K_{66} = \dfrac{EI}{L} = \dfrac{E\pi d^4}{64L} \end{cases}
$$

$$(6.41)$$

式中，K_{11} 为拉伸刚度系数；K_{22}、K_{33} 为剪切刚度系数；K_{44} 为扭转刚度系数；K_{55}、K_{66} 为弯曲刚度系数；E、G 为展开拉绳的弹性模量及剪切模量；A、D、L 为展开拉绳截面积、直径以及每段圆柱小段的长度；I 为每段展开拉绳的惯性矩。由于展开拉绳能够承受较大拉力，拉伸阻尼对其运动性能的影响较小，一般采用默认值，同时弯曲、扭转刚度数量级远小于拉伸、剪切刚度值。

对展开臂一侧附着电缆以及驱动拉绳，先通过特征点插值得到布线路径，沿该路径分布绳段得到电缆与拉绳的动力学模型。在展开运动过程中，拉绳逐渐缠绕在卷筒上，为防止切入现象的发生，需在每段拉绳与卷筒圆柱体间建立接触碰撞力，但接触刚度不宜过大，否则拉绳会由于碰撞力过高而产生剧烈振动，接触刚度参数可计算为

$$K = \frac{4}{3} R^{1/2} E^*　\hspace{2em}(6.42)$$

式中，R、E^* 分别为

$$\begin{cases} \dfrac{1}{R} = \dfrac{1}{R_1} + \dfrac{1}{R_2} \\[2mm] \dfrac{1}{E^*} = \dfrac{1 - \nu_1^2}{E_1} + \dfrac{1 - \nu_2^2}{E_2} \end{cases}\hspace{2em}(6.43)$$

其中，E_1、E_2 分别为两碰撞体的弹性模量；ν_1、ν_2 为材料泊松比；R_1、R_2 分别为瞬时接触碰撞面的曲率半径（特征尺寸）。绳缆模型参数主要包括几何模型、柔性连接（轴套力）以及接触碰撞参数。其中，附着电缆通过固定点紧固于展开臂侧面，对展开臂的主要影响为变形恢复所引起的阻力矩，因此忽略与展开臂之间的接触作用。

在上述分析基础上，得到展开过程角速度变化，如图 6.47 所示。

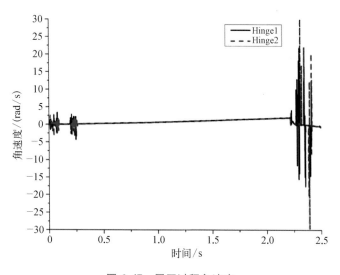

图 6.47　展开过程角速度

由于嫦娥五号探测器着陆冲击、羽流扰动及月球表面静电等作用产生的扰动,会在钻取采样机构安装区域产生月尘,机构设计需要考虑月尘影响。细小漂移的月尘颗粒如果进入机构运动环节则会影响运动副灵活性,甚至造成运动副卡死,因此钻取采样器运动副需考虑防月尘设计。根据国内外的相关资料,月尘的尺度在微米级,可采取的防护方法为密闭和接触密闭方式。

4)创新点

发明一种依靠速比的行星减速器增力原理增加传力绳力矩,由此演化改用具有力臂初值驱动,实现月面增力面可靠展开。

6.2.4 取芯钻具设计

嫦娥五号无人自主钻取采样的任务是获取保持层理/层序无扰动月壤样品,这样剖面样品科学信息丰富。为获取保持层序剖面米级长度样品,同时又能收纳到约束形状,为此提出了内翻无滑差软袋取芯方案,其钻进取芯方案为无人自主钻取采样器系统最优方案,取芯软袋提拉运动解决了"干粉"填充拱效应瓶颈问题,也解决了样品原态层理信息保持与无人自主回收的难题。

取芯钻具是钻进、取芯执行机构,作为钻取采样任务中直接与月壤接触的部件,其性能的优劣将直接影响整个探测任务的成败[8,9]。相比于地质勘探土壤取芯钻具,月球的环境显著苛刻于地球,特别是月壤受到长期的陨石撞击以及复杂的太空环境作用,月壤的主要物理力学性质与地球土壤具有本质的区别,给取芯钻具的设计带来了诸多难点,主要表现在以下几个方面:

(1)钻进难。月壤干燥无水、密实度高(深度 0.5 m 以下相对密实度超过 90%)、内摩擦角与内聚力大、颗粒形态棱角明显,形成过程颗粒形态复杂,月壤颗粒之间互锁、咬合作用增强,相互滑行困难,在 Apollo 15、Apollo 16、Apollo 17 三次任务中,月壤剖面存在大量颗粒岩石,在苏联三次无人自主采样任务中,其中两次遇到岩石,遇到岩石概率较大;月壤剖面相对密实度高(>100%)的颗粒级配复杂,尤其相对于厘米级取芯口径尺寸,月壤剖面颗粒级配及颗粒粒径给钻进取芯带来不确定性,其中与钻头作用尺度相当的岩石颗粒聚集并受到极密实月壤包裹,难以切削破碎钻进,同时月壤又难以进入取芯通道,风暴洋着陆点月壤成熟度低的地域富集坚硬玄武岩颗粒,月壤具有粗糙化倾向,对钻进取芯充满挑战。

(2)排粉与取芯难。风暴洋月海区着陆区月壤在宏观形态、颗粒级配、物理力学特殊性方面均具有不确知性。另外,月球岩石种类不同,玄武岩较为坚硬,角砾岩也是大量存在,粗糙颗粒与密实均质细粉也会给排粉带来异常困难,还有月球环境,如太阳风、高静电环境、低重力都会使月壤排粉机制变得复杂,密集小颗粒会成拱导致进样难,细小颗粒导致取芯机构防护难,细小颗粒在软袋内翻提拉密闭难等,这就要求取芯钻具有很强的工况适应性,能够应对多种可能工况钻进突破及可靠样品能力,同时保证深层样品的层序信息。

（3）热切削风险。月壤具有高真空、低导热率的特点[10]，容易导致钻取过程中钻具和取芯机构温度升高过快，尤其是月岩工况，由于钻具热容小，给钻取采样机构带来热切削风险。

6.2.5　月壤取芯钻具设计理念

1. 月壤钻取特性

月壤状态以分系统模拟月壤为基线与依据，以实际月壤为包络作为取芯钻具研制作用边界。高密实度下的具有大颗粒级配（分系统定义的月壤包络工况内）的月壤剖面，为大概率事件和最具风险的包络工况，并对钻取影响显著，是研究的重点和验证能力的依据。

实际月壤高密实性得到共识，以钻取高密实度为大概率事件；实际月壤钻进中遇到月岩机会较大，Luna 20、Luna 24 在高地遇到月岩（角砾岩、斜长岩），Apollo 剖面普遍月岩比例较大，只有 Apollo 11 的剖面柔和。嫦娥 2 号玉兔月球车在陨石坑拍摄到的岩石照片如图 6.48 所示。

图 6.48　嫦娥三号玉兔月球车拍摄的陨石坑照片

钻进实际月壤特点具体包括以下几个方面：

（1）实际月壤中月岩硬度较脆，Luna 24 通过冲击回转突破斜长岩，带回样品中的粉末，Apollo 利用冲击回转有效采集近 3 m 剖面。

（2）Apollo 工程带回石头照片，表面充满裂纹，硬度最多到 5 级，美国与苏联均采用冲击回转钻进，Luna 冲击用于岩石破碎并减少发热量，从 Luna 24 前期取芯效果分析没有正确使用钻进规程。

（3）月壤组构摩擦角非常大，为 30°～55°，目前地面模拟月壤达 36°，这是目前模拟月壤手段不能实现的，月壤的细观组构可能非常坚固，含有 10%～30% 玻璃质使月壤具有极强磨砺性和嵌合性，宇航员服受到不同磨损，取芯软袋应具有耐磨能力。

（4）月壤具有黏性，通过月壤自然堆积角和脚印可以看到这一点，月球 1/6 重力使我们认识到月球样品黏性效应不同于干粉土壤,摩擦会改变排粉效果,钻具粉碎后会破坏原始组构,从 Apollo 工程可以分析与 PTFE 可以在动力效应作用下实现滑移。

(5) 月壤导热率仅为土壤的 3%~5%,但碎粉月壤导热率应有所上升,干粉钻进关注温升,尤其月岩钻进通过能量无法识别热流,温场没有平衡点,通过策略与能量判据控制温升,实际情况是 Apollo 钻杆内部衬附 PTFE,Luna 24 钻头回转副使用 PTFE 密封,应该在高温度远低于 200℃(热容、热交换发挥了作用)。

(6) 模拟月壤按苛刻级配 2 m 的标称模拟月壤钻进过程中,会碰到 20 颗左右 5~10 mm 的颗粒,会碰见 4 颗 20 mm 以上大颗粒,钻取试验中也发生 8~15 次显著的颗粒力载效应;而碰到大颗粒的概率为标称的 2~4 倍,基于这种情况,要求取芯钻具能够有效排走和运移钻进通道中(尤其是进样通道正下方)的大颗粒。

2. 取芯钻具设计理念

1) 钻与取的综合能力设计

钻具钻进能力和取芯能力通过钻具的不同部位分别保证,钻进能力主要通过钻头设计保证,取芯能力通过合理的钻头构型与钻杆结构参数保证。弱化厚壁取芯钻的钻进与取芯功能耦合强度,即最大限度地减少功能相互约束性,保证钻与取的综合能力。

月面钻进对象复杂不确定,取芯钻具需具有很强的适用性,能够满足针对不同钻进对象的钻进要求,包括不同颗粒大小组成的月壤工况与一定硬度等级的岩石工况等。

月球地层结构复杂,岩块大小不一并且分布不均,月壤颗粒之间互锁,相互滑行困难,月壤密度随深度增加变化较大,并且导热性较差。工作环境的不确定性会使特种钻具在钻进过程中产生高磨损、打滑、卡钻、钻进温度过高等不利工况,这要求特种钻具具备适应复杂工况的能力,即整个钻进过程不受月球环境因素影响,并能顺利完成取样任务。

2) 钻头与钻杆的匹配性设计

钻头外径和钻杆外径的合理匹配,钻杆螺旋角与头数优化筛选,通道合理布置,保证钻具具有适应颗粒的能力、钻进载荷可识别能力。

3) 钻进能力全面性

试验验证表明能够有效突破苛刻剖面,针对钻进能力的保证,对定点颗粒月壤、模拟月岩工况的开展试验验证,评估钻进能力[11]。

切削具适合回转切削钻进,冲击立刃适合冲击切削复合钻进,排挤排粉槽利于挤排。针对岩块位于钻孔底部工况,通过钻头尖牙拨动到钻头侧面,再通过凹槽夹持旋转与碰撞、孔底松弛、钻头斜面挤排突破,钻头侧方的颗粒要通过拨动和挤排的联合作用,实现置换。

4) 适配的排粉能力

钻进参数基线由钻取安全性和系统约束共同确定,排粉能力要在钻进参数基线下满足顺畅,并具有足够的能力裕度。双头、合理升角的螺旋钻杆的构型设计具有 3 倍的排粉能力裕度,满足不同月壤剖面的钻进比参数调节需要。

5) 可靠的取芯性能

取芯机构的容纳以及系统的接口尺寸决定了取芯钻具取芯开口较小,合理匹配阶梯构型直径比、阻隔环径宽比、阶梯高度比,减少钻具给孔底月壤带来的扰动,辅助以钻杆上局部排粉阻尼段,以确保样品进样的动力。

6) 可靠密闭的封口

封口器目前确定为多道异构封口的组合形式,需要进行可靠性验证。封口具有动作可控性、密闭可靠性、环境适应性、运动包络顺畅性、与取芯机构结构上的匹配性。异构+多道是大方案,优选原则是简单可靠。

7) 健壮的力、热安全性

取芯钻具为细长薄壁构件,蕴含丰富的动力学行为,需保证其力学条件下的安全裕度,同时保证传力路径、传热路径与取芯性能的协调性设计,实现机构运动灵活,以及取芯软袋最大限度的隔热路径设计。

8) 轻质高强特性

取芯钻具在发射、着陆冲击以及月面作业过程中,钻具所受载荷复杂,取芯钻具具有热、力学、载荷复杂环境下的匹配性,在满足功能性能的条件下应选用轻质高强材料,满足轻量化的要求。

3. 取芯钻具设计主要准则

1) 钻进硬质大颗粒密实工况

模拟月壤采用玄武岩颗粒,目前采用新鲜玄武岩颗粒,具有 8 级硬度(地矿部)。钻具的进芯通道尺寸为 14 mm,临界尺度岩石颗粒(10~20 mm)受到极密实月壤包裹,对钻取影响显著。岩块最为苛刻位置是在钻孔底部,岩块通过钻头尖牙拨动到钻头侧面,再通过凹槽夹持旋转与碰撞、孔底松弛、斜面挤排突破,钻头侧方的颗粒要通过拨动和挤排的联合作用,实现置换。钻头需具有拨动与挤排功能,同时尖牙具有旋挖功能[12]。

2) 钻进软质大颗粒密实工况(包括月岩钻进工况)

实际月壤颗粒硬度在 3~5 级可能性最大,并且比较脆,采用冲击+回转切削是有效手段,在 Apollo、Luna 16、Luna 20、Luna 24 均采用立刃尖牙,刃尖沿着轴向、刃口轴向,出刃不同,异曲同工,值得解释的是 Luna 24 与我们技术原理类同,有限冲击能量首先作用前端在立刃尖牙上,在月岩上形成断裂带辅助切削、减少发热,避免对取芯通道的堵塞,钻头既有立式尖牙发挥冲击效应,又有回转切削刃,切削刃具有前后角。Apollo 15、Apollo 16、Apollo 17 与 Luna 24 钻机均采用了"回转+冲击"的工作模式,完成有效的钻取任务。

3) 钻头构型需求

实际月壤组构较为紧密,要实现钻进定心、阻隔护心、与取芯钻具匹配等因素[12],采用阶梯构型更为合理,阶梯构型实质是锥形构型改进,具有锥形定心挤密效应、护心,但阶梯刃口具有应力集中效果,有限冲击能量首先作用前端在立刃尖牙上,也是无滑差取芯机构构型的适配型式。

4)排粉能力适应性

螺旋钻排粉能力取决于转速、翼高、螺旋角和月壤流动状态,钻进参数基线基本确定回转 120 r/min、进给 120 mm/min,基线制定考虑系统流程与设备能力与安全性,也通过密实(100%)标称工况下钻取试验验证得出。考虑安全性留有两倍以上进尺的排粉能力,用于钻取过程中调节。

5)取芯能力保证

为了有效旋挖与拨动硬质颗粒,底部月壤受到扰动,也由于反向压拱效应与阻隔环边界效应,取芯通道月壤不能垮塌,需要在钻具(钻头、钻杆)增加阻尼压降,维持样品填充动力条件。

4. 取芯钻具工作原理与组成

取芯钻具是通过采用适当的取芯方式,将着陆点钻取目标区域内深度约 2 m 的月壤样品钻取至空心钻杆内部,该月壤样品需要能够反映月壤的剖面原貌,然后位于钻具取芯机构末端的封口装置进行封口动作,完成月壤样品的包裹、封装,并保证后续月壤样品的转移与封装过程不会出现散落现象。

为了取芯样品具有较高的取芯率和层理信息保持性,取芯钻具采用了无滑差主动软袋取芯的方式[13],如图 6.49 所示,取芯钻具主要包括钻具和取芯机构,钻具对月壤进行切割、破碎,取芯机构[14]的取芯软袋对样品进行原位包裹,封口器对样品进行封口密闭,取芯钻具功能实现原理如图 6.50 所示。

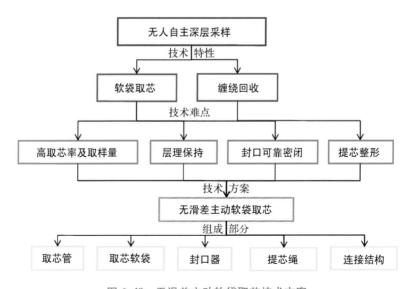

图 6.49　无滑差主动软袋取芯技术方案

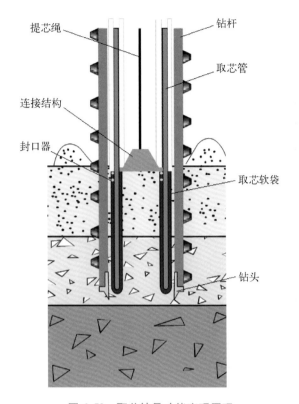

图 6.50　取芯钻具功能实现原理

取芯钻具的工作原理从整体技术原理、钻进排粉工作机理、钻头取芯工作机理三方面进行介绍[15]。

1）取芯钻具整体技术原理

取芯钻具整体工作原理如图 6.51 所示，分为如下三个阶段：

（1）初始位置阶段。钻具及取芯机构均处于初始位置，并执行位置保持与固定。

（2）钻取工作阶段。环切的样芯原位进入钻头取芯通道，此时取芯机构与钻具同步向下进尺，取芯软袋通过提芯绳的牵拉保持在初始位置不动，相对取芯管有不断内翻的滑动运动，内翻进取芯管后的取芯软袋相对被钻具切割下的月壤样品静止，即实现了对样品的原位包裹过程，并保持了一定的层序。

（3）封口提拉阶段。到达给定钻进长度后，钻具停止回转钻进，整形机构驱动提芯绳向上提升取芯软袋，封口器内翻进入取芯管内，包裹住取芯软袋的同时实现样品的密闭。提拉过程即月壤袋进样口密闭必须可靠，否则样品会在提拉过程中丢失。

2）钻进排粉工作机理

钻具在钻进机构提供的回转、进给、冲击三大运动驱动下，可分为回转钻进和回转冲击钻进两种工作模式。① 回转钻进：硬质合金切削具通过轴心压力压入月壤及岩石一定深度，与此同时，在回转力作用下，向前推挤塑性月壤，孔底工作面呈螺旋型式而不断加

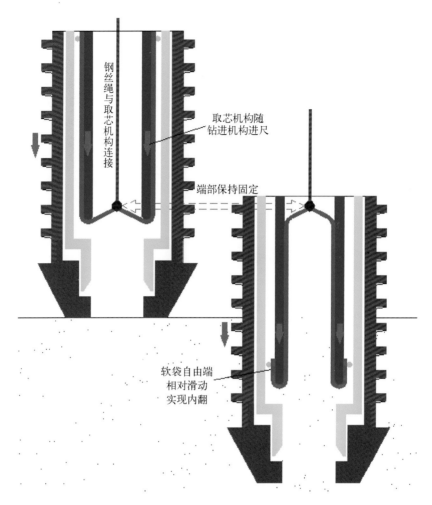

图 6.51　取芯钻具整体工作原理

深;② 回转冲击钻进：借助冲击运动对月岩和月壤进行破碎。

　　月壤碎屑作为粉体材料是一种拟流体物质,其在钻具螺旋槽内的流动兼具固体性质与流体性质。钻头前端的切削具完成回转切削钻进(或回转冲击钻进)后,产生的切屑与排粉通过钻头排粉槽和钻杆的螺旋槽结构,同时利用回转运动产生相互摩擦,随钻具螺旋翼回转的向心力作为其产生滑移差动并向上排出,如图 6.52 所示。

　　排粉流动时动力边界为钻杆螺旋翼的上表面,该面的摩擦力对排屑起到阻碍作用,但该面的支撑力是钻杆排屑的动力来源,为做功表面;钻杆螺旋槽底面对排屑流动也起阻碍作用;阻力边界为钻孔壁表面一般由原位月壤构成,该界面上的剪切力为钻杆提供钻进阻力扭矩,同时该表面的摩擦也是排屑的推动力,辅助做功。

　　3) 钻头取芯工作机理

　　在取芯钻具钻取月壤的过程中,周围存在几个不同的流动影响区域,不同区域的月壤呈现的状态以及流向并不相同。如图 6.53 所示,取芯钻具周围的月壤可以分成四个区

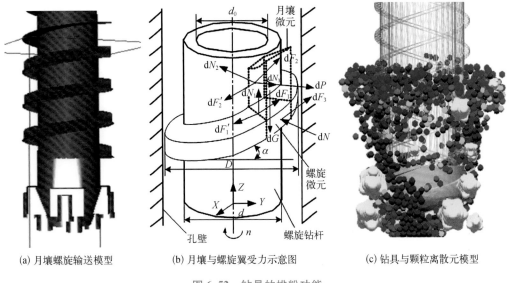

(a) 月壤螺旋输送模型　　　　(b) 月壤与螺旋翼受力示意图　　　　(c) 钻具与颗粒离散元模型

图 6.52　钻具的排粉功能

域,其中区域 I 是被钻杆排走的月壤,区域 II 是被钻头拨动而发生流动的月壤,区域 III 是钻头环切的样芯原位进入钻头取芯通道的月壤,区域 IV 是不流动的月壤。

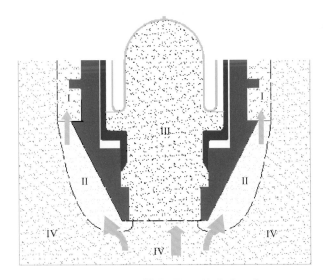

图 6.53　取芯钻具周围月壤流动区域

正常钻取工作状态下,随着取芯钻具不断向下运动,月壤的演化结果如下:区域 IV 中的月壤,钻头内孔正下方的月壤不断进入区域 III 中;区域 II 正下方的月壤不断进入区域 II 中;区域 II 中月壤不断进入区域 I 中;区域 I 中的月壤不断被排到月壤表面,钻具完成取芯与排屑。

图 6.54 为采用基于拉格朗日方法的有限元仿真月壤钻取过程,其为垂直于 Z 轴平面的 von Mises 应力分布情况,图 6.54(a)、(b)分别为内、外切削刃平面应力分布图。整体上看,应力分布基本以切削刃为分界线,由于切削和切向挤压的作用,沿着转动方向的应力明显大

于逆方向的应力。在切削细节上,切削刃与月壤接触的区域有应力集中现象,这将有利于破坏月壤使其快速进入塑性流动状态。对比两者应力大小,不难发现,内刃区域的应力要大于外刃区域的应力值,说明内刃对月壤的切削效果更明显,而外刃更注重排土,这一点与设计初衷是一致的。

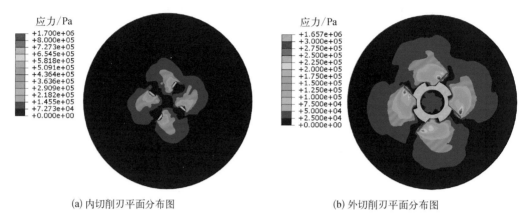

(a) 内切削刃平面分布图　　　　　　(b) 外切削刃平面分布图

图 6.54　切削刃平面应力分布图

在钻头结构中排粉通道位于切削刃转动方向上,因此由于切削作用而形成的高应力区域正好位于排粉通道的下方,与排粉通道上方的低压区域形成明显的应力梯度分布从而使得排粉通道内的月壤向上运动,完成排粉过程。而切削刃下方相对于排粉通道区域是一个低压的区域,该区域主要是因为钻头进尺速度对月壤的挤压形成的。这样的应力分布规律有利于提高排粉效率、降低钻压力。

5. 取芯钻具整体技术状态

取芯钻具继承方案阶段验证过的双管单动软袋原位包裹取芯方式,钻具采用双排立刃阶梯构型钻头、双头外螺旋翼空心钻杆的设计方案,取芯机构是在钻进取芯过程中实现对样品进行原位取芯、密闭和层序保持功能的机构,取芯钻具钻进取芯机理如图 6.55 所示。

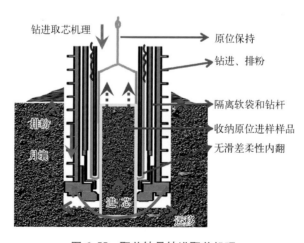

图 6.55　取芯钻具钻进取芯机理

6.2.6　钻具设计

1. 螺旋翼结构参数匹配设计

1）排屑机理与排屑模型分析

临界转速随螺旋升角的变化情况如图 6.56 所示(适用于顺畅流),从图中可以看出当螺旋升角位于[5°, 15°]区间时,临界转速变化平缓,且数值较小。在设计钻具时,螺旋升角应在此范围内选取。但螺旋升角增大则螺旋翼导程 S 增大,钻杆的排屑槽填充率下降,减小可以提高钻杆的刚度和强度,但过小易造成排屑不畅。研究表明,螺旋升角过大或过小时,需要较高的钻杆转速才能获得理想的轴向输土速度。螺旋升角由临界转速确定选择范围,由试验研究确定基值与头数。

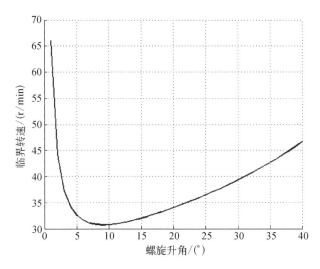

图 6.56　临界转速随螺旋升角的变化曲线

在钻具排屑过程中,月壤物质运移的主要对象是预钻区原位月壤,如图 6.57 所示 D 区。该区原位月壤一方面经过切削刃的扰动作用成为切屑,通过图中 C 区向月表输送,另一部分作为目标取样区,进入取样管成为取样样品,如图所示 B 区。在 C 区切屑输送过程中,A 区作为外包络,为排屑提供摩擦面,同时与 C 区的扰动月壤发生交换,或者受 C 区排屑阻塞影响发生压缩。

由于月壤物质不会消失也不会增加,通过物质守恒方程,月壤流动过程可以描述为

$$\Phi_{ex} = \frac{1}{k_d}\Phi_a + \Phi_\Delta - \frac{1}{k_d}\Phi_s \tag{6.44}$$

$$\Phi_{re} = \Phi_a - \Phi_s \tag{6.45}$$

$$\Phi_{ex} = \frac{1}{k_d}\Phi_{re} + \Phi_\Delta \tag{6.46}$$

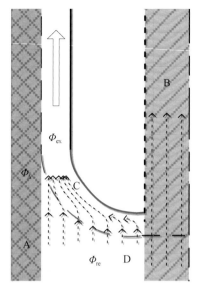

图 6.57　钻具排屑月壤流动示意图

式中，Φ_{ex} 为实际排屑需求通量；Φ_a 为预钻区原位月壤；Φ_s 为取样通量；Φ_{re} 为排屑需求；k_d 为原位土与扰动土密实度比值；Φ_Δ 为排屑过程碎屑与包围环境交换量。

月壤取样的排屑需求如式（6.47）所示：

$$\Phi_{re} = \pi(R^2 - K_{sample}r^2)v_z \qquad (6.47)$$

式中，R 为钻杆大径；r 为取样直径；K_{sample} 为取样率；v_z 为钻具进给速率。

设 Φ_t 为钻具在一定构型及钻进规程下的额定排屑能力，则当 $\Phi_t \geqslant \Phi_{re}$ 时，钻具排屑处于正常状态，当 $\Phi_t < \Phi_{re}$ 时钻具排屑发生阻塞。Φ_t 可以表达为

$$\Phi_t = 2\pi K_i K_s K_r d\omega R^2 \Gamma \qquad (6.48)$$

$$\Gamma = \frac{\tan\theta\tan\alpha_t}{\tan\alpha_t + \tan\theta} \qquad (6.49)$$

式中，d 为钻具螺旋翼高度；K_i 为进给修正系数；K_s 为安全修正系数；K_r 为螺旋翼及流通截面流速分布修正系数；Γ 为排屑能力因子；ω 为钻具回转速率；θ 为钻具螺旋升角；α_t 为排屑角。

排屑能力因子 Γ 表达式通过排屑与钻具构型之间的运动学关系求得，该运动学求解过程假定碎屑不会在排屑槽内发生垂直方向上的位置交换，关于这点假设在试验中以及仿真中都得到了验证。

通过建立无辅助介质钻具的排屑流动平衡方程和钻具螺旋槽的排屑方程，揭示了钻具排屑的受力机理，以及其排屑能力与钻具构型之间的关系，为钻杆以及钻头的构型设计提供理论依据。

2）结构参数匹配设计

依据排粉模型分析结果，钻头采用渐阔的锥形排粉槽通道，钻杆和钻头补体外壁采用螺旋排粉槽结构，如图 6.58 所示。

(a) 钻杆与钻头补体相同　　　　　　　　(b) 钻杆与钻头补体不同

图 6.58　不同型式钻头、钻杆研制对比

通过多影响因素排粉理论模型的分析,结合试验对比验证,优选钻杆关键设计参数,满足高进尺速度条件下的排粉能力,有效提高了排粉效率,减小钻进力载,设计的关键参数与设计方法[9]汇总如表 6.4 所示。

表 6.4　取芯钻具关键设计参数

序　号	项　　目		设　计　说　明
1	钻头	排粉槽	有利于钻头对钻屑和颗粒月壤的挤排
2	钻头补体	外径	形成排粉局部阻尼模型,一方面维护钻头孔底应力场,有利于进芯取样;另一方面在轴向形成渐阔的排粉通道,保证排粉效率
3		排粉槽	
4		其他参数	
5	钻杆	钻杆外径 D	通过内径、壁厚、螺旋翼高度确定
6		钻杆壁厚	以满足强度刚度要求为前提,适量减重
7		螺旋翼螺距 P_1	螺旋翼导程在 $0.8d_2$ 左右的位置排粉率最高(d_2 表示螺旋底径)
8		螺旋升角	为了得到较高的排粉效率,合理范围为 $9° \sim 19°$;优化螺旋升角后排粉效率高,回转力矩和功率减小
9		螺旋翼头数	① 能够得到较高的排粉效率; ② 双通道排粉具有更高的可靠性
10		螺旋翼高度 h	得到较高的排粉效率,加强钻杆强度刚度

2. 钻头构型

通过以上技术措施,设计并优化取芯钻具,使其具有高效钻进排粉、低力载、可靠取芯的特点,并能够适应不同密实度、不同颗粒级配的星壤,以及不同硬度岩石等多种钻进工况,同时还有轻质高强、耐磨、耐高温等特点,具有健壮的可靠性与安全性[15]。钻头构型及作用特性如表 6.5 所示。

表 6.5　钻头构型及作用特性

序号	项　目	结 构 特 点	特 点 分 析
1	总体结构特点	① 双排阶梯构型; ② 立刃切削具; ③ 一定的出刃量,形成多个切削面	① 切削:切削具适合回转切削钻进; ② 冲击:立刃适合冲击切削复合钻进; ③ 双排出刃:形成多个切削面,试验验证能够拨动与突破临界颗粒与颗粒集群,具有较好的解决危险工况和大颗粒的能力

续 表

序号	项 目	结 构 特 点	特 点 分 析
2	钻头设计指标	外径 38 mm	大于钻具杆身外径,使钻具能够突破高密实与挤密月壤工况,通过切削排屑以及挤压,为钻具提供了较为宽松的钻进与排粉通道,从而减小扭矩和回转功率

6.2.7 样品取芯软袋设计

若取芯软袋在深层月壤采样过程中与硬质取芯管间有相对滑动,则两者之间的摩擦力将影响月壤样品的采集与提取,因此要求取芯软袋表面光滑,与硬质取芯管间的摩擦尽量小。采样过程是在硬质取芯管内进行,为保护样品,取芯软袋的翻转抽拉力应≤20 N,拉伸断裂载荷应≥800 N;为了获取更多的月壤样品,也要求取芯软袋尽量壁薄、柔软。同时考虑对细微月壤的有效包裹、空间的辐照、钻进生热等因素,要求取芯软袋具有致密、抗辐照、耐高温的特点。

综合以上分析,选用 Kevlar 高强度纤维基材作为软袋材料,Kevlar 纤维具有高比强度、高比模量、耐高温、抗阻燃和轻质等特性,其拉伸强度达到 3.2 GPa,拉伸模量为179 GPa。Kevlar 纤维耐热温度极为突出,高达 548℃,在火焰中不燃烧、不收缩,耐热性和难燃性优异。此外,Kevlar 纤维的耐冲击性、耐磨性和尺寸稳定性均很优异,质轻而柔软,是极其理想的纺织原料[10]。一体化取芯软袋结构与制造工艺如图 6.59 所示。

  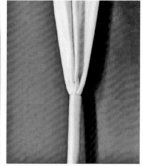

(a) 一体化取芯软袋样品　　　　　(b) 软袋编织　　　　　　(c) 软袋收束

图 6.59　一体化取芯软袋结构与制造工艺

高速无梭织机具有编织速度快、织造工艺成熟、织物尺寸稳定性优异、便于实现各向异性的优点,满足取芯软袋的尺寸稳定性、结构致密性、薄壁柔性易翻折性的要求[16]。通过对织物结构参数(包括纱线、捻度匹配、经纬纱密度、配置与排列、张力、织物长度、直径、物理机械性能、温度适应性等)进行设计、试验与测试表征,结合必要的后整理技术,开发出适合钻取采样取芯软袋开发要求的各向异性管状机织物。取芯软袋织造工艺流程如图6.60 所示。

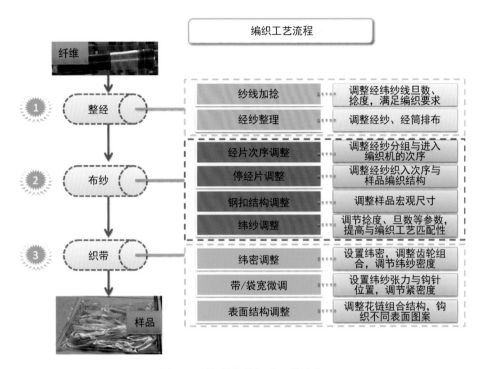

图 6.60　取芯软袋织造工艺流程

取芯软袋织造完成后,对其常温及高温环境下的翻转抽拉力、力学性能、高低温储藏性能进行测试,试验表明,其常温与高温(350℃)下的均具有很高的抗拉强度。

6.2.8　高可靠随动封口设计

1. 塑性回弹封口

塑性回弹封口组件由簧片和包覆层构成,包覆层既用于固定簧片,又起到填充剩余空间隙的作用。采用塑性成型原理,当金属簧片通过内保持芯管末端小曲率内翻时,产生拉弯塑性变形,簧片即由初始布置时的平整状态变形为具有一定曲率的弯曲状态。弯曲状态的簧片迫使取芯软袋及包覆层向月壤样品挤压,最终达到封口效果,工作原理如图6.61 所示。

簧片工作段宽度为 3 mm,长度为 40 mm,厚度设计为 0.05 mm。采用不锈钢材作为原材料,保证足够的耐受环境温度能力和变形能力。塑性回弹封口组件由均匀分布在取芯软袋末端的 8 片卷簧及径向包覆层构成,其中径向包覆层将簧片固定在取芯软袋外侧和包覆层之间,如图 6.62 所示。取芯前,簧片在径向封口层的弹性束缚下,处于展平状态并均匀分布在外套与保持芯管外壁的软袋上,在取芯过程中,簧片随软袋与保持芯管产生相对运动并在过弯处发生卷曲塑性变形。当完全翻转至芯管内后,利用塑性回弹所释放的能量将径向包覆层挤压至褶皱状态,从而占据软袋内部径向空间,实现封口密闭功能。

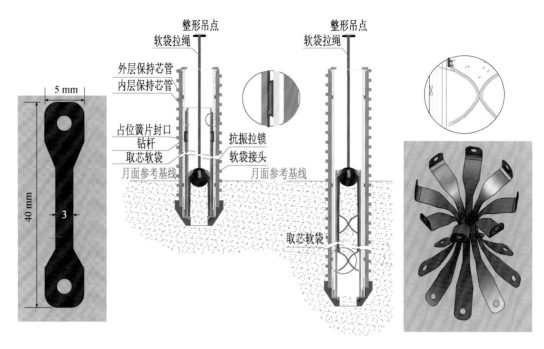

图 6.61　塑性回弹封口原理

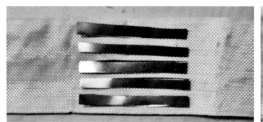

图 6.62　多片卷簧占位式封口

2. 拉绳系扣封口

　　拉绳系扣封口原理如图 6.63 所示,在取芯软袋末端通过拉绳连接一滑套,滑套随软袋运动进行下滑,并与保持芯管外壁配合,通过键和限位滑道配合实现其周向定位。当取芯过程完毕后,滑套运动至保持管底部轴肩位置制动,此时整形机构缠绕提芯绳,并给予软袋向上的提芯力,滑套则给予拉绳一个相反方向的反作用力,在此两力作用下,软袋末端拉绳拉紧,实现封口密闭。由于绳的单向锁扣状态与软袋绳口端楔合的作用,软袋封口自锁。当整形机构进一步加大提芯力时,拉绳在危险材料处断裂实现软袋顺利拔芯取出。

　　封口组件由破断拉索和封口拉索组成,破断拉索[17]的一端连接于芯管,另一端连接于封口拉索(破断拉索接点),封口拉索事先贯穿于软袋经纬纤维间隙中,两段对称布置连接一体(封口拉索接点),当软袋末端进入保持芯管内部后,破断拉索由于受到限位环机械限位作用,牵拉封口拉索,使封口拉索从软袋的内部单向抽出,使软袋直径逐渐缩小,最终实现封口功能。

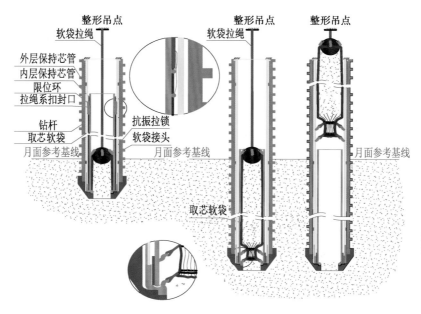

图 6.63　拉绳系扣封口原理图

　　封口拉索由高强度纤维编织而成,采用双套结摩擦自锁封口段连接方案如图 6.64 所示,封口拉索与破断拉索连接方式采用双套结结构形式连接,其防漏样的功能是通过拉索与软袋之间负载的摩擦作用被动自锁而实现,是一种便于实现、可操作性强的封口段连接方案。

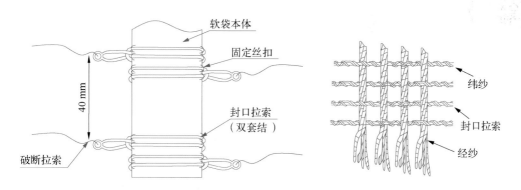

图 6.64　软袋封口纤维编织状态示意图

3. 开放式超弹性封口

　　弹性紧缩式末端封口方式是在软袋末端安装有弹性封口,依靠弹性收缩力来实现对软袋的封口。在未钻进状态下,取芯软袋套在保持芯管外壁上,其末端弹性紧缩环预紧后套在外壁表面。随着采样的进行,取芯软袋被翻入保持芯管内,弹性紧缩环也逐渐接近保持芯管末端。当整个采样结束后,软袋刚好完全由外壁翻至保持芯管内,弹性紧缩环也脱离外壁。由于紧缩环已事先预紧,脱离外壁后开始紧缩切断土层实现封口。

　　8 字扭转式丝制封口器(图 6.65)适用于单层取芯机构和双层外翻式取芯机构的封口密闭,该封口器用线绳缝合于外翻的取芯筒末端,采用多点缝合法,如图 6.66 所示。

197

图 6.65 8 字扭转式丝制封口器

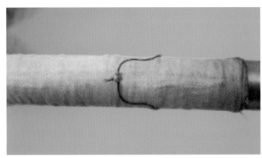

(a) 5 点连接

(b) 封口密闭效果

图 6.66 8 字扭转式封口 5 点连接及封口密闭效果

由于 8 字簧套在管子上的展开过程中,既有弹性伸长又有扭转变形,并且是通过芳纶纱线缝制在软袋上,需要分析 8 字簧对软袋的作用力,从而保证其能够顺利随软袋在管壁上一起运动,并完成封口任务。在 8 字簧的展开、扭转和包覆三个阶段,各个阶段的变形应力云图如图 6.67 所示。

仿真计算输出的扭力-扭转角曲线如图 6.68 所示,作为对比,图中同时也给出了理论计算得出的扭力-扭转角曲线。

由于 8 字簧螺旋展开作用在软袋上,8 字簧进入管内时不是突然地完全进入,而是一个渐进的过程。首先,进入管内的 8 字簧部分,在失去芯管支撑作用之后,自身预紧力得到释放,随即带动软袋开始收口,还未进入管内的部分仍受芯管的支撑作用而保持其预紧力,直到脱离管口时才释放,因此 8 字簧的收口过程也出现了螺旋状的渐进封口状态。8 字簧作用软袋的最终封口密闭状态如图 6.69 所示,图中还给出了 8 字簧作用软袋的实际封口效果,可以看出封口处软袋在 8 字簧作用下扭转闭合,软袋的封口效果较好,仿真与 8 字簧的实际封口效果相比,吻合较好,证明了上述理论计算模型是准确有效的。

收口形态仿真模型与实际物理模型相比具有一致性,均呈现了扭转可靠密闭的效果,证明了理论模型的正确性,为封口软袋一体化优化设计奠定基础,经地面及空间在轨验证,证明收口装置具有健壮性、有效性。提芯力数值模型如图 6.70 所示。

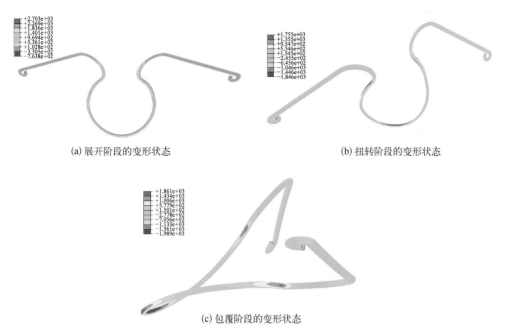

(a) 展开阶段的变形状态　　　　　　　　(b) 扭转阶段的变形状态

(c) 包覆阶段的变形状态

图 6.67　各个阶段的变形应力云图(单位: Pa)

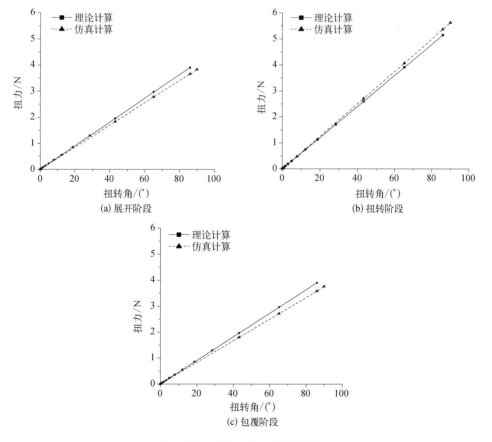

(a) 展开阶段　　　　　　　　　　　　(b) 扭转阶段

(c) 包覆阶段

图 6.68　扭力-扭转角的对比曲线

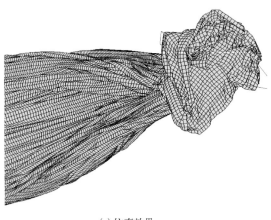 

(a) 仿真效果 　　　　　　　　　　　　　　　(b) 实际效果

图 6.69　双螺旋展开 8 字簧作用软袋的封口效果

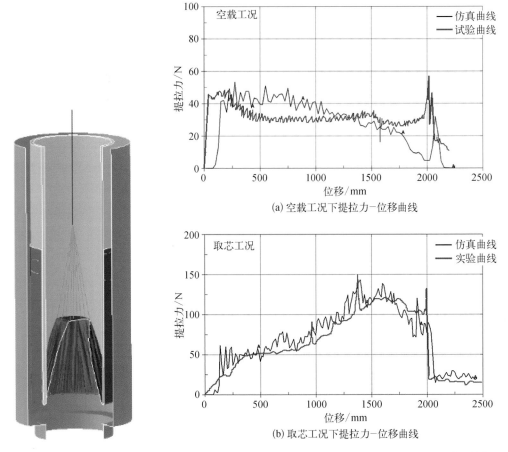

(a) 空载工况下提拉力－位移曲线

(b) 取芯工况下提拉力－位移曲线

图 6.70　提芯力数值模型　　　图 6.71　整机试验结果与仿真结果中的提拉力-位移对比曲线

　　通过实际工程样机测试得出空载和取芯两种工况下的提拉力-位移曲线,如图 6.71 所示,并与仿真结果进行了对比。

200

从图 6.71 中空载工况下的提拉力-位移对比曲线可以看出,仿真曲线出现了"滞后"现象,主要原因是试验中管织物作用在管子上的预紧力在抽拉之前就已经存在,而模型中管织物作用在管子上的预紧力是在抽拉的过程中通过软袋的变形而产生的,并且这种预紧力的形成需要一个传递的过程。软袋运动之后逐渐进入稳定运动阶段,提拉力基本保持在 35 N 左右,拉力峰值为 48 N,都与仿真所得的提拉力比较接近。然而,试验测得的曲线中稳定运动后提拉力没有出现减小的趋势,可能是由于 8 字簧与管壁之间的刚性摩擦引起的,从整机取芯工况下提拉力-位移曲线的对比结果来看,当软袋与月壤接触之后,即取芯开始之后,提拉力都随钻进深度的增加不断上升,直到 8 字簧从芯管上脱落收口,最终完成取芯任务,试验曲线和仿真曲线吻合较好,说明软袋取芯过程的有限元仿真计算结果是比较理想的。

6.2.9　钻杆动力学分析

钻杆是汇聚钻取采样装置进给驱动机构、回转驱动机构两条主传动路径的核心部件。钻杆运动的特点在于宏观运动和微观运动的耦合性。钻杆在复杂载荷的作用下会发生包括轴向变形、弯曲变形和扭转变形的微观运动,三种微观运动的合成会形成非常复杂的变形运动。宏观运动和微观运动的耦合会产生涡动等特殊现象,影响钻杆钻进过程的动力学特性。

钻杆钻进过程的动力学特性分析主要包括钻杆轴线各点处的轴向位移和横向位移(挠度),钻杆各个截面的应力、应变情况,钻杆在宏观运动和微观运动的耦合下的涡动特性分析等。

在钻进采样过程中,钻杆与钻进对象之间发生着机理非常复杂的相互作用,承受着各种复杂的载荷,如轴向力、横向力、扭矩、弯矩,以及由接触碰撞导致的冲击力等,在这些载荷的作用下,钻杆会发生复杂的变形运动并与宏观运动耦合,影响钻杆钻进过程的动力学特性。

为了更全面真实地刻画同时进行轴向移动和自转运动的钻杆在变化的载荷条件和约束条件下的动力学特性,为钻杆的设计提供依据,需要对其进行基于连续介质力学方法的宏观运动和微观运动耦合动力学分析。

1. 瑞利单元的建立

在梁上选取位于区间 $[p_1(t), p_2(t)]$ 的梁段构成瑞利单元(图 6.72),取单元两端的截面与梁轴线的交点构成单元节点。

对于图 6.72 中单元轴线上的任意一点,除 r 和 θ 外,r'、$\theta' = \partial\theta/\partial p$ 和 p 分别表示该点处的空间斜率矢量、截面转角变化率、物质坐标。而 r_1、r_1'、θ_1、θ_1'、p_1、r_2、r_2'、θ_2、θ_2'、p_2 分别表示单元节点处的物理量。$F_c(p, y, z, t)$ 为单元内部任意一点受到的集中外力,$f(p, y, z, t)$ 为单元内部任意点处的分布体积外力密度,它们均不再局限于单元轴线上的点,而 $\bar{f}(p, y, z, t)$ 为单元表面上任意点处的分布表面外力密度。单元上的集中扭矩 T 未画出。

作为瑞利梁的一部分,单元上的任意点 P 的位置矢量也可用 $\gamma_p(p, y, z, t)$ 表示。该位置矢量依然取决于单元轴线上一点的广义位置矢量 $\eta(p, t)$,该广义位置矢量 $\eta(p, t)$ 使用 Hermite 插值,以保证节点处的位置矢量和截面转动角度以及它们对物质坐标的偏导数都连续,即

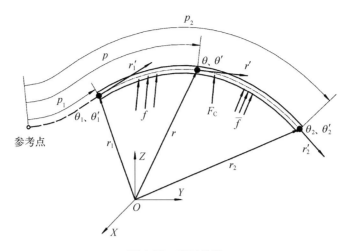

图 6.72　瑞利单元

$$\boldsymbol{\eta}(p,\,t)=S_{e}(p,\,p_{1}(t),\,p_{2}(t))q_{e}(t)=\begin{bmatrix} S_{e1} & S_{e2} \end{bmatrix}\begin{bmatrix} q_{e1} \\ q_{e2} \end{bmatrix}=S_{e1}q_{e1}+S_{e2}q_{e2} \quad (6.50)$$

式中, S_{e} 为单元的中间形函数矩阵; q_{e} 为单元的中间节点坐标阵。广义位置矢量的一阶时间导数为

$$\dot{\eta}=S\dot{q} \quad (6.51)$$

相应的虚位移为

$$\delta\eta=S\delta q \quad (6.52)$$

式中, q 为单元的节点坐标阵; S 为单元形函数矩阵。

广义位置矢量的二阶时间导数为

$$\ddot{\eta}=S\ddot{q}+\ddot{\eta}_{p} \quad (6.53)$$

式中, $\ddot{\eta}_{p}$ 为物质输运引起的广义加速度附加项。关于该单元的更详细的推导过程可参考本章文献。

2. 钻杆动力学建模

本节将在 6.2.9 节的基础上,使用瑞利单元,针对钻取采样装置中的钻杆开展动力学建模。

按运动和动力的传递路径来分,钻取采样装置包括进给驱动机构、回转驱动机构、钻杆、展开机构及整形转送机构,并安装在月球着陆器的侧面。其中,进给驱动机构用于产生钻杆的轴向移动,回转驱动机构用于产生钻杆的回转运动,将惯性坐标系 $O\text{-}XYZ$ 的原点放置在固定支撑处, X 轴竖直向下, Y 轴水平向右, Z 轴水平向前。设钻杆的全长为 L,角速度为 Ω,轴向速度为 V,限幅机构距离固定支撑的高度为 H,固定支撑距离月面的高度为 h。假设钻杆只在下端承受外力,沿 X 轴方向的轴向力为 F_{X},沿 Y 轴方向的横向力

为 F_Y，沿 Z 轴方向的横向力为 F_Z，沿 X 轴方向的扭矩为 T。

为了对钻取采样装置钻进过程中的钻杆进行动力学分析，建立钻杆的物理模型如图 6.73 所示。图中，回转驱动机构对钻杆的横向约束表示为活动铰支，而限幅机构[18]和固定支撑对钻杆的横向约束均表示为固定铰支，且不限制钻杆的轴向运动。

取钻杆上端为物质坐标参考点，将钻杆划分成多个通过节点首尾相连在一起的瑞利单元。设钻杆由 N 个单元组成，相应地有 $N+1$ 个节点，包括各个活动铰支和固定铰支与钻杆的交点。图中，位于钻杆上下端的两个空心圆表示的节点均为钻杆上的固定节点，而钻杆中间部位的实心节点为钻杆上的浮动节点，它们在钻杆上的位置会随着钻杆的轴向运动而不断变化。

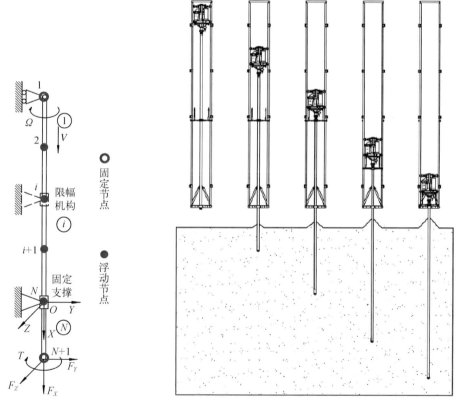

图 6.73　钻杆物理模型及单元划分　　　　图 6.74　限幅机构在钻进过程中的动作时序

3. 钻杆动力学分析

在月球表面进行钻进作业的初始阶段，钻杆由于受到横向载荷作用，会产生弯曲变形，当弯曲挠度过大时，将进一步加剧横向载荷的作用，极端情况下钻杆会由于变形过大而发生破坏。基于以上理由，在回转驱动机构和固定支撑之间增加限幅机构，该机构在不同的阶段以不同的方式运动（图 6.74），对钻杆附加变化的约束：发射阶段固定不动，在钻杆中间增加了横向约束，使钻杆的固有频率大大提高；限幅机构可视为变化着的横向约束,对钻杆的动力学特性也有着较大的影响。

本节将对钻取采样装置钻进初始阶段中的钻杆进行动力学分析,以研究限幅机构对钻杆动力学行为的影响。假设钻杆为材料均匀的环形截面光滑空心圆杆。初始时刻,钻杆下端恰好触及月面,且钻杆转动角度为零。设钻杆截面的内半径为 R_i,外半径为 R_o,密度为 ρ,弹性模量为 E。

工况 1:当钻杆下端的横向力以相同速度与钻杆同步转动时,钻杆的几何、材料、运动参数及所受的载荷参数为 $R_i = 0.012 \text{ m}$、$R_o = 0.014 \text{ m}$、$L = 2.4 \text{ m}$、$\rho = 2738.6 \text{ kg/m}^3$、$E = 6.8335 \times 10^{10} \text{ Pa}$、$\Omega = 20 \text{ rad/s}$、$V = 0.02 \text{ m/s}$、$H = 1 \text{ m}$、$h = 0.4 \text{ m}$、$F_X = -400 \text{ N}$、$F_Y = F_L\cos\Omega t$、$F_Z = F_L\sin\Omega t$,其中 $F_L = 300 \text{ N}$ 为横向力大小,$T = -10 \text{ N·m}$。 无限幅机构时和有限幅机构时钻杆的构型和挠度的对比分别如图 6.75(a)和图 6.75(b)所示。从图中可以看出,增加限幅机构后,钻杆各处的挠度均有所减小,尤其是在回转驱动机构和固定支撑之间的部分,有显著地减小。

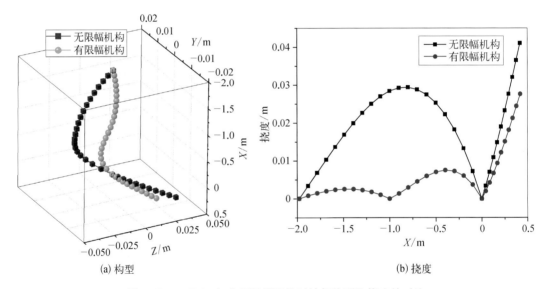

(a) 构型   (b) 挠度

图 6.75 工况 1 时,有无限幅机构时钻杆构型和挠度的对比

工况 2:当横向力方向保持不变时,钻杆的横向力大小与工况 1 中的相同,但始终保持在分别与 Y 轴和 Z 轴成 30° 和 60° 角的方向上,因此有 $F_Y = 259.8 \text{ N}$、$F_Z = 150 \text{ N}$,其他参数与工况 1 中的相同。下面给出钻杆工作后某一瞬时处于稳定状态时的分析结果。

使用瑞利单元得到的有无限幅机构时钻杆构型和挠度的对比如图 6.76 所示。

从图中可以看出,增加限幅机构后,钻杆各处的挠度均有所减小,尤其是在回转驱动机构和固定支撑之间的部分,有显著地减小。

限幅机构不同高度时,横向力以相同速度与钻杆同步转动,限幅机构与固定支撑的距离,即限幅机构距离坐标原点的高度取多个数值。

从图 6.75(b)和图 6.76(b)中可以看出,无论横向载荷与钻杆同步转动还是保持固

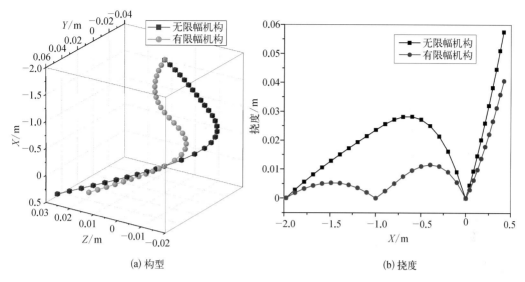

(a) 构型　　　　　　　　　　　　(b) 挠度

图 6.76　有无限幅机构时钻杆构型和挠度的对比

定方向,当限幅机构大致位于回转驱动机构和固定支撑的中点时,钻杆位于两者之间的部分挠度显著减小,而位于固定支撑以下的部分挠度虽然有所减小,但并不显著,这有可能降低钻杆的下钻精度,并带来其他负面影响。

限幅机构距离固定支撑的高度分别取 $H=1\,\mathrm{m}$、$0.8\,\mathrm{m}$、$0.6\,\mathrm{m}$、$0.4\,\mathrm{m}$、$0.2\,\mathrm{m}$,下面给出钻杆工作后某一瞬时处于稳定状态时的分析结果。为了更直观地比较,图 6.77 给出了限幅机构位于不同高度时钻杆的挠度,图中同时给出了无限幅机构时钻杆的挠度作为参照。可以看出,随着限幅机构的降低,钻杆位于回转驱动机构和固定支撑之间的部分挠度下降并不显著,相比之下,钻杆位于固定支撑以下部分的挠度下降比较显著。

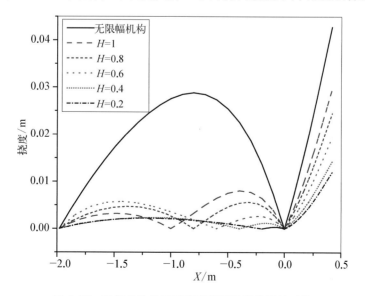

图 6.77　限幅机构位于不同高度时钻杆构型的对比

图 6.78 给出了限幅机构位于不同高度时,钻进过程中钻杆不同位置处的 von Mises 应力的最大值的轴向分布。图中同时给出了无限幅机构时钻杆的挠度作为参照。

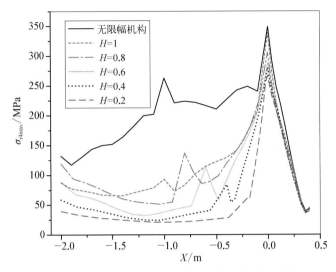

图 6.78　限幅机构位于不同高度时钻杆挠度的对比

随着限幅机构的降低,钻杆位于回转驱动机构和固定支撑之间的部分应力水平下降较为显著,钻杆位于固定支撑附近及以下部分的应力水平下降较为有限。以上分析结论为钻取采样装置实际产品限幅机构的位置确定及钻杆下部的详细设计提供依据。实践表明,限幅机构的使用一方面提高了钻取采样装置的结构固有频率,另一方面也减少了钻进过程中钻杆轴线上各点的横向位移,提高了钻杆的下钻精度,降低了钻杆横向载荷过大的风险,有利于钻杆的顺利下钻。

创新点如下:

(1)发明一种多功能一体化高适应钻头,经过一千余钻设计优化,解决了苛刻月壤下有效钻进问题,形成了自主创新核心竞争力技术,在轨表现出极强突破苛刻月面能力。

(2)掌握了双管单动软袋取芯钻具设计技术。

(3)掌握了小口径 Kevlar 致密软袋拉绳一体化织造技术。

(4)发明了 8 字簧封口技术。

(5)发明了拉绳系扣封口技术。

6.3　驱动控制与传感测量设计

6.3.1　钻取采样器控制原理

1. 概述

为实现钻取采样器在月面无人自主作业,需要针对可运动机构进行智能控制,本书把能够给机构提供能量、控制机构动作、监控及反馈信息等系统统称为控制系统[19]。

控制系统具体涉及的功能包括能量转化、能量传输、运动控制、状态测量、数据处理、数据通信等诸多功能。为了统一管理、节省空间和减重,将多种功能合并集中实现,因此控制系统最后分为控制单元、传感器、电机以及电缆网,状态如图 6.79 所示。

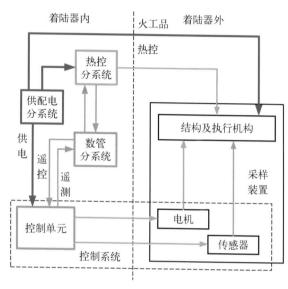

图 6.79　控制系统组成图

控制单元用于将着陆器内部的供电进行二次转换和再分配,钻取采样器执行机构的驱动、控制,采样规程的具体化实现,数据采集、处理、传输、通信等工作;传感器位于各执行机构,用于监测钻取采样器工作状态,采用直接测量或间接测量的方式;电机位于各执行机构,用于为机构运动提供动力源;电缆网用于承载控制单元与数管分系统和供配电分系统之间、测量组件与控制单元之间、各驱动组件之间能量、信息、数据的交互工作。

2. 控制原理

由于月壤具有不确定性,月壤的钻取控制相当于随机控制难题。在未知扰动的条件下,系统的状态不可利用,其状态的特性是非线性的随机状态。钻取采样器控制充分考虑各环节的确定程度和不确定因素,根据运动机构和驱动源的能力,按层级形式分别规划了不同类型的控制策略[20],原理如图 6.80 所示。

钻取采样器内部通过钻取控制单元驱动和控制钻进机构、加载机构和整形机构工作,通过采集工作状态参数和驱动参数至钻取控制单元,形成内部闭环控制,实现全预编程模式。钻取采样器根据工作负载对象和工作时段的不同,形成了 3 个控制闭环子系统和 1 个开环控制子系统,统一由协调控制模块进行各子系统的协同工作。其中,整形闭环子系统在其他子系统联动之后执行。控制原理如表 6.6 所示。

钻进取芯阶段包含三个子系统(回转闭环、冲击开环和加载闭环),其工作对象分别为回转电机、冲击电机、加载电机,最终都作用在钻具上进行钻进取芯工作,进行工作。其中回转和加载的联动优于直接面对不确定的月壤负载,因此应用为最优控制策略。

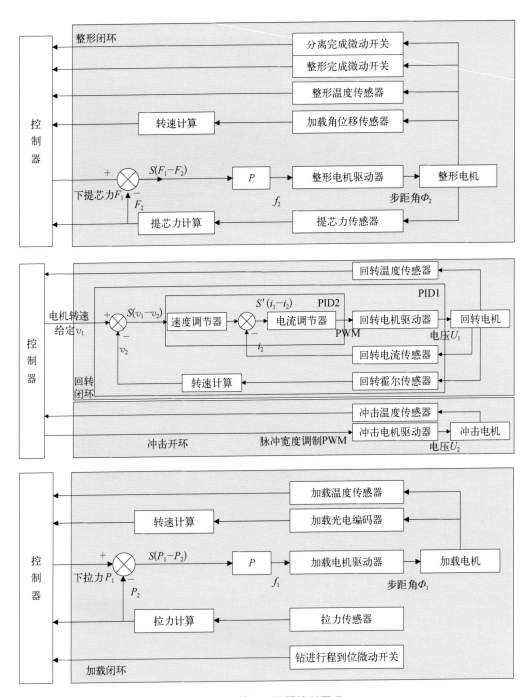

图 6.80　钻取采样器控制原理

208

表 6.6　钻取采样器控制原理表

阶段名称	控制原理	实 现 形 式
钻进取芯阶段	回转闭环、冲击开环、加载闭环、三者联动[21]	回转电机 PID 闭环控制,回转电流传感器、回转霍尔传感器反馈状态信息,作为闭环控制依据;根据回转温度传感器的反馈进行启停控制
		冲击电机开环控制,根据冲击温度传感器、提芯力传感器、拉力传感器的反馈进行启停控制
		加载电机闭环控制,拉力传感器反馈状态信息,作为闭环控制依据,根据加载温度传感器、位置传感器进行启停控制,通过加载角度传感器反馈转速信息
提芯整形/样品传送阶段	整形闭环	整形电机闭环控制,提芯力传感器反馈状态信息,作为闭环控制依据,根据整形温度传感器、位置传感器进行启停控制,通过整形角度传感器反馈转速信息

提芯整形/样品传送阶段都采用整形闭环,工作对象为整形机构,由整形机构实现对样品的提芯、整形与分离传送。

3. 控制系统设计难点

控制系统的设计难点如下:

(1) 面对不确定工况,满足对其作业覆盖能力,系统具有包络性的设计,从而导致了系统功耗较大;整个钻取采样器轻量化、小型化等约束,从而导致各驱动源、动力源的功率密度较高;卫星平台的供电电压仅为 29 V,导致大功率的设备会存在大电流。

(2) 钻取采样器除控制单元在舱内安装外,其余暴露在月面环境下,且由于本身功率大的特点,采样器面临多种电磁干扰因素影响;且采样器的安装布局横跨上升、着陆两器,控制单元又于舱内安装,整个电缆连接路径长,存在信号衰减、损耗较大的问题。

(3) 在不确定工况下需要保证系统工作过程中电机转速的稳定性,才能满足稳定的取样量;而目标对象的动态特性随机,因此可能造成系统超调、过冲严重进而导致卡钻、电机过流堵转等现象,需要保证系统的安全性。

(4) 针对地外无人自主的工作,需要多信息感知,监控系统工作状态,判断采样器自身健康状态,通过多信息的综合处理,反演目标对象的状态;同时需要设计适合的驱动控制、测量系统,并组成合理的闭环反馈系统。

6.3.2　供电转换及大功率逆变技术

1. 一次母线供电转换方案

探测器供配电分系统为钻取子系统提供 23~29 V 不可调节的一次电源母线,由于系统内部电路、传感器、电机等部组件需要 5 V、±12 V、28 V 等不同电压,需要通过

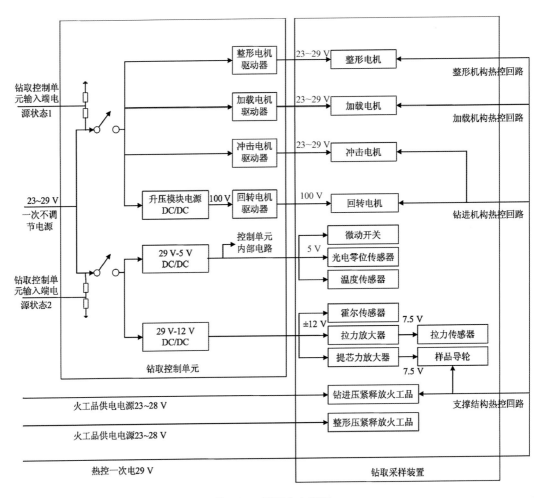

控制单元内部供电转换单元对一次供电母线电源进行变换和配电。方案如图 6.81
所示。

图 6.81　供配电方案图

　　根据多驱动链条能量流中的介绍,系统通过直流-直流(DC/DC)模块将一次母线电
压进行二次变换,转换成为 5 V、±12 V,实现控制电路、传感器的供电需求;通过直接配电
将一次母线直接分配给电机使用;热控、火工品的供电由于需要单独的需求,由大系统直
接供电。

　　而由于回转电机峰值功率需求达到千瓦级,稳态功率也有 600 W,电机供电电压的选
择会影响电缆、电机、电机驱动电路等产品的研制,如果只利用星上提供的电源,其电压只
有 28 V,在此情况下电流会达到几十安培,相应的导线、电缆、驱动控制单元元器件的选择
都会使重量成倍增加,且热损失及温升都会非常严重。因此,供电的难点在于如何匹配出
重量最轻的方案,实现供电的传输。

　　针对低压供电条件下大功率电机和驱动电路的热设计问题,提出了对母线电压进行

逆变升压,并将驱动控制电路与升压电源进行一体化设计[22]的解决方案,在显著降低电机供电母线电流的同时实现了驱动控制单元轻量化设计,解决了大功率电机驱动的热设计难题。

2. 逆变升压解决方案

针对大功率直流无刷电机的热设计难题,分别分析了供电电压在+29 V、+42 V、+72 V和+100 V情况下对电机重量、电机研制难度、电缆、机构电缆布线、电连接器、驱动电路印制板布板、功率驱动电路热设计及整机轻量化设计等方面产生的影响,回转电机供电电压影响对比如表6.7所示。

表 6.7 回转电机供电电压影响对比表

电机供电电压 各项参数	+29 V	+42 V	+72 V	+100 V
电机功耗/W	600	600	600	600
电机堵转电流/A	20	14.2	8.3	6.0
电机重量估计/kg	5.7	4.5	2.4	3.1
电机研制难度	困难(电流大)	一般	一般	困难(电压高)

电压的逆变转换最终带来的效果如下:

(1) 增加逆变升压模块,增加了控制单元配电单元的重量;

(2) 减小了系统工作电流,减小了驱动器的重量,同时减少了系统的工作热耗,提高了系统的整体效率;

(3) 优化了控制单元的实现方案,使得控制单元的设计难度大大降低;

(4) 间接地影响到了系统的整体构型布局和减重,降低了机电体积,优化了钻进机构的体积,减小了外包络尺寸,使得支撑结构的体积也得到了优化。

综上所述,逆变升压所带来的系统优化效果是显著的,为系统的高效率、轻量化都带来了极大的收益。

3. 逆变升压技术

逆变供电模块输入一次电源电压额定值为+29 V,输入端设置性能完善的滤波电路,对输入噪声进行有效抑制;应具备输入浪涌抑制功能,防止因 DC/DC 开关机或负载跃变对一次母线产生冲击。

逆变供电模块 DC/DC 部分电路框图如图 6.82 所示。电路由一次母线保护电路、输入浪涌电流抑制电路、输入电磁干扰(electromagnetic interference, EMI)滤波电路、主功率电路、输出整流滤波电路组成。主功率回路和变压器完成电压的一次变换和隔离,输入部分设计了输入滤波器以提高电磁兼容(electromagnetic compatibility, EMC)性能。

为了解决直流电源输入大电流使得变换器功率管应力较大的问题,设计采用交错并

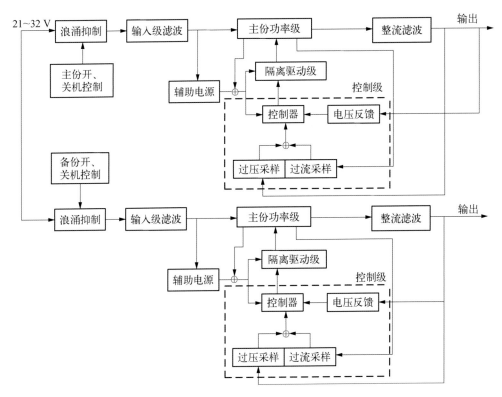

图 6.82　逆变供电模块 DC/DC 部分电路框图

联正激变换器拓扑,因为双管正激变换器的开关管电压应力低,原边桥臂不存在直通现象,同时使变换器的功率管流过的电流只有输入电流的一半,减小了电流应力。采用交错并联控制技术,使各并联模块单元间实现自然均流;双管正激变换器单元虽然输入端可靠性极高,但它与全桥变换器等隔离式 Buck 型直流变换器一样,高频变压器的二次输出续流二极管的电压应力仅与输出电压和占空比有关。在占空比一定时,输出续流二极管的电压应力仅与输出电压成正比,因而在输出电压较高时存在严重的关断反向恢复问题,限制了双管正激变换器单元在输出高电压场合的应用。本方案采用了高耐压的快恢复二极管满足了输出高电压场合的要求,同时也满足了电流应力的要求。

4. 空间大功率直流无刷电机驱动控制

直流无刷电机闭环控制系统的结构如图 6.83 所示。

动力学方程为

$$U_d = E + I_d R + L\frac{dI_d}{dt} \qquad (6.54)$$

$$T_e = T_1 + B\omega + J\frac{d\omega}{dt} \qquad (6.55)$$

$$E = c_e n \qquad (6.56)$$

$$T_e = c_m I_d \tag{6.57}$$

式中，U_d 为外加电压，V；E 为电机感应电动势，V；I_d 为电机电枢电流，A；R 为主电路等效电阻，Ω；L 为电机电枢电感，H；T_e 为电磁转矩，N·m；T_1 为负载转矩，N·m；B 为阻尼系数；J 为整体转动惯量，kg·m²；ω 为电机机械旋转的角速度，rad/s；n 为电机机械旋转的转速，r/min；c_e 为电势系数；c_m 为转矩系数，$c_m = \dfrac{30}{\pi} c_e$。

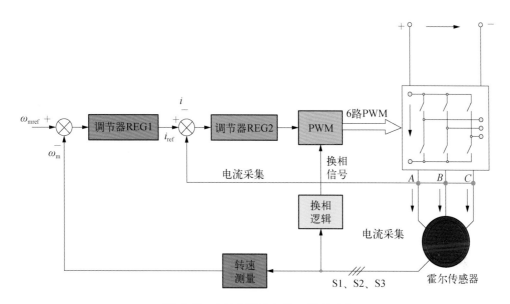

图 6.83　直流无刷电机闭环控制系统

整体的转动惯量应该包括回转驱动组件的转动惯量、传动机构的转动惯量以及钻具的转动惯量。回转驱动组件的转动惯量为 $J_h = $ kg·m²，传动机构的转动惯量为 $J_c = $ kg·m²，钻具的转动惯量为 $J_z = 0.000\,423$ kg·m²。

在月面工作过程中，电机的等效电阻阻值会随温度的变化而变化，其变化方程为

$$R_2 = R_1 \frac{234.5 + T_2}{234.5 + T_1} \tag{6.58}$$

式中，T_1 为绕组的环境温度，℃，一般取 25℃，在月面工作时取 50℃；T_2 为考虑了外部温度和电机内部温升后的绕组温度，℃。

6.3.3　无人自主钻取信息流

钻取采样器采用集中式控制体系结构，所有的测量信息反馈至钻取控制单元。由钻取控制单元统一从星上数管分系统接收指令，并将采集的信号编译成遥测数据，通过数据总线将遥测数据传递至数管分系统，再由星上的数传分系统将数据重新封装，传输至地面进行解析，遥控指令信息流图如图 6.84 所示。

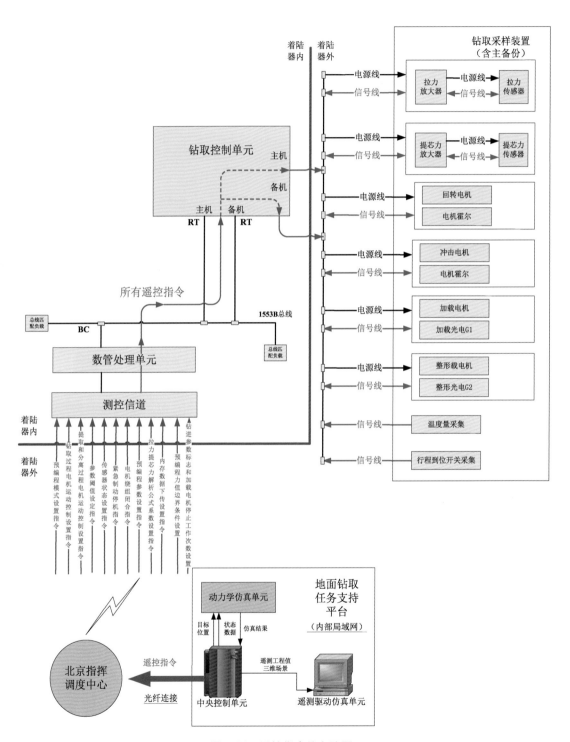

图 6.84　遥控指令信息流图

6.3.4　传感测量方案与系统保护策略

传感测量方案的主要设计思路在于如何采用简单、可靠、重量最轻的方案实现监视测量的需求,达到支持钻取采样器减重、自身减重、测量信息可充分有效反应产品的工作状态,可支持进一步推断工况状态。

根据控制系统方案设计,需要监测信号保证钻取采样器功能、性能的实现。针对监测信号进行如下的功能分解。

1）温度信息检测

温度信息检测的方式是通过直接测量被测物体的温度来实现的。常用的测温传感器为热敏电阻,该传感器的阻值会随着温度的变化而变化,在通过采集电路求出当前传感器的电阻值,就可以对应当前的温度值。

2）复合运动状态检测

（1）行程保护。

行程保护信号检测的方式是通过触发开关,使开关改变状态从而输出不同的电压信号来实现的。开关可以选择机械开关、光电开关、电磁开关等,要适应月面环境的要求,还要保证可靠性,则首选机械开关。

（2）行程测量。

目前在航天上较为成熟的测量角度的传感器有角位移传感器、旋转变压器以及光电编码器。

3）力载信息采集

（1）回转扭矩信号可通过如下方式进行检测:

① 采用扭矩传感器直接测量;

② 通过测量电机绕组电流的方法,通过比例关系推算出扭矩。

第一种方式,由于传感器体积重量太大,又无法进行有效的传感器防护措施,因此无法满足使用要求。

第二种方式,此种方式误差较大,并且测量值由于负载的不稳定会产生更大的波动,但是可满足回转转矩测量精度优于10%的要求。

因此,可以采用测电流标定的方式,计算转矩。

（2）钻压力信号可通过如下方式进行检测:

① 采用压力传感器直接测量;

② 将钻压力的采集通过机构转换成拉力传感器的测量方式;

③ 通过测量电机绕组电流的方法,通过比例关系推算出钻压力;

④ 将钻压力的采集通过机构转换成拉力,通过测量拉力使弹簧的形变量标定拉力值,等效钻压力。

第一种方式,压力传感器无法有效地装配,使压力能够作用到传感器上。

第二种方式,是压力测量的转换方式,属于之间测量,优于精度10%的要求,只是需要增加温控措施保证传感器的工作环境和储存环境,另外需要注意信号干扰和长距离传输造成的信号衰减。

第三种方式,与转矩测量类似,但是由于钻压力有上限要求,而电流标定要通过大量的不同环境下的试验进行标定,不但存在较大误差,还存在一定超限的危险,建议可以用作备份或辅助方案,不要用于主要的判断。

第四种方式,与第三种方式相似,同样解除了传感器带来的干扰和信号衰减问题,但是同样都需要大量的试验验证工作,还需要考虑用几个档位进行标定更合理。

4)系统保护策略

钻取采样器具有两种工作模式,即预编程工作模式和遥控工作模式,两种工作模式之间可通过1553B总线指令进行切换,其中遥控工作模式为默认工作模式。其主要难点如下:

(1)系统由于面临复杂多变的工况,在微观瞬时的工作状态中,会经常发生超调现象,或者瞬间产生过载,在此情况下,系统应具备自保护的功能,使控制系统、元器件不会失效;

(2)由于工作时间仅为2 h,天地交互时间长,对控制保护策略提出了更严酷的要求,不能因为工作状态产生较大的起伏,导致频繁地停机处理,保护策略还需要兼具包容性;

(3)由于工况、环境等诸多因素的不确定,设置了温度、力载、电流、行程等多方面保护,这些保护的响应优先级及匹配关系对采样工作效率将产生极大的影响,需要统筹考虑保护措施的响应特性以及与钻进策略的关联性。

因此,钻取采样器钻进取芯过程系统保护策略采用了多层次化的架构,分别设置优先级和响应频率,使整个策略既可以对应瞬态风险,也可以具备更宽的包络性,保护策略设计状态如表6.8所示。

表6.8 保护策略设计状态

序号	项 目	保护策略设计状态	
		采集信息	作 用
1	力载保护	拉力	系统采样工作过程中防止钻进反作用力将着陆器顶翻
2		提芯力	防止提芯整形过程力载过大造成运动机构过载损伤
3	到位保护	微动开关触发状态	防止工作过程中运动机构超过机械运动行程,造成损伤
4		光电零位传感器圈数	
5	过温保护	回转、冲击、加载、整形电机温度传感器	防止工作过程中电机工作温升过高造成绕组或器件失效

续　表

序号	项　目	保护策略设计状态	
		采集信息	作　　用
6	过流保护	回转、冲击驱动电路保护	防止工作过程负载过大或者线路短路造成电机电流过高
7	一次母线过流保护	一次母线过流保护	防止内部电路短路影响供电端安全,导致其他设备无法工作

5）抗空间环境干扰措施

由于钻取采样器机构部分暴露于舱外易受空间环境、高频天线信号等影响,大跨距构型布局导致电缆长、局部功率高、电磁干扰强。针对多种因素耦合影响,钻取采样器采用了如下措施抑制干扰的产生:

(1) 钻取采样器内部控制地采用整体浮地设计,在控制器处单点远端接地,即整体控制电路的地与机壳隔离,所有控制地单向汇集到控制器,由控制器引出一个控制地接入整星的控制地;

(2) 钻取采样器各机构机壳通过导线连成一体,所有金属等电势;

(3) 大功率导线与信号导线分别布局,当无法避免路径交叉时,采用"+"布局,避免平行布局;

(4) 所有信号线采用屏蔽、绞合措施,屏蔽层与机壳等电势;

(5) 控制器内容信号采集、供电转化采用共模差模、电容滤波等形式;

(6) 弱信号在就近位置进行信号变换,增强抗干扰能力;

(7) 信号采集后,软件处理根据信号特性进一步开展软件滤波。

6.4　本章小结

针对月球环境无人自主操控钻进取芯与样品收纳的难点,提出了钻取采样器的设计理念与准则。

(1) 提出了大行程柔性牵引进尺驱动方法,发明了回转-往复冲击双自由度密珠轴系,采用极限力载自适应控制方法,实现大功率钻进取芯驱动,提出了月壤软袋取芯样品螺旋封装方案,发明了单驱动源多顺序运动样品收纳与分离传送机构,解决了顺序运动过程位置保持与可靠分离传送难题。

(2) 对关键部组件进行设计,创新性提出了密珠轴系设计,通过一套轴系实现了冲击与回转的双自由度,提出大行程柔性牵引进尺驱动方法,发明回转-冲击双自由度一体化密珠轴系,解决进尺、回转冲击复合驱动难题,实现柔性加载、回转冲击无耦合共轴输出。

(3) 整形机构实现了回转、螺旋缠绕,单电机正转缠绕,反向分离集成创新机构技术,提出单电机正反转分别多顺序运动整形机构创新方法,解决了顺序运动过程中位置保持与可靠分离传送难题,实现了提芯整形与样品分离集成。

(4) 高效、高适应取芯钻具技术,首创凝聚拨、冲、排、护、取芯多功能的取芯钻具,发明了凝聚挤、拨、切、冲、排、护多维度功能取芯钻具、一体化软袋、宽温域8字簧记忆合金封口装置,解决了月壤钻进、样品填充及狭窄空间自适应封口难题,实现了月面钻取作业高效钻进、可靠层序月壤连续填充、样品有效密闭。其中,一体化软袋采用纬线缩减收边工艺实现一体化编制,满足薄壁柔性易翻折性的要求。适用于软袋翻折取芯,宽温域8字簧通过核心材料参数调配,突破−180℃低温适应性,实现宽温域下的样品封口。

(5) 设计了预编程自适应钻进规程,提出以拉力阈值为主判断量按钻进比顺序搜索的钻进参数自主辨识方法,解决了不确定月壤剖面在轨自适应钻进控制难题,实现了高效钻进和取样量化匹配,月壤状态自主辨识。

(6) 系统中设置多维度层次化保护策略,提出作业能力层次化划分及力、热、电控多维度保护方法,解决了复杂作业动作下系统安全与最大工作能力平衡的难题,实现了苛刻工况下产品状态安全调控处置能力。

参 考 文 献

[1] 张伟伟, 曾婷, 王冬, 等. 绳驱式进尺驱动机构多方案设计与分析[C]. 中国宇航学会深空探测技术专业委员会第九届学术年会, 杭州, 2012: 1261 – 1267.

[2] 尹忠旺, 殷参, 刘晓庆, 等. 一种密珠式回转与往复双自由度滚动轴系[P]: CN201410469588. 5. 2015 – 01 – 07.

[3] 孙京, 董礼港, 杨帅, 等. 一种导轨摆臂式位置机构[P]: CN201210169149.3. 2015 – 02 – 11.

[4] 莫桂冬, 殷参, 王国欣, 等. 一种单电机驱动的双自由度顺序运动装置及传动方法[P]: CN201410505001.1. 2017 – 01 – 18.

[5] 王露斯, 孙京, 郭宏伟, 等. 一种适用于柔性动态边界连接的增力式展开装置[P]: CN201610235253. 6. 2018 – 03 – 09.

[6] 王春健, 王咏莉, 李琳, 等. 一种可变参数的空间飞行器用平面涡卷弹簧成型结构[P]: 201711233185.0. 2019 – 04 – 30.

[7] 王露斯, 张明, 李强, 等. 一种应变均匀强度低损失的凯芙拉绳接头[P]: CN201720672141. 7. 2018 – 03 – 06.

[8] 赵曾, 刘天喜, 庞勇, 等. 钻头结构对月壤钻进取样量影响分析[C]. 哈尔滨: 中国宇航学会深空探测技术专业委员会学术年会, 2015.

[9] 田野, 邓宗全, 唐德威, 等. 月球次表层钻取采样钻杆结构设计及有限元分析[J]. 机械制造, 2013, 51(12): 7 – 10.

[10] 孟炜杰, 曾婷, 刘丽, 等. 用于深层月壤采样返回的软质取心袋的设计与测试验证[J]. 航天器环境工程, 2014, 31(1): 88 – 91.

[11] 刘晓庆, 尹忠旺, 张俊辉, 等. 一种月壤采样器钻机的研制[J]. 机电产品开发与创新, 2017, 30(4): 39 – 41.

［12］　陈睿，杨孟飞. 航天嵌入式软件数据访问冲突基准测试集研究［J］. 中国空间科学技术，2017，37（3）：62-70.

［13］　刘晓庆，尹忠旺，殷参，等. 一种空间全滚动凸轮弹簧式冲击机构［P］：CN201510825267.9.2017-06-27.

［14］　王国欣，高兴文，田静，等. 月壤取心机构力载特性分析及设计参数优化［C］. 中国宇航学会深空探测技术专业委员会第九届学术年会，杭州，2012：978-986.

［15］　周琴，刘宝林，贾闵涛，等. 月表特殊环境钻进的月壤取样钻头设计［C］. 第十七届全国探矿工程（岩土钻掘工程）学术交流年会论文集，南昌，2013：292-296.

［16］　刘丽，张翔，黄玉东，等. 芳纶表面及界面改性技术的研究现状及发展趋势［J］. 高科技纤维与应用，2002，27（4）：12-17.

［17］　赵曾，刘晓庆，谷友旺，等. 芳纶基定点定力破断绳索研制［J］. 高科技纤维与应用，2017，42（3）：22-25.

［18］　孙启臣，季节，秦俊杰，等. 月面采样钻具锁合随动式限幅机构研究［J］. 工程设计学报，2018，25（6）：735-740.

［19］　王迎春，王国欣，张明，等. 一种月面深层钻取采样装置的电气控制系统［P］：CN202010286501.6.2023-08-29.

［20］　龚健，杨孟飞，文亮. 面向进化容错的 FPGA 故障模型研究［J］. 中国空间科学技术，2009，29（3）：57-63.

［21］　刘德赟，王迎春，张萧，等. 月壤钻进加载机构的研制与控制性能研究［J］. 电子测量技术，2018，41（17）：7-14.

［22］　王强，陈永刚，赵闯，等. 一种高压大功率电机驱动保护系统及方法［P］：CN201711339859.5.2019-10-18.

第7章

拟实专项研究及在轨应用

7.1 试验设备

钻取采样器研制过程中的工作内容主要包括深钻取采样器的专项技术研究、产品设计、生产、装配调试及测试与试验验证等内容,探月三期钻取采样器为保证无人自主采样任务的成功,先后国家投资建设了 12 台套的设备。结合钻取采样器产品研制过程中的产品任务需求情况,在钻取采样器设计、试验验证及试验场地保障条件等多个方面进行了保障性建设,实际建设内容满足钻取采样器产品研制的任务需求,具体建设内容如表 7.1所示。

表 7.1　试验设备建设

序号	项　目	设 备 名 称	设备功能与性能
1	专项技术研究	深层月壤与钻具取芯作用仿真系统	月壤与钻具取芯相互作用特性的技术研究,主要研究月壤与机具作用、取芯筒获取月壤样品机理、深层月壤样品层理保持特性与定型特性,识别钻进过程中多工况模型的力载特征
2		钻具设计仿真系统	月壤钻取采样专用钻具的设计、分析与仿真,主要用于完成深层采样器的钻具优化设计、复杂载荷作用分析、钻进热机耦合特性分析、钻具加工工艺仿真和钻具作业过程动态仿真的任务
3	整机与部组件的功能、性能与环境适应性试验验证	采样机构动态应变仪	深层采样器部组件和整机静态、动态力学性能测试,深层采样器结构及其部组件的刚度、模态测试与分析任务,主要包括频率、结构阻尼、振型和应变等,以便验证产品在工作载荷激励下的结构响应和结构动力学特性
4		结构模态综合性能测试设备	
5		钻具综合性能测试设备	钻具的各项功能性能验证,主要包括钻进碎岩能力测试、排粉性能测试、细长杆件复杂力学环境下的动力学测试,尤其对于其突破苛刻工况的能力、设计参数和运动参数的匹配性等需要进行综合测试

220

序号	项　目	设　备　名　称	设备功能与性能
6	整机与部组件的功能、性能与环境适应性试验验证	钻进过程热特性测试设备	月面钻进采样过程中热特性的专项验证,针对深层采样器中钻具取芯机构月面工作过程的热特性研究、热边界识别、性能测试与验证
7		钻进机构机械性能测试系统	驱动机构的功能性能试验、真空热环境试验,针对各机构运动提供模拟负载
8		取芯性能测试设备	月壤钻取样品形成与特性测试与试验,针对不同的驱动参数和规程,对采样量、样品提芯力、缠绕性能、封口密闭力、样品初级封装能力等进行测试
9		样品整形特性与传送精度测试系统	钻取样品整形与传送性能测试与试验,对样品的卷曲性能、整形状态进行测试与分析,综合评价样品在螺旋卷筒上的缠绕特性;对样品随卷筒在低重力环境下向密封封装容器传送的动态过程进行测试
10		避让机构解锁、展开与锁定性能测试设备	深层采样器避让展开功能性能测试与试验,测试避让机构的展开力矩、展开动态特性、冲击特性等
11		深层采样器地面等效模拟、测试与仿真系统	深层采样器故障模拟及解决预案研究,对采样过程进行动态数学仿真,并建立深层采样器整机的三维可视化模型,从而监控深层采样器整机的力学、热学状态
12		深层采样器钻采综合性能测试系统	深层采样器整机功能、性能、1/6重力模拟、系统动态特性测试及月壤钻取等钻采综合性能测试与试验

由于篇幅限制,仅以两台套的设备简要说明如下。

7.1.1　钻具综合性能测试设备

1. 设备用途

承担钻具的综合性能测试与试验验证任务,包括其钻进碎岩能力测试、排粉性能测试、细长杆件复杂力学环境下的动力学测试,尤其对于其突破苛刻工况的能力、设计参数和运动参数的匹配性等需要进行综合测试,为系统低功耗、高效率、高可靠工作提供测试数据及进行产品试验验证。

2. 主要功能要求

(1) 可驱动钻具试验件对不同工作对象进行钻进;

(2) 钻具驱动参数连续可调;

(3) 可采集钻具工作状态参数,并进行记录和整理;

(4) 可模拟钻具典型故障,对钻具进行径向和轴向加载;

(5) 可观察和测量钻具的摩擦和磨损情况。

3. 设备实现效果

采用钻具综合性能测试设备对深层采样器初样阶段的钻具进行了大量的月壤和岩石的钻取试验,有效验证了钻具的设计状态。设备建设效果和实物图如图7.1所示,定点故障月壤钻取实物图如图7.2所示。

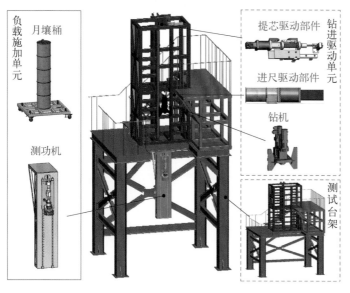

图 7.1　设备建设效果和实物图

图 7.2　定点故障月壤钻取实物图

通过在部组件功能性能测试阶段新增钻具综合性能测试设备,解决了钻头、钻杆、连接技术以及钻具的总体性能的测试与验证,为钻具的功能性能指标的测试和验证提供了保障条件。

7.1.2　取芯性能测试设备

1. 设备用途

设备承担取芯机构的功能性能测试与验证。在不同钻取苛刻度的土样剖面下,对取芯过程进行全过程试验,包括钻进—填充—提芯—密闭—缠绕—定型。针对不同的驱动参数和规程,对采样量、样品提芯力、缠绕性能、封口密闭力、样品初级封装能力等进行测试,通过开展大量功能性能提高取芯机构获取样品的可靠性。

2. 主要功能

(1) 具有可视化窗口和视频采集能力,可观察取芯筒的翻折运动过程,可观察回收卷筒的缠绕过程;

(2) 可另外配套高速摄像系统对以上运动进行动态特性捕捉;

(3) 具有测量取芯筒缠绕屈曲阻力矩的功能;

(4) 具有对月壤样品的层理性观察能力和对比能力;

(5) 具有模拟月面 $1/6\ g$ 重力场、月面工作姿态的功能;

(6) 具有样品形成高低温环境模拟的功能。

3. 主要技术指标

(1) 带载提芯力范围: $0\sim500\ \mathrm{N}$;

(2) 提芯速度: $0.1\sim2\ \mathrm{m/min}$;

(3) 提芯行程: 不小于 $5\ \mathrm{m}$;

(4) 回收卷筒外径可调整范围: $100\sim200\ \mathrm{mm}$;

(5) 空载摩擦力测试范围: $0\sim200\ \mathrm{N}$;

(6) 封口装置法向闭合力测试精度: $\pm0.5\ \mathrm{N}$。

4. 设备实现效果

取芯性能测试设备用于深层采样器的取芯机构的功能、性能试验,以验证取芯机构在各种典型月壤工况下的取芯功能完成情况,验证取芯机构在模拟月面 1/6 重力环境、高低温环境因素影响下的机械性能、热特性及储存性能,评估封口的时效性和可靠性,测试取芯筒及样品的缠绕特性。最终通过测试数据采集、样本分析和过程记录等方式实现对深层月壤取芯机构功能、性能的系统验证。

通过取芯性能测试设备完成钻具取芯机构结构件、鉴定件等产品的全尺寸月壤钻进取芯试验、钻头高温取芯试验、可视化取芯试验以及封口器特性测试等多项试验。

1) 全尺寸月壤钻进取芯试验

该试验可针对多角度、多钻进规程、多温度条件下的钻进试验,月壤筒制冷如图 7.3 所示,图 7.4 为一次翻转角度 9.594°、模拟月壤制冷到-40℃、钻进深度 2.5 m、缠绕筒直径 200 mm 的钻进试验过程图。

2) 钻头高温取芯试验

钻头采用高频加热的方式加热,利用红外测温仪实时监测钻头温度,温度达到 600℃后,高温月壤筒进给电机工作将模拟月壤推进取芯机构内,同时取芯软袋内翻,检测封口状态,钻头高温取芯试验如图 7.5 所示。

3) 可视化取芯试验

采用透明月壤筒内装填一定密实度不同颜色的模拟月壤,从而有效地评价了月壤层序保持状态,实际效果如图 7.6 和图 7.7 所示。

图 7.3　月壤筒制冷实物图

图 7.4　全参数低温钻进试验过程图

图 7.5　钻头高温取芯试验

图 7.6　透明月壤筒安装图

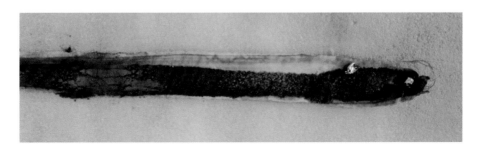

图 7.7　月壤层序保持状态

7.2 专项研究一：钻取用模拟月壤研制

模拟月壤是钻取采样器的钻具作用边界，也是开展力载特性、规程设计的基础条件。钻取采样器的研制、钻具的迭代优化和钻进规程的设计都必须在钻取月壤过程中形成，月壤剖面特性的不确定性对钻取过程风险都可以通过模拟月壤去充分识别，整个钻取采样器力载、运动参数设计的确定都需要以钻取用模拟月壤表现行为作为依据。

7.2.1 国内外模拟月壤研究现状

1. 模拟月壤基本特性与力学参数

模拟月壤是能够较好地模拟真实月壤的模拟材料，是在地球上开展各类试验的月壤替代品。根据不同的研究目标，可分别侧重于模拟真实月壤的化学特性、电磁特性、物理特性以及力学特性等方面。美国、苏联和日本等探月活动进展较快的国家，都进行了模拟月壤的研制。但是这些模拟月壤也只能模拟月壤的某一种或几种性质，很难模拟出与实际月壤完全相同的物质，目前为止，还没有针对以土力学性质为核心的钻取用模拟月壤。美国国家航空航天局约翰逊航天中心主持研制的 JSC-1 模拟月壤[1-3]为一种富含玻璃的玄武岩灰，模拟了 Apollo 14 着陆点的低钛月壤的化学性质与矿物组成；美国明尼苏达大学研制了 MLS-1[4]与 MLS-2 模拟月壤，与 Apollo 11 采集的高钛月海月壤具有相似的化学性质与矿物组成，平均粒度与较粗的月海月壤相似；MLS-2 模拟月壤是一种月球高地月壤，模拟物质 MLS-1[4]则是模拟了 Apollo 11 着陆点的高钛月壤化学性质；MLS-2 是模拟高地斜长岩质月壤的化学性质；日本研制的 MKS-1 和 FJS-1 模拟月壤[5,6]，与 Apollo 14 采样点月壤具有相似的矿物组成与粒度分布；NP-1 模拟了月壤的磁性特征。我国已有的 CAS-1 模拟月壤则是用于研究月壤的介电常数。模拟月壤的基本特性如表 7.2 所示。

表 7.2　模拟月壤的基本特性

样　本	$d/\mu m$	$\rho/(g/cm^3)$	G	e	组　成
JSC-1	119.7	1.33~1.80	2.9	0.61~1.18	约50%的玻璃质,低钛
CAS-1	85.9	0.96~1.5	2.74	0.82~1.85	20%~40%玻璃质
	97.4	1.32~1.57	2.9	0.72~1	
MLS-1	99.8	1.56~2.2	3.2	0.45~1.05	高钛玄武岩,0.4%含水量,无玻璃质
Apollo 11	48~105	1.36~1.8	3.01	0.67~1.2	

样　本	$d/\mu m$	$\rho/(g/cm^3)$	G	e	组　成
Apollo 14	$75\sim802$	$0.89\sim1.55$	2.9	$0.87\sim2.26$	
Apollo 15	$51\sim108$	$1.1\sim1.89$	3.24	$0.71\sim1.94$	

随着探月工程的发展与不断深入,中国已经完成了几种模拟月壤的研制,国内中国科学院地球化学研究所以长白山龙岗火山群金龙顶子火山喷发的火山渣为初始物质研制成功了CAS-1模拟月壤,主要从化学成分、矿物组成、微波介电特性等方面研制了模拟月壤。

上述模拟月壤不是以钻取用为目标专门针对土力学性能进行模拟的,对颗粒级配、相对密实度以及物理力学等关键参数没有严格要求与控制,同时无法实现高相对密实度和大内摩擦角等力学参数的等效性,其颗粒级配范围不能满足钻取用模拟月壤需求,目前已有模拟月壤力学参数如表7.3所示。

表 7.3　模拟月壤的力学参数

样　本	D/mm	$\rho(kg/L)$	E/MPa	$v/(mm/min)$	c/kPa	$\varphi/(°)$
MlS-1		1.70,1.90				$41.4\sim49.8$
ALS		1.55	$21.03\sim96.52$	0.11	$14\sim55$	39
		1.65,1.84		0.2	$3.9\sim14.4$	
JSC-1	0.53,0.75	1.62,1.81	$25.9\sim164.9$	0.15	$2\sim5$	$32\sim53.6$
JSC-1A	0.2,0.75	1.63,1.88	$10.3\sim80$	0.5	0	$40\sim49$
JSC-1A	0.2,0.81	1.66,1.94	48.8		2.15	$41.87\sim56.7$
取值范围	$0.2\sim0.81$	$1.55\sim1.94$	$10.3\sim164.9$	$0.11\sim0.5$	$0\sim55$	$32\sim56.7$

2. 钻取用模拟月壤

钻取用模拟月壤的研制是一个全新课题,充满探索性和挑战性,目前全世界没有以土力学和热学性质为目标的模拟月壤。开展钻取用剖面模拟月壤技术研究,首先充分吸收美国Apollo工程样品研究丰富成果,提取与梳理其中有关土力学的碎片性信息,凝练其土力学普适性的表征体系,充分借鉴美国、俄罗斯、日本、中国等国家现有模拟月壤成果,运用我国月球科学研究基础和土工制备技术基础,制定模拟准则:以"小尺度、大变形"视角,侧重在物理力学特性上以"等效性、包络性"为总的研制准则,以化学成分、矿物组成必然揭示物理等效为第一等效准则,以局部等效反映全部等效作为演绎逻辑为第二准则。

钻取用月壤模拟的目标是模拟实际月壤最本质的力学特性,逐步迭代优化、无限逼近实际月壤特性,可用于钻取采样器有效试验。提出多种典型剖面模型,利用土工技术钻取用模拟月壤制备方案和在线检测方法,支持了钻取采样器的试验与研制。因此,钻取采样用模拟月壤是整个钻取采样器研制的牵动性基础与必要条件。

北京卫星制造厂有限公司与中国地质大学(武汉)、清华大学合作于 2011 年研制 CUG - 1A[7~12]钻取用模拟月壤。CUG - 1A 模拟月壤围绕影响钻取五大土力学参数和两个控制参数,研制不同粒度模拟月壤原料,形成了实现相对密实度超过 104% 的拱筑方法,其矿物组成、化学成分、颗粒形态、颗粒粒度与 Apollo 11、Apollo 14、Apollo 15 极具相似性,与嫦娥五号着陆区风暴洋月壤特性较为密切。CUG - 1A 钻取用模拟月壤通过了国内知名业内专家评审,这些物理和力学性质总体上与实际低钛月壤相似,可用于力载特性、钻进规程等试验研究。

3. 月壤剖面性质研究及模拟月壤制备

Apollo 工程带回月表、贯入管、钻孔剖面月壤,提供了非常珍贵的信息,通过对这些剖面信息的研究,获取粒度约 30 mm 以下一般颗粒级配参数,空心螺旋钻具采样与月壤颗粒级配和钻具尺度关联性密切,取芯时样品要能有效贯入取芯,压入一定长度的管内,月壤密集颗粒或较大颗粒都能影响钻进和取芯。通过地面试验进行各种剖面研究,目标是模拟实际在轨工况,提高产品的钻取能力。

4. 探月工程模拟月壤的研制情况

依据我国探月工程不同探测任务的需要,所开展的模拟月壤研制工作概述如下:

(1)月球着陆器的着陆冲击试验用模拟月壤。对于月球着陆器的着陆冲击模拟月壤,根据着陆器着陆冲击加速度反应的特点,特别注重对月壤的模量等特性进行模拟。

(2)月面巡视探测器移动性能试验用模拟月壤。对于月面巡视探测器移动性能试验所需的模拟月壤,针对月球表面月壤物理力学性质随地理位置不同而有较大变化的特点,注重对月壤的内摩擦角等强度特性的模拟。

(3)月球钻取试验用模拟月壤。对于钻进取样试验所需的模拟月壤,除了要充分考虑合理的内聚力、摩擦角、密实度等性质,还需充分考虑基于钻具尺度效应的颗粒级配方法和密实度、颗粒粒度、颗粒形态、含水率剖面参数及剖面构建,务求模拟月壤的配制满足"等效性、包络性"要求,为钻进取芯的负载预估、钻进规程参数优化、钻取采样的可靠性试验等提供基础条件。

7.2.2 月壤物理力学特性对钻取采样的影响分析

1. 月壤土力学性质形成与演化

综合国际上月球探测及月壤研究的成果可见,月壤是一种分布于月球表面的散体材料,其生成条件和所处环境与地球的土壤完全不同。

月壤的形成和演化是十分复杂的。在月球的任何地区,月壤的形成与演化均受到粉碎和胶结两个机械过程的控制。在粉碎过程中,由于受到陨石和微陨石的撞击,月球表面形成了大量的撞击坑,基岩和原有的月壤受到强烈的机械改造,岩石、矿物粉碎成细颗粒向周围溅射并沉降。同时,其他地区的撞击事件所溅射的月壤也会加入本地月壤中。由于微陨石的高速撞击,月球表面产生高温高压,从而使原有月壤发生熔融,矿物和岩石碎片由熔融玻璃重新胶结形成新的月壤团聚体。

2. 月壤宏观形态与钻进策略的关联

月壤的主要物理力学性质与地球土壤具有本质差异,月壤主要表现为干燥无水,颗粒形态奇异,颗粒级配极端随机、离散,相对密度大于 100%(地球 50% ~ 70%),内摩擦角很大,内聚力很小等。

从广义上说,月壤与地球上的土壤具有统一性,都是颗粒状散体物料的堆积物,但力学性质具有本质差异。从相对于钻具尺度的宏观形态上看,月壤又可以分为:① 小尺度(最大颗粒直径小于 1 mm)的窄带粒径月壤,简称"均质月壤";② 临界尺度(夹杂 3 ~ 15 mm、15 ~ 35 mm 尺度岩块)的宽带粒径月壤,简称"临界尺度月壤";③ 大尺度(大于 35 mm 的大块岩石)的离散分布月壤,简称"大尺度月壤"。依据国外先例、理论分析和我国试验验证的经验,针对这三类月壤,钻取采样器的取芯钻具与月壤之间的作用特性会有较大差别,应该采用不同应对的钻进策略。对于均质月壤,钻进取芯的难度一般较小,但如果颗粒级配过于细小,需要特殊钻进参数才能实现钻进;对于大尺度月壤,应该启动冲击钻进模式,钻头的主要作用是破碎;对于临界尺度月壤,钻进的难度较大,可能会产生取芯风险或产生钻进故障。

7.2.3 钻取月壤特性与指标

1. 月壤的物理力学性质

由于月壤主要是由月球基岩的机械破碎而形成的,本身缺乏生物和化学的作用,其具备了地球土壤所不具备的典型特征[12]。

月壤的矿物组成和化学成分可以反映下伏基岩的物质组成。Apollo 14 号着陆在雨海盆地溅射物堆积形成的山脊上,这些地区采集的月壤样品以斜长岩碎屑和斜长石占优势[13]。

月壤的物理力学性质如表 7.4 所示。

表 7.4 月壤的物理力学性质

指 标	物理力学性质
基本颗粒	按岩性可大致分为月海低钛玄武岩、月海高钛玄武岩、高地斜长岩以及克里普岩 4 大类。组成月壤的基本颗粒包括: ① 矿物碎屑,主要为橄榄石、斜长石、单斜辉石和钛铁矿等; ② 原始结晶岩碎屑,主要为玄武岩、斜长岩、橄榄岩和苏长岩等; ③ 独特的月壤成分——黏合集块岩; ④ 陨石碎片,包括陨硫铁、橄榄石、辉石、锥纹石、合纹石等
平均化学组成	与地球相比,月球的岩浆演化程度远远低于地球,所形成的岩石也大多以超基性和基性岩石为主,缺乏中性岩石和酸性岩石。例如,在月海玄武质月壤中,其橄榄石、辉石的 MgO 和 CaO 含量比地球玄武岩高;月壤中的长石大多为钙长石,而没有演化到更长石、钠长石阶段,这也导致月壤中的 CaO 含量较高,而 K_2O 和 Na_2O 含量较低。同时,由于宇宙射线和太阳风粒子的作用,在月球表面储存了大量的 H、He 等质子,使得月球表面整体处在一个高能量的还原环境

指　　标	物理力学性质		
平均矿物组成	月壤与地球土壤在各方面上存在明显的差异性,从矿物组成上也反映了这一点。在月壤甚至整个月球岩石中,矿物的种类非常有限(小于100种),而地球的岩石中可以找到数千种矿物。在月壤中矿物组成中以辉石和长石为主,而橄榄石及其他矿物的含量较低,同样地,不同地区或不同类型的月壤的矿物组成也存在明显差异		
颗粒分布	月壤的粒度分布范围很广,颗粒直径以小于1 mm为主,大部分颗粒直径为30 μm~1 mm。月壤的平均粒径随采样深度的增加而有所增加,但规律性并不明显,这与月壤的月表暴露时间有关。由于陨石撞击造成月壤翻腾,表层月壤的月表暴露时间并不一定大于次表层月壤。此外,月壤的粒径还与月壤的成熟度有关		
颗粒形态	延性	1.35	稍长条状
	长宽直径比	0.55	稍长条状至中等长条状
	轮廓	0.21	次棱角状
	平行光	0.22	棱角状
	体积参数	0.3	长条状
	比表面积	0.5 m^2/g	不规则、凹角状
相对密度	月壤颗粒的平均相对密度与其中不同颗粒类型(如玄武岩、矿物碎片、角砾岩、黏结集块岩、玻璃等)的相对含量有关。例如,黏结集块岩和玻璃颗粒相对密度从1.0~3.32不等,玄武岩颗粒相对密度>3.32,角砾岩颗粒相对密度为2.9~3.10。一般取月壤颗粒的相对密度为3.1		

体密度和孔隙度	月壤样品	密度/(g/cm^3)		孔　隙　比		相对密度
		松　散	紧　实	松　散	紧　实	
	Apollo 11	1.36	1.8	1.21	0.67	3.01
	Apollo 12	1.15	1.93	—	—	
	Apollo 14	0.89	1.55	2.26	0.87	2.9
		0.87	1.51	2.37	0.94	2.93
	Apollo 15	1.1	1.89	1.94	0.71	3.24
	Luna 16	1.115	1.793	1.69	0.67	3
	Luna 20	1.040	1.798	1.88	0.67	3

相对密实度	在实际月壤中,在月表下部15 cm以上的相对密实度约为65%,而到了30 cm以下时,月壤的相对密实度就增加到90%。在先前的Apollo计划中并没有预计到在如此浅部的月壤中相对密实度变化如此之快。很明显,月壤并不完全是疏松的,浅部月壤颗粒之间接触就非常紧实,这对在月表取样会造成极大的影响。 因此,相对密实度与体密度、孔隙度以及深度之间存在密切的关系。随着深度的增加,月壤的相对密实度发生了明显的变化,这主要归因于一些微陨石的连续撞击,月壤颗粒粒径减小,颗粒之间接触更加紧密

续　表

指　标	物理力学性质				
	样品编号	样品重量/g	体密度变化范围/(g/cm^3)	压力变化范围/kPa	压缩指数 C_c
抗压性	Apollo 12　12002,119	200	1.67~1.82 1.84~1.92	0.08~67.5 0.09~31.2	0.04~0.11 0.012~0.062
	Apollo 12　12029,8	1.3	1.91~2.00 1.29~1.60 1.4~1.64	1.9~69.9 0.12~28.0 0.14~28.0	0.03~0.09 0.21 0.11
	Luna 16　——	约 10	1.58~1.68 1.03~1.51	0.14~28.0 0.05~98.0	0.04 0.3
	Luna 20　——	约 10	0.98~1.51	0.05~98.0	0.3
抗剪性	Apollo 模型：最佳估计值 内聚力 c：0.1~1 kPa 内摩擦角 φ：30°~50°				
热物理性质	月壤表层 0~2 m 范围的热扩散率为 $0.73 \times 10^{-8} \sim 1 \times 10^{-8}$ m^2/s。 月壤的导热系数为 $0.9 \times 10^{-2} \sim 1.3 \times 10^{-2}$ W/(m·K)。 月壤导热性差的主要原因在于： ① 月壤呈角颗粒状，接触面积较小； ② 高真空、无水的月球环境				

以上物理力学测试数据可以作为月壤研制的标准数据,表中数据可作为钻取用模拟月壤研制基线参数体系。

2. 钻取用模拟月壤指标

前面通过分析深层月壤的物质来源、形成与演变和物理力学性质,同时借鉴已经实施的月球勘察活动结果,以取芯作用尺度观察月壤结构与单元组构,建立反映实际月壤物理力学特性的参数集,建立钻取用模拟月壤研制的基线数据体系,具体包括化学成分、矿物组成、相对密实度、颗粒形态、颗粒级配、孔隙比、含水量、内摩擦角和内聚力等作为模拟的主要参数指标,如表 7.5 所示。图 7.8 为月壤颗粒级配图。

表 7.5　模拟月壤体系表

序　号	名　称	指　标
1	月壤原料	新生代碱性橄榄玄武岩,新鲜玄武岩机械破碎,加工筛分粒度大于 1 mm 的颗粒,将小于 1 mm 的颗粒样品采用雷蒙磨进行加工,加工的粒径由大到小依次为 0.1~1 mm、0.075~0.1 mm、0.05~0.075 mm、0.025~0.05 mm、0.01~0.025 mm 和 0~0.01 mm

序　号	名　称	指　　标
2	颗粒形态	大多为棱角状
3	颗粒级配	见图 7.8
4	比重	松散 0.96~1.44 g/cm³,密实 1.926~2.315 g/cm³
5	相对密实度	0~100%
6	孔隙比	松散 1.93~0.884,密实 0.409~0.072
7	内聚力	0.14~1.69 kPa
8	内摩擦角	20°~40°
9	含水量	<0.5%

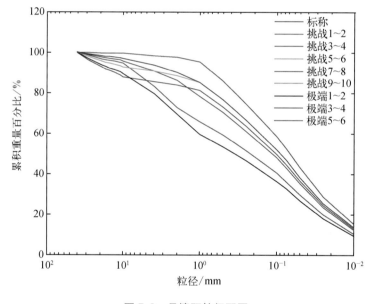

图 7.8　月壤颗粒级配图

7.2.4　钻取用模拟月壤的研制准则与需求

1. 钻取用模拟月壤的研制准则

月壤及环境有别于地球土壤,但从同位素分析得出的月球与地球化学成分基本相同,可以把月壤看成一类特殊存在的土壤形式,为此提出两个问题,一是模拟月壤与实际月壤能否相似,二是模拟月壤能否涵盖所关注月面区域深 2 m 剖面状况,为此模拟月壤的研制遵循两个原则,即模拟月壤的等效性、包络性原则。

1）模拟月壤的等效性原则

采用从细观到宏观、从局部到整体、从定性-定量-定性研究方法,采用演绎推理方法评价月壤的等效性。在充分吸收国内外研究成果的基础上,分析影响钻取月壤的主要性质,从钻取月壤所关注的物理力学性质出发,提取影响月壤特征参数,开展碎片化月壤物理力学信息梳理,建立实际月壤土力学指标体系作为标准。建立了反映月壤物理特性的特征参数集,侧重研究月壤横断面与纵深 2 m 剖面的物理与力学性质,以月壤钻取作用尺度与取芯作用尺度为标度,研究月壤剖面地质构造与颗粒组构,采用特征参数分别关联比对,将模拟月壤参数集量化并成为实际月壤参数集的子集,为此提出模拟月壤研究的等效性原则,以说明模拟月壤与实际月壤的相似程度,从而分析与判断模拟月壤的等效性与包络性。

2）模拟月壤的包络性原则

根据物质存在普遍形式分析月壤存在形式,在通往月壤苛刻度坐标上存在均质、颗粒、固体(相对研究尺度)三种形式,在反映月壤钻取风险的颗粒度、颗粒级配等方向展开连续平面,从连续到离散,采用有限剖面焦点形成点阵,反演所关注的月面剖面全部,在此提出模拟月壤的包络性原则,以说明所研究的模拟月壤对实际月壤存在形式的涵盖性能,如图 7.9 所示:

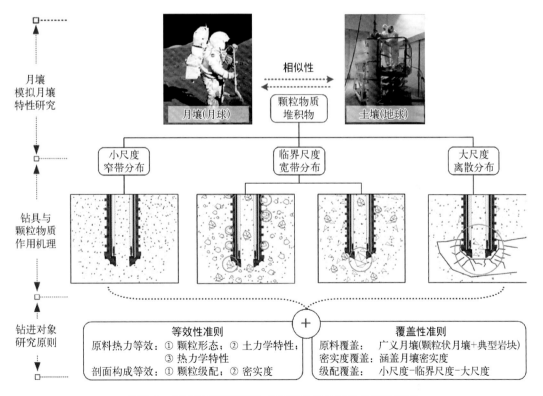

图 7.9　钻取用深层月壤技术研究的等效性和包络性原则

月壤包络性主要针对月壤剖面工况钻取苛刻度维度完备性,属于等效性的宏观层面要素,等效性内涵是细观与宏观等效,是指模拟月壤在钻取特性上的逼真程度。

2. 钻取用模拟月壤的需求

钻取采样器的月面工作过程的核心是钻进取芯过程,钻进取芯的核心机理是对月壤的破碎、排屑运移和样芯的收集过程。模拟月壤的土力学参数、微观形态、颗粒级配、密实度特性是决定钻具与模拟月壤间相互作用特性的核心要素。在模拟月壤的研制过程中,需要在充分调研月壤特性的基础上,遵循"等效性、包络性"准则,达到以下要求。

1) 模拟月壤、月壤与钻具作用力学特性的"等效性"需求

模拟月壤的颗粒状原料的土力学特性,如内聚力、摩擦角要与真实月壤的统计规律相接近;颗粒的微观形态要尽量与真实月壤相类似,如尽量采用特殊粉碎方法,以保证大多数颗粒具有不规则棱角状形态。通过上述要求,充分保证钻具与模拟月壤间的相互作用力学特性和钻具与月壤间的相互作用力学特性具有"等效性"。

2) 模拟月壤宏观尺度形态的"包络性"需求

相对于取芯钻具的几何尺寸,制备的模拟月壤在宏观尺度、颗粒级配方面具有足够的包络性,需要涵盖小尺度样本、大尺度岩块样本、临界尺度样本,并可制备出各典型样本间的插值样本。通过这些试验用钻进样本的制备和钻进取芯试验,充分预估钻进取芯的功耗、优化钻具设计、优化钻进规程、积累钻进取芯对策数据库、考核钻取采样器的可靠性。

3) 钻进试验月壤剖面的相似性需求

当取芯钻具、模拟月壤原料、钻进规程确定以后,模拟月壤的密实度是决定钻进负载、取芯特性的主要因素。并且针对某种特性的模拟月壤原料,其密实度可以通过二次机械制备方法加以改变并且可控。为此,需要研究针对改变模拟月壤密实度的二次制备工艺与装备,如震动夯实、强制压实等。通过二次机械制备,制备出与月壤深度剖面相似的密实度分布规律。

4) 模拟月壤的剖面特征制备与识别需求

模拟月壤在制备过程中,需要充分考虑"取芯率""层理信息保持""整形特性"等方面的量化考核需求,在剖面特征的制备过程中,要具有剖面界面识别、特征物量化掺杂、特征物无损识别等方面的方法与实施措施。

3. 等效性与包络性解读

模拟月壤研制方法主要解决微元等效性问题,其次是剖面包络性问题,最后是模拟月壤钻取特性等效程度问题,也称模拟月壤等效性问题。等效性为模拟月壤在土力学性质方面无限逼近真实月壤,微元等效性内涵表现矿物组成、颗粒形态、颗粒度等。另外,包括组构的内摩擦角与内聚力值。剖面包络性指月壤剖面特性模拟,包括颗粒级配、剖面密实度、演化过程剖面差异化与成熟度与月壤关联性,不同地带与地质活动带来突变剖面特征等。

4. 等效性模拟方法

模拟月壤的等效性方法采用归纳逻辑思维,通过局部等效反映总体等效方法,提取 Apollo 丰富研究成果,按月壤等效性指标及专业特征指标,逐步关联比对,当所研制的月壤指标及特征性分别进入指标体系范围,化学成分与矿物组成一致,这认为模拟月壤与实际月壤高度相似,则认为具有等效性。

1) 实际月壤剖面图

由于钻取采样对象是针对月球风暴洋区 0~3 m 的剖面月壤,钻取采样用深层模拟月壤制备依据了全部已公开的 Apollo 和 Luna 深层采样剖面的数据,这些数据包括 Apollo 11、Apollo 12、Apollo 14、Apollo 15、Apollo 16、Apollo 17 的已公开的岩心取样剖面,如图 7.10 所示,以及 Luna 16、Luna 20、Luna 24 的钻探取芯剖面。

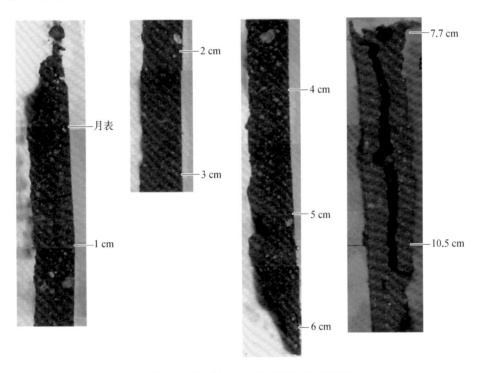

图 7.10　Apollo 14‑14210、14211 岩心剖面图

2) 抽象剖面模型

从月壤存在一般形式出发,再聚焦研究对象为月海区钻取用剖面月壤,界定月海区实际月壤包络区域,按统计特征分析包络区域分布特征,从科学分析和探月活动结果出发,制定科学合理的钻取采样剖面包络区域。

从构造形态上来说,月壤一般存在形式为均质细粉、粗糙颗粒、大颗粒级配、具有较密和广义固体,简称典型月壤区(普遍性)、极端工况区(特殊性、小概率、包络性),如图 7.11 所示,这些形式构成钻取苛刻度的一致方向,可以设为水平坐标,在反应颗粒级配、颗粒硬度、颗粒密实度程度上又可以拓展在钻取苛刻度方向上坐标,拓展为二维平面(曲面),在

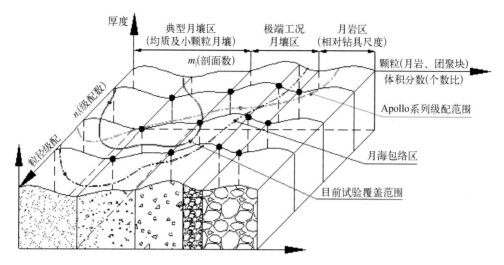

图 7.11 月壤钻取采样剖面工况分析

不同苛刻度中的变量拓展中,得到一系列剖面及剖面焦点,这些离散的焦点反映该处剖面苛刻度,离散点阵反映月壤存在整体形式,是月海包络区域外的古老高地典型特征。

5. 模拟月壤研制技术路线

1) 制备流程

作为钻取式模拟月壤,需要充分认识 2 m 的深层剖面月壤性质,结合着陆区地质状况评估月壤构造状态,尤其关注影响钻进和取芯月壤的物理力学特性,充分借鉴国内外研究成果,借助我国科学家在月壤研制方面上的经验与现有技术成果,开展国内外学术交流活动,首先研究模拟月壤普遍性,即研制几种典型模拟月壤,然后研究月壤的特殊性,设计不同钻取苛刻工况,分析各种极端工况存在的可能性与概率及存在的科学性,评估不同特征月壤作用特性和钻取采样器钻取能力。对反映土力学性质的特征量,如颗粒粒径、密实度、颗粒级配等土力学参数进行等效,同时工程上采用最大包络原则,制备具有风险特征的模拟月壤,在通往月壤钻进苛刻度道路上注入不同岩块尺度、硬度、体积分数钻取风险性特征、故障特征模拟月壤,钻取月壤研究技术路线如图 7.12 所示。

图 7.12 钻取月壤研究技术路线

2) 钻取用深层月壤产品化实施方案

依据关键技术攻关、原理样机研制、工程样机研制、初正样产品研制等阶段的支持设计、验证产品特性、钻进策略优化、单机可靠性考核等目标,对钻取用深层月壤研制及有关试验的规划进行了系统分析与梳理,形成了如图 7.13 所示的逐步深化,以及与产品密切结合的实施方案。

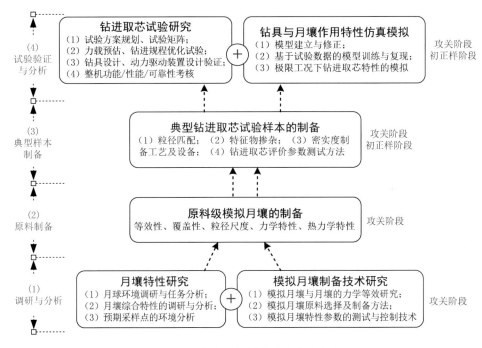

图 7.13　钻取月壤技术研究实施方案

从研制状态维度上划分,研究路线横跨方案阶段、原理样机阶段、工程样机阶段、初样阶段和正样阶段,钻取用月壤研究及各类试验服务于产品的全开发周期。

3）原材料选取

模拟月壤原材料选取玄武质火山渣与碱性橄榄玄武岩两种,火山渣为黑色、灰黑色、红褐色、紫灰色;多呈炉渣状、焦炭状、泡沫状或蜂窝状;尖棱角状,尖端锐利。主要组成矿物为橄榄石、辉石和斜长石,还可见少量磁铁矿、磷灰石等矿物,与实际月壤组成比较类似;火山渣表面风化程度较小,保存新鲜,并且该区及邻区火山渣储量巨大,因此是模拟月壤的理想原材料采集区。

由普通辉石、斜长石、橄榄石、磁铁矿和玻璃组成,与实际月壤组成比较类似,因此可选取作为模拟月壤的基础原料[14]。

1 mm 粒径以上的颗粒原材料选用玄武岩,1 mm 粒径以下的颗粒原材料选用玄武岩和玄武质火山渣,选取设计符合情况如表 7.6 所示。

表 7.6　原材料选取设计的符合情况

序号	项　目	技 术 要 求	实 际 设 计	符合情况
1	基础原材料	1 mm 粒径以上的颗粒原材料选用玄武岩,1 mm 粒径以下的颗粒原材料可以选用玄武岩或玄武质火山渣	粒径>1 mm:选用碱性橄榄玄武岩 粒径<1 mm:选用碱性橄榄玄武岩和玄武质火山渣	符合

4）原材料的加工与检测

原材料的加工主要包括破碎与筛分两步,首先将采集的原材料利用破碎机进行初步粉碎,就地加工筛分粒度大于 1 mm 的颗粒,将小于 1 mm 的颗粒样品采用雷蒙磨进行加工,保证原材料棱角状与次棱角状的颗粒形态,原材料的粉碎加工如图7.14 所示。

(a) 破碎机初步粉碎   (b) 雷蒙磨粉碎

图 7.14 原材料粉碎加工

然后,对粉碎后小于1 mm 的颗粒样品进行筛分分级,使用带有不同筛孔尺度和目数的标准筛进行筛分,以得到不同的原材料颗粒粒径。不同颗粒粒径所使用的标准筛目数如表7.7 所示。

表 7.7 不同颗粒粒径所使用的标准筛目数

序 号	粒径大小/mm	标准筛目数/目
1	<0.01	1 600
2	0.01~0.025	1 600~540
3	0.025~0.05	540~280
4	0.05~0.075	280~200
5	0.075~0.1	200~140
6	0.1~1	140~18

原材料加工完成后需进行检测,检测项目及方法、设备如表7.8 所示。

表 7.8　原材料检测矩阵

序号	测试项目	检测方法	检测设备	检测批量	备　　注
1	颗粒形态	电镜扫描法	扫描电镜	各颗粒级配抽取 1%	
2	颗粒粒径	1 mm 以下用激光粒度仪测试,1 mm 以上用筛分法	激光粒度仪	各颗粒级配抽取 1%	分别对不同粒径的模拟月壤进行测试
3	比重	比重瓶法	比重瓶	各颗粒级配抽取 1%	测试自然松散状态
4	密度	环刀法	环刀仪	各颗粒级配抽取 1%	测试包括相对密度 75%、80%、85%、90%、95%、100% 多种状态
5	孔隙比	量筒倒转法	量筒	各颗粒级配抽取 1%	测试包括相对密度 75%、80%、85%、90%、95%、100% 多种状态
6	内聚力	直接剪切试验	直接剪切仪	各颗粒级配抽取 1%	测试对象粒径 1 mm 以下,包括相对密度 75%、80%、85%、90%、95%、100% 多种状态
7	内摩擦角	直接剪切试验	直接剪切仪	各颗粒级配抽取 1%	测试对象粒径 1 mm 以下,包括相对密度 75%、80%、85%、90%、95%、100% 多种状态
8	含水量	电热烘箱烘干法	电热烘箱	各颗粒级配抽取 1%	测试自然松散状态
9	化学成分及比例	化学分析	X 射线荧光光谱仪	各颗粒级配抽取 1%	
10	矿物组成及比例	背散射电子影像法	BSE 影像仪	各颗粒级配抽取 1%	

5）颗粒级配配制

颗粒级配配制采用混合搅拌的方法,将不同粒径的模拟月壤按照要求的配比进行搅拌,单次一定量原材料经过充分搅拌,注意搅拌时搅拌机需要进行封口防尘。如图 7.15 所示,配制出模拟月壤所需的级配。

6）100% 相对密实度实现

与月壤实际形成机理类似,模拟月壤填筑压实采用定量分层填筑、三维振动压实的方法,

图 7.15　混合搅拌操作

以获得指定的相对密实度以及等效的物理力学性质,如图 7.16 所示。

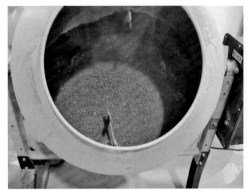

(a) 原材料混合　　　　　(b) 混合后材料称取　　　　　(c) 分段振动压实

图 7.16　100％相对密实度实现

图 7.17　样品装入烘箱

6. 模拟月壤检测[15]

1）模拟月壤含水量测试

含水量试验采用电热烘箱烘干法。首先,用铝盒称取代表性样品 50 g,然后在电子天平上称重。控制试验温度为 105 ~ 110℃,使之恒温达 8 h 以上烘至恒量。本次试验为平行测试,取其算术平均值。图 7.17 为试验人员将样品装入烘箱。

2）模拟月壤摩擦角内聚力测试

采用直接剪切试验来测定。直剪试验的方法是在开始剪切前对样品先预压 2~3 min,然后以 200 mm/min 的速率剪切(为不固结不排水剪),直到量表显示剪切位移出现最大恒值时为止,同时记录剪切位移与剪应变的关系。曲线加载等级按 100 kPa、200 kPa、300 kPa、400 kPa 四级砝码加载。土力学参数检测内容为抗剪强度指标的检测——内聚力 c 和内摩擦角 φ,采用三轴剪切试验进行测定,如图 7.18 所示。

(a) 模拟月壤表面状态　　　　(b) 获取的样品标本　　　　(c) 三轴剪切试验

图 7.18　土力学参数检测

3）模拟月壤相对密度测试

在制备过程中,利用质量体积法测定模拟月壤相对密度,对每一次输入的深层模拟月壤质量进行记录,待振动完毕后测量试验槽内土壤高度,从而计算出现阶段体积,最终可通过公式计算出当前相对密度,模拟月壤相对密度在线检测如图 7.19 所示。

图 7.19　模拟月壤相对密度在线检测

相对密度的计算公式为

$$D_r = \frac{(\rho_d - \rho_{d\,min})\rho_{d\,max}}{(\rho_{d\,max} - \rho_{d\,min})\rho_d}$$

式中,ρ_d 为干密度;$\rho_{d\,max}$ 为最大干密度;$\rho_{d\,min}$ 为最小干密度。

由上式可知,在填充时,应根据实际最大、最小干密度数值,按上式得到相对密度为试验所要求数值所对应的干密度,即 ρ_d,然后算出每次填充高度 500 mm 需要的模拟月壤质量,对其进行质量控制。

当试样中含有粒径大于 2 mm 的粗颗粒时,可按如下对其最大干密度值进行修正:

$$\rho'_{d\,max} = \frac{1}{1 - P_2/\rho_{d\,max} + P_2/\rho_w G_{s2}}$$

式中,$\rho'_{d\,max}$ 为校正后试样的最大干密度,g/cm³;P_2 为粒径大于 2 mm 粗颗粒的质量百分数,%;G_{s2} 为粒径大于 2 mm 粗颗粒的比重,玄武岩为 2.9。

4）模拟月壤级配 CT+CR 成像

模拟月壤颗粒形态拍照是通过扫描电镜室完成的。试验仪器及现场如图 7.20 所示。

颗粒形态以棱角状、次棱角状为主,如图 7.21 所示,且符合颗粒形态的纵横比、复杂度因子、长度直径比,与真实月壤相似度高,能够模拟钻进过程的力学特征。

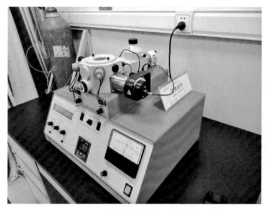
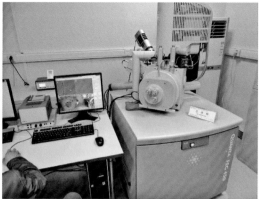

(a) 试验仪器　　　　　　　　　　　　　　(b) 现场

图 7.20　样品喷碳与样品拍照

(a) 环扫　　　　　　　　　　　　　　(b) 场发射扫描电镜拍摄

图 7.21　模拟月壤颗粒主要颗粒形态

7.2.5　模拟月壤组构单元等效性分析

在充分吸收国内外研究成果的基础上,从钻取月壤所关注的物理力学性质出发,建立了反映月壤物理力学特性的特征参数集,从月壤形成与演化科学描述介入,侧重研究月壤横断面与纵深 2 m 剖面的物理力学性质,以月壤钻取作用尺度与取芯作用尺度为参照,研究月壤地质构造与颗粒组构,从而分析与判断模拟月壤的等效性与包络性。

模拟月壤的等效性主要是指与实际月壤物理力学性质的等效,研制在物理、土力学与真实模拟月壤性质具有等效性的岩土,对月壤构造特征具有等效性和包络性,确保模拟月壤研制的正确性,可用于考核钻取过程行为,如力载特性、取芯可靠性、钻进热特性、钻进规程等;提取模拟月壤的主要特征参数集,与实际月壤的总体参数对比,可以分析与研究其包络性,从而可以分析模拟月壤钻进试验对实际月壤钻进参考的有效性,提高地面试验验证的置信度。

1. 主要性质比对分析

通过实验室标准的性质检测,将模拟月壤与实际月壤的特征参数进行比对,包括化学成分、矿物成分、颗粒形态、粒径及粒径分布、密度、内摩擦角和内聚力等参数,评价其等效性。具体比对分析结果如下。

(1)化学成分的相似度

模拟月壤与实际月壤和国外的模拟月壤在化学成分上基本一致,差别在于 MgO、CaO 的含量低于实际月壤,而 Na_2O、K_2O 的含量略高于实际月壤,如图 7.22 所示。

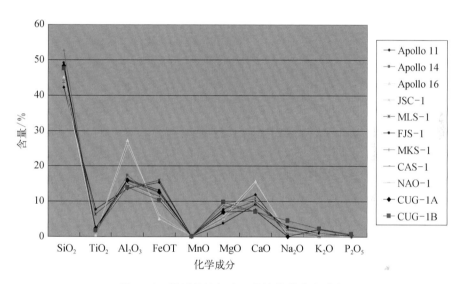

图 7.22　模拟月壤与实际月壤化学成分对比

(2)矿物成分

实际月壤与模拟月壤的矿物组合和种类相同,它们都是由斜长石、橄榄石、辉石、钛铁矿和火山玻璃等组成。模拟月壤与实际月壤的矿物成分相比,火山玻璃和硅酸盐矿物的组成相同,但绝对含量有较大差异,这是因为实际月壤中有较多的黏结角砾集块岩,由于经费和时间所限无法完成。

(3)粒径及粒径分布

研制了不同粒径的模拟月壤,粒径分别为 40~10 mm、10~1 mm、16~150 目(1~0.1 mm)、150~180 目(0.1~0.08 mm)、200~240 目(0.075~0.061 mm)、300~500 目(0.05~0.025 mm)、500 目以上(<0.025 mm),Apollo 采样点月壤粒径分布图如图 7.23 所示。

实际月壤颗粒粒径变化较大(0.01~1 mm),模拟月壤包络了实际月壤的粒径范围。

2. 物理力学性质的相似度总体评价

根据前面的对比,模拟月壤与实际月壤物理力学性质相关参数总结如表7.9所示。

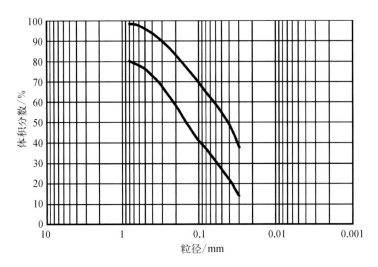

图 7.23　Apollo 采样点月壤粒径分布图（Apollo 11、
Apollo 12、Apollo 14、Apollo 15）

表 7.9　模拟月壤与实际月壤物理力学性质相关参数比较

	实 际 月 壤	模 拟 月 壤	符 合 度
粒径范围	<1 mm	<1 mm	100%
密度	1.3~2.29 g/cm^3	1.393~2.315 g/cm^3	98%
内摩擦角	30°~50°	33.6°~41.5°	84%
内聚力	<0.03 kPa	0.14~1.69 kPa	74%
压缩系数	<3 MPa^{-1}	0.01~1.19 MPa^{-1}	符合

注：Apollo 数据来源于 Carrier。

　　针对上述分析,可以看到,模拟月壤的物理力学性质方面,完全在真实月壤各项参数的范围内。总结模拟月壤与真实月壤对比情况如表 7.10 所示,以上比较了月壤主要性质和关键参数,模拟月壤物理力学性质与实际月壤具有吻合性。

表 7.10　模拟月壤与真实月壤对比情况

	真 实 月 壤	模拟月壤	符合度
矿物成分	月海低钛玄武岩、月海高钛玄武岩、角砾岩、高地斜长岩	斜长岩、玄武岩、辉石、钛铁矿和火山玻璃	基本一致,模拟月壤缺少黏结角砾岩

续　表

		真　实　月　壤						模拟月壤	符合度
颗粒形态		大多为棱角状						大多为棱角状	高度相似
密度/ (g/cm³)		Apollo 11	Apollo 12	Apollo 14	Apollo 15	Luna 16	Luna 20		98%
	松散	1.36	1.15	0.89	1.1	1.115	1.040	0.963~1.440	
	密实	1.8	1.93	1.55	1.89	1.793	1.798	1.926~2.315	
孔隙比		Apollo 11	Apollo 12	Apollo 14	Apollo 15	Luna 16	Luna 20		98%
	松散	1.21	—	2.26	1.94	1.793	1.798	1.93~0.884	
	密实	0.67	—	0.87	0.71	0.67	0.67	0.409~0.072	
相对密实度		在实际月壤中,在月表下部 15 cm 以上的相对密实度约为65%,而到了 30 cm 以下时,月壤的相对密实度就增加到90%						90.1%~90.8%	符合
粒径范围		Apollo 11、 Apollo 12、 Apollo 14、 Apollo 15 (月海)	Apollo 11、 Apollo 16、 Apollo 17 (高地)	Luna 16 (月海)	Luna 20 (月海)			五种工况模拟月壤,颗粒级配包络实际月壤	符合,具有包络性
	<1 mm	约95%	约90%	95.67%	99.6%				
	1~10 mm	约5%	约10%	4.33%	0.4%				
	>10 mm	0	1%~2%	0	0				
内摩擦角		30°~50°						33.6°~41.5°	84%
内聚力		<0.03~2.1 kPa						0.14~1.69 kPa	74%
压缩系数		<3 MPa⁻¹						0.01~1.19 MPa⁻¹	符合
含水分情况		高真空、无水的月球环境						含水率 0.1%~0.66%	

3. 等效性分析小结

以等效性为原则,提出的模拟月壤原材料来源、加工、筛分、级配、巩筑、检测方法等具有一定仿真性。依据特征参数集中的关键指标参数,对模拟月壤的物理特性进行了逐项比对,研制的模拟月壤特征参数集属于月壤特征参数的子集,通过对月海区月壤剖面设计,提出了几种月壤钻取工况,使钻进试验用模拟月壤具有较好的包络性。

（1）实验室标准的性质检测：将深层模拟月壤与实际月壤的特征参数进行比对，包括化学成分、矿物成分、颗粒形态、粒径及粒径分布、密度、内摩擦角和内聚力等参数，评价其等效性。

（2）力载特性研究与试验比对：通过力载特性研究与试验的结果与美国和苏联的月球采样探测成功经验及公开数据进行比对，具有一致性，因此能够推演出模拟月壤与实际月壤的力学模拟具有等效性。

按照用特征量吻合度评定月壤等效性是正确的，模拟月壤在钻取试验中表现出剪胀效应显著特点，玄武基的月壤具有表面能大、吸附性较强的特点，与实际情况较为相符；通过力载对比和力学本构、失效准则对比表明模拟月壤与实际月壤具有较好相似性；通过对风险月壤特征识别和分析，模拟月壤钻取苛刻性方面对实际月壤具有包络性。

模拟月壤在反映物理力学特征量上与实际月壤具有匹配性，反映一般月壤普遍形式，需进一步研制模拟不同钻取风险等级和具有钻取故障特征模拟月壤，科学论证每种苛刻等级存在的真实状态和发生作用概率，获得公认的月壤参数（含极端工况）和与实际月壤等效性（相似度）的评估。

4. 月壤剖面级配

通过深层月壤特性分析，得出实际月壤参数集，定性分析了模拟月壤的研制思路：针对钻取任务的剖面模型，制定深层模拟月壤级配配制方案，将不同粒径大小的模拟月壤及月岩按照一定配比进行混合，以模拟真实深层月壤的剖面情况，为钻取采样用模拟月壤提供可靠依据。

根据 Apollo 和 Luna 钻取采样剖面的数据，统计表征出不同颗粒级配比例和出现的深度，通过这些数据的统计，为各种工况深层模拟月壤级配配制提供具有正确性的定性依据。在此级配中，相对较为关注大颗粒样品的级配比例，因大颗粒样品的出现对钻取采样影响比较大，有可能出现卡钻、堵钻、卡芯等事故，影响取芯率，甚至出现无法钻进的情况。

Apollo 14、Apollo 15、Apollo 16、Apollo 17 包括八个钻孔出现大于 10 mm 颗粒，其中，Apollo 16、Apollo 17 钻孔岩心中最多。表 7.11 统计了每米剖面大于 10 mm 大颗粒的个数及出现的深度。

表 7.11 大于 10 mm 大颗粒在月壤剖面出现的个数及深度

深度 /cm ＼ 剖面编号	Apollo 15		Apollo 16				Apollo 17		
	15007	15010、15011	60002	60014	68002	68001	70009、70010	73002	79001、79002
0~100	1 颗 12 mm（30 cm 深处）	1 颗	—	1 颗（15~17 cm 深处）	10 颗	18 颗	2 颗（10~20 cm 深处）	5 颗 10~30 mm 不等（12.5~23 cm 深处）	1 颗 25 mm（12~15 cm 深处）

深度 /cm	Apollo 15		Apollo 16				Apollo 17		
剖面编号	15007	15010、15011	60002	60014	68002	68001	70009、70010	73002	79001、79002
100~200	—	—	1 颗 10 mm	—	—	—	—	—	—
200~300	—	—	—	—	—	—	—	—	—

5. 钻取月壤剖面设计

基于对 Apollo 钻进的研究,美国学者提出如果钻杆直径为 20 mm,则直径小于 40 mm 的岩石在钻进时将被推开或避开,而且在钻深 1 m 的情况下,对 Apollo 15、Apollo 16 和 Apollo 17 的取芯管数量和深度进行了统计分析,认为钻深 1 m 内钻进遇见月岩的概率为 0.05。

在月表钻进遇见岩石的概率较低,小于 5% 左右,因此月表钻进对象主要选择月壤为主。从 Apollo 几次样品剖面统计中,最为苛刻为 Apollo 17 月壤剖面,其硬质块状物体积分数小于 10%,绝大多数小于 20 mm,而且沿深度没有规律性。实际上钻取活动在成熟度低的月壤区遇到大于 10 mm 月岩概率为 100%。

统计分析表明,月壤客观存在形式一般以均质、级配、带一定浓度颗粒块为主,在月海区理论上没有碰到基岩和大块岩石的可能性,对于取芯作用尺度在 15 mm 的尺度内,较大的硬质块可以认为具有岩层钻进效应,实际上我们配置了不同体积分数的月壤钻进工况,为增加测试的包络性采取如下风险月壤钻取测试:

依据月壤剖面组合与分类,在密实度、颗粒级配、颗粒形态、极端工况下多维度展开,以超高密实度月壤一般分布和 Apollo 研究成果为基础,运用研制模拟月壤等效矿物、颗粒介质等效性,构建充满可能存在的"无限"想象剖面,体现了普遍性与特殊性的存在,在充满包络剖面中开展钻取试验,提取钻取风险特征及演化规律,最大限度包络月面作用特性,在丰富剖面中演绎月壤不确定性,使月壤确定性脉络逐步清晰。

6. 试验包络性分析

面向钻取的抽象月壤剖面解析如下:月壤颗粒级配良好,月壤以均质、离散颗粒、月岩三种形式存在,分解为均质、离散颗粒、岩石铺层三种基本考核工况。工况之间具有如下涵盖逻辑关系:

(1)考虑月壤密度分布状态,在均质与离散颗粒苛刻度上分解几种不同密实度剖面;

(2)在离散颗粒度上分解不同颗粒体积分数、颗粒粒度剖面;

(3)在离散苛刻度上分解不同颗粒硬度、颗粒作用位置、颗粒集群苛刻剖面;

(4)月岩分解为 4、5、6 级铺层岩石工况;

(5)从钻取苛刻度分析得出,分系统定义的密实、大颗粒(40 mm)、硬质颗粒(目前选

用 8 级)是最苛刻工况之一;

(6)具有 30% 黏合集块岩、具有 3~4 级的月岩(更符合实际月岩硬度)是最苛刻包络工况之一;

(7)均质基础成分加入黏合集块岩、玻璃质,黏性模拟成分进行小子样测试。

分解了具有如下包络性工况,用于取芯钻具迭代优化和能力验证,剖面苛刻度与工况分解如下:

(1)为了达到超高密实度,采用颗粒级配曲线模拟高剪胀性,采用颗粒形态具有嵌合性的级配粒径,用三维振动台振实,使密实度达 100% 以上,揭示密实度形成卡钻、埋钻及排粉机理,识别月球高密实度钻进风险。

(2)岩层模拟。采用厚 80~200 mm 的岩层铺设在月壤槽中,岩层可钻性在 5 级,铺设红砖、泥岩、多孔玄武岩,用于模拟发生概率较小的极端工况。

(3)通过分析不同体积分数、颗粒度、硬度的月岩和硬质团聚块的模拟月壤构造,评估小概率工况,在通往苛刻度等级上识别故障模式与解决预案,界定取样能力。

由于月壤成因相对简单,具有广泛一致性,也就是月壤的普遍性容易认识,而月壤的特殊性是上述识别的三项工况所能包络的,对此制定了三种工况的研制方案,并论述了风险月壤客观存在的科学依据与工程应对策略,初步试验表明,钻进取芯尺度与颗粒月壤形态、粒径相关,例如,在 10~20 mm 尺度内 3~5 mm 粒径就会产生力拱效应和力链效应,影响钻进取芯。

采用科学合理的最大包络和样本比对法对钻取采样风险进行评价,风险月壤具有不同发生概率,总概率较小,风险月壤能够在热、力学性质对真实月壤具有包络性。

7.3 专项研究二:采样器钻进热特性研究

月表热环境主要包括高真空、高低温和强辐射及月壤剖面温度,而月壤的热特性与月表的热环境密切相关。而月表物质的导热系数和比热容很低,干燥无水、颗粒棱角明显、内摩擦角很大、相对密度较大,月壤与地球土壤差别显著。

月壤的极低热导率和太阳辐射导致的严酷工作环境,容易导致钻具在钻进过程中温度快速上升,产生的大量热量不能通过月壤及时传导而积聚产生高温,地面初步模拟试验对月岩进行钻进时温度急剧上升,不存在热平衡,容易超过钻具与取芯机构相应材料的极限耐温能力,因此需要进行钻进热特性研究,识别钻具热边界与风险,通过对钻进规程的控制限制钻进生热,确保安全可靠地钻进[16]。

钻具为与月壤直接接触的作用机具,其热特性决定作业成败。钻进热特性的研究是钻取采样器研制中的关键环节,需要进行专项研究和试验验证,以确保在轨工作时机具状态可控,始终处于安全作业状态。

7.3.1　能量传递途径及热风险分析

试验过程中,总能量来源于回转电机、进给电机、冲击电机做功,流向于系统的机械能和热能,其中机械能包括钻具的动能和势能、月壤屑的动能和势能、冲击耗散,热能则包括钻具切削热、月壤屑热、月壤热散、辐射热、传递损失,能量流动图如图 7.24 所示。

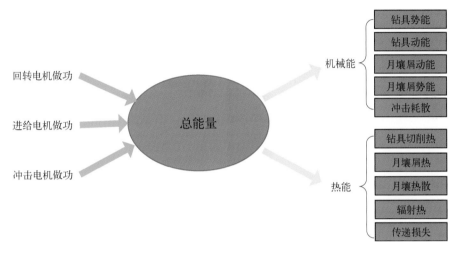

图 7.24　能量流动图

在钻进规程给定的情况下,若钻具的钻进速度一定,则钻具与月壤的动能和势能一定,余下的能量都转化为钻具钻进过程中产生的热能。钻具在钻进的过程中,其与月壤可以视为一个封闭的热系统,损失的机械能 98% 转化为热能,热能的产生主要来源于钻具对月壤作用的能耗摩擦,包括月壤/月岩组构破碎的内聚能。

钻具产生的热量有如下四种扩散途径:① 通过钻杆将一部分热量变成内能;② 通过被排出的钻屑将一部分热量带走;③ 通过钻孔周围的月壤将一部分热量扩散到周边月壤区域;④ 通过热辐射将热能扩散出去。在这四种散热方式中,由于钻具热辐射面积很小,在实际的热模型建立中,热辐射扩散可以忽略不计,产生的主要热量是通过钻杆传导的,同时钻屑能够带走一部分热量,还有很少的一部分热量是通过钻孔周围的月壤扩散的。

钻头在钻掘过程中的温度受几何条件、热物性质、钻掘参数等因素影响,钻头是与月壤(月岩)生热最剧烈的部位,而在钻头中,月壤的破碎通过切削刃实现,因此切削刃是钻具发热最大、温度最高的部位,由于温度是一个不断积累的过程,随着时间的推移,切削刃上的温度会不断增加。随着钻进深度增大,钻进过程中钻头部位产生的摩擦热将越来越多,如果热量得不到及时有效地传导,严重时将造成烧钻事故,导致采样失败。需要开展模拟月球环境下的钻进热特性研究,制定热安全策略,确保安全可靠地钻进[17]。

7.3.2　月壤/月岩热物性与钻取热模型

美国国家航空航天局利用线热源技术对 Apollo 12 所带回来的样品(样品编号:12001 −

19)在真空条件下进行测量,其热导率根据温度不同而稍有变化:160 K 时,热导率为 1.2×10^{-3} W/(m·K);428 K 时,热导率为 3.5×10^{-3} W/(m·K)。 被测量的月壤密度为 $1\,300\,kg/m^3$,测量的真空度为 10^{-6} torr($1\,torr = 1.33 \times 10^2$ Pa),测量数据如表 7.12 所示。

表 7.12　月壤样品 12001–19 的热导率

温度/K	热导率/[W/(m·K)]	温度/K	热导率/[W(m·K)]
169	0.001 14	349	0.002 46
256	0.001 21	356	0.001 97
256	0.001 29	356	0.002 05
286	0.001 61	374	0.002 70
286	0.001 61	374	0.002 78
304	0.002 07	374	0.002 83
324	0.001 80	393	0.002 59
325	0.002 19	394	0.002 68
349	0.002 41	429	0.003 39
349	0.002 43	429	0.003 52

在样品的测量中,同样测量了玄武岩样品的热导率,并与 Apollo 11 所带回的样品的热导率做了一个对比,如图 7.25 所示[18-21] 所测得的数据,拟合出 Apollo 11 和 Apollo 12 所带回样品的热导率计算公式(其中相关的系数如表 7.13 所示)[22,23],即

$$k = A + BT^3$$

表 7.13　方程的热导率计算公式的系数

样　　品	$A/[W/(m·K)]$	$B/[W/(m·K^4)]$
Apollo 12	0.992×10^{-3}	0.319×10^{-10}
Apollo 11	0.142×10^{-2}	0.173×10^{-10}
玄武岩	0.124×10^{-2}	0.243×10^{-10}

1975 年 Tien 和 Nayak 对 Apollo 系列月壤样品热传导率进行了试验测量,试验结果表明,当气压低于 10 Pa(约为 1.33×10^{-1} torr)时,随着气压的降低,月壤的热传导率变化很小,如图 7.26 所示。

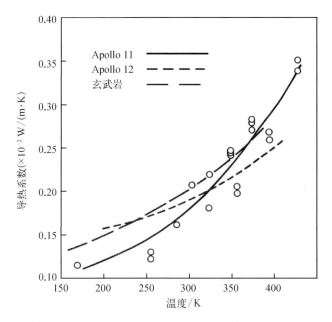

图 7.25　Apollo 12 月壤样品、玄武岩样品和 Apollo 11
月壤样品热传导率对比图

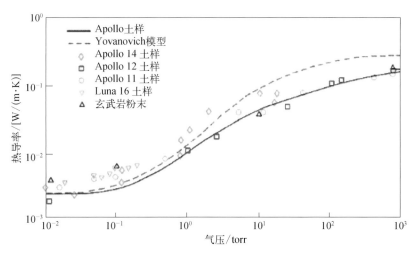

图 7.26　月壤热传导率与气压变化曲线

因此,与月面实际钻进环境相比,在小于 10 Pa 的试验环境真空度下,不影响热辐射的传热效率,对热传导的传热效率影响很小,从而基本不影响热特性试验结果。

月壤为大概率工况,因此这里主要针对月壤钻取进行热模型的建立。钻具在回转与进尺的驱动下,依靠切削与排粉的作用实现月壤的有效钻进,在此过程中,孔底的月壤与钻头切削具始终处于摩擦状态,摩擦产生大量的热能,这是钻头温升的根源。因此,可以从摩擦学角度出发,以能量的转化和守恒定律为基础,建立钻头温升的理论模型。

钻头底面摩擦力为

$$F_\text{底} = \mu_1 F \tag{7.1}$$

钻头侧面摩擦力为

$$F_\text{侧} = \mu_2 P_\text{侧} = \mu_2 M/2R_2 \tag{7.2}$$

式中, μ_1 为钻头底面与月壤的摩擦系数; F 为钻头底面压力, 即轴向钻压力; μ_2 为钻头侧面与月壤的摩擦系数; $P_\text{侧}$ 为钻头侧面压力; M 为钻头扭矩; R_2 为钻头侧面摩擦当量直径。

钻头摩擦所做的功为

$$W_F = F_\text{底} v_1 t + F_\text{侧} v_2 t = 2\pi R_1 \mu_1 FN + \pi \mu_2 MN \tag{7.3}$$

其中, 钻头的回转切向速度为

$$v_1 = 2\pi R_1 N, \ v_2 = 2\pi R_2 N \tag{7.4}$$

根据能量守恒定律, 钻头摩擦所做的功转化为了钻头与月壤的热量, 得

$$W_F = W_\text{钻} + W_\text{月} \tag{7.5}$$

钻具吸收的热量为

$$W_\text{钻} = c_\text{钻} m \Delta T J \tag{7.6}$$

根据式(7.3)、式(7.5)、式(7.6), 得出钻头的温升为

$$\Delta T = \frac{2\pi R_1 \mu_1 FN + \pi \mu_2 MN - W_\text{月}}{c_\text{钻} mJ} \tag{7.7}$$

在真空无水的月球钻进环境下, 月壤的热导率极低, 因此月壤吸收的热量可以忽略, $W_\text{月} = 0$, 则理论模型可以简化为

$$\Delta T = \frac{2\pi R_1 \mu_1 FN + \pi \mu_2 MN}{c_\text{钻} mJ} \tag{7.8}$$

式中, W_F 为钻头摩擦所做的功; $W_\text{钻}$ 为月壤吸收的热量; R_1 为钻头底面摩擦当量直径; N 为回转转速; $c_\text{钻}$ 为钻头的比热; ΔT 为钻头的温升; J 为热功当量系数; m 为钻头的质量。

从温升理论模型中可以看出, 钻头底面摩擦当量直径 R_1、钻头的比热 $c_\text{钻}$、钻头的质量均为可测常量, 回转转速 N、钻头扭矩 M、钻压力 F、钻头底面与月壤的摩擦系数 μ_1、钻头侧面与月壤的摩擦系数 μ_2、热功当量系数 J 为影响钻头温升的主要因素, 其中 N、M、F 为钻进过程中的监测量, 与钻头的温升正相关, μ_1、μ_2、J 为试验修正量, 因此需要进行模拟月壤环境下的钻进过程热特性试验研究, 完善钻头温升的热模型。

月壤钻取热边界无直接参考资料, 目前取试验值并放大作为设计输入。从试验中得出, 在真空条件(真空度 5 Pa)下, 钻头处热量急剧累积, 相较常温常压条件下倍级增长, 在

真空钻进砂岩工况下,钻头处最高温度为 502℃,护套端部最高温度为 349.93℃,取芯管顶端处温度为 254.8℃(并且此值趋于平衡,不再升高)[9]。

另外,建立热模型来推导钻具的热边界,考虑真空下热辐射与月壤热传导的影响,获得关键点的温度时间的关系曲线,如图 7.27 所示。

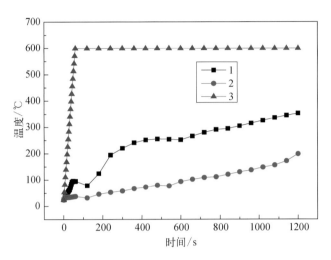

图 7.27　温度随钻进时间的变化曲线

钻进过程中热能的产生主要来源于月壤与钻具的摩擦,以及月壤/月岩组构破碎的内聚能,并建立了解析热模型,并通过热耗散的仿真分析表明,钻具内温度梯度分布较大,钻头前端热量较高,具有一定的热风险,因此需要制定热安全规程与策略[9]。

7.3.3　测试需求分析与试验方法

1. 需求分析

在月面工作过程中,钻头对月壤和月岩进行冲击剪切破碎;钻杆对月壤的螺旋输送排出月面,减小回转阻力矩;在此过程中,钻头破坏月壤颗粒间的结合能,释放出来的能量大部分转化为热能;钻杆与月壤间的摩擦所产生的热量相对较小;软袋取芯机构与月壤样品间几乎没有相对运动,所产生的热量可以忽略不计。而钻进月岩是钻进热最为苛刻工况,所产生的大量热能无法及时散出,因此需要模拟热真空环境来确定钻进过程热特性。

需研制钻进过程热特性试验设备,进行采样器月面工作过程的热特性研究,针对深层月壤特殊物理力学参数和月球表面真空、绝热的特殊环境,配制模拟热真空月壤钻进环境,测试各种钻进规程参数、各种钻头钻杆结构形式、各种模拟月壤和月岩参数等对钻头和钻杆局部温度的影响,从而制定合理的钻进规程参数和钻进策略,修正热力学模型,选择合适的钻头钻杆材料,保证钻取采样器顺利完成工作。

2. 测试方法研究

为了开展具有等效性的热特性试验,对月面主要影响热特性的因素进行地面模拟,包括真空环境、月壤剖面高低温、高密实低导热真空月壤等,在真空下钻取高密实模拟月壤/

月岩等多种典型工况,并监测钻具与月壤剖面的温度分布,获得典型与极端苛刻工况下的温升曲线。

该试验的实现主要存在两大难点:① 对保持高密实状态的模拟月壤抽真空难度大;② 钻进过程中多点实时测温难以实现。针对以上难点,主要采用定向多孔隙抽真空,以及磁流体与波纹管组合密封等方法,实现高密实月壤的钻进过程热监测。钻进过程热特性测试工作原理如图 7.28 所示。

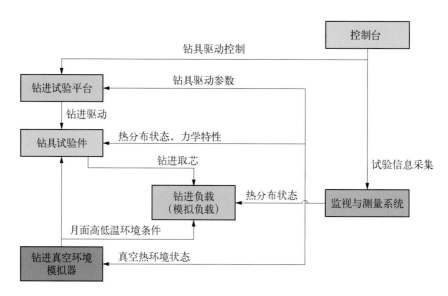

图 7.28　钻进过程热特性测试工作原理

钻进负载和钻具试验件均放置在钻进真空环境模拟器内部,在试验前首先对钻进负载——模拟月壤加热,记录距离加热源不同位置月壤的温度变化过程,反演模拟月壤的热力学参数,为之后的钻进过程热特性测试提供基础数据。在钻进试验过程中,也在模拟月壤内部布置一定数量的温度传感器,以摸索月壤的温度场分布,对真空高低温环境下月壤的传热特性及其在钻进实施时的热特性进行分析,为分析钻具的热特性提供环境状态。

在试验进行前,在钻头、钻杆中的合适位置布置热电偶,导线连接至钻杆末端末尾的信号采集芯片中,钻进同时开始记录温度数据和各工作参数。试验完成后,取出信号采集芯片,进行数据整理、分析处理、显示,绘制出曲线和打印分析报告。至此,即可完成钻进过程的热特性测试工作。

为合理制定钻进规程参数、合理选择钻头钻杆材料和结构提供坚实的理论依据,并能够以较高等效性测试钻具的钻进热特性。

3. 测试系统设计

钻进热特性测试系统组成如图 7.29 所示,由三大系统模块组成,即真空系统、监测与测量系统、控制台系统,并与试验平台配套设备设有接口,每个系统模块相互独立,通过接口相连接,进行通信和协调工作。

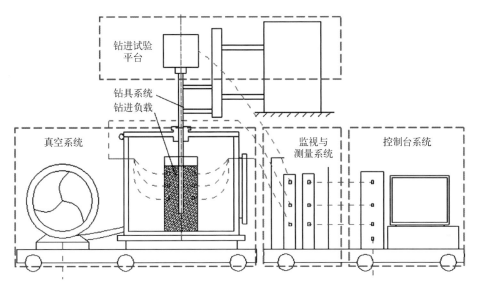

图 7.29 热特性试验设备组成布局

监视与测量系统监测试验过程中旋转电机和进给电机的扭矩、转速和下钻力,真空罐内的真空度和环境温度,钻具和钻头温度测量点的温度,模拟月壤和月岩中测量点的温度,钻杆外螺旋上钻屑流动的情况,并对所有传感器反馈的信号数据进行测量、采集、储存。月壤、月岩温度场的监测采用铂电阻,能够将温度信号通过真空罐引线孔引出到常温环境,进行温度数据采集。

图 7.30 为控制系统组成。控制台系统为系统的计算机控制中心,可以对整套试验平台中

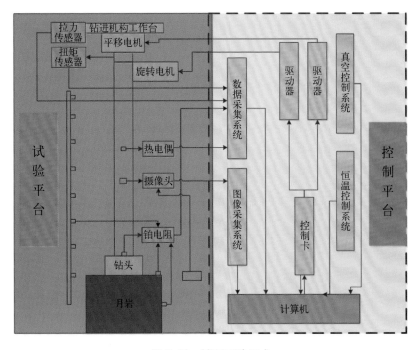

图 7.30 控制系统组成

的各子系统和设备进行监控,收集并分析监视和测量系统得到的数据,并根据分析结果控制钻进试验平台的各设备执行相应的动作,或经过数据分析处理得出拟合曲线等直观的试验结果。

传感器信号均为实时监测,钻探开始前,系统首先通过移动架车平台调整钻具和真空罐(即月壤筒)的相对位置,到达试验初始状态。在操作人员将机械部件安装到位后,通过计算机控制真空系统和恒温系统使试验条件达到所需的真空热环境。然后,分别设定钻具旋转电机和进给电机速度,进而通过运动控制卡和驱动器实现相应电机运动,完成样品钻探测试。在钻进过程中,控制系统接收监测系统得到的扭矩、钻杆下压力、钻杆转速、钻头温度信号,一旦出现异常情况,将控制钻具按照设定策略执行相应动作。在整个测试过程中,控制系统不停地记录分布在各处的温度传感器反馈的信号,并在试验结束后在计算机中进行分析,得出具有实际参考价值的直观试验结果。

7.3.4 模拟试验技术方案

1. 试验方法可行性分析

钻进过程热特性试验过程中的热流和热交换与模拟月壤的物理性质密切相关。粉末状材料和颗粒状材料在常压下通过三种方式进行热传递与热交换:复杂的固体颗粒本身及其接触点之间的热传导,材料空隙间的气体热对流和颗粒间热辐射。在这些材料中,当处于大气环境中时,大部分的热量传递通过颗粒之间的气体传导,只有相对较少的一部分通过颗粒及之间的接触传导。因为月面环境不具备大气,所以在月面环境只存在热传导和热辐射两种传热方式。

美国国家航空航天局研究者 Wechsler 和 Glaser 的研究报告[22]表明,当周围气压低于 1 Pa 时,粉末状玄武岩的热交换不受颗粒间残余气体的影响。因此,为了研究钻进过程热特性,模拟月表的气压条件,只需要其低于 1 Pa 即可。

1)模拟月壤抽真空试验记录

试验共进行两次,试验数据记录如表 7.14 所示。

表 7.14 试验数据记录

开始时间	结束时间	抽气时间/h	最终真空度/Pa
14:00	17:00	3	1×10^{-2}
08:00	11:30	3.5	2×10^{-3}
08:00	17:00	9	1.7×10^{-3}

2)月壤温度场论证分析

(1)月表热环境分析。

现有学者利用求解热传导方程的方法来近似分析和计算,即

$$\frac{\partial}{\partial h}\left(\lambda \frac{\partial T}{\partial h}\right) = \rho C \frac{\partial T}{\partial t} \tag{7.9}$$

式中,h 为月壤的深度,m;T 为月壤温度,K,随 h 和 t 变化;λ 为月壤导热系数,W/(m·K);C 为月壤比热,J/(kg·K)。

由式(7.9)可得出月面正午和子夜月壤温度 T 随深度 h 变化的关系图,如图 7.31 所示,当深度 h 大于 200 mm 时,月壤温度 T 基本无变化;当 h 大于 800 mm 后,T 基本维持恒定,约为 250 K。

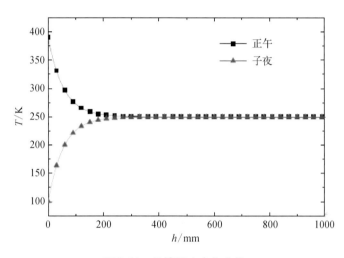

图 7.31　月壤温度变化曲线

还有的学者通过数值计算得到了月壤温度 T 与深度 h 之间的关系[10],即

$$T = (T_{surf} - T_{sub})a^{-8h} + T_{sub} \tag{7.10}$$

式中,T_{surf} 为月表环境温度,K;T_{sub} 为月面深度为 1 m 处的温度,K;a 为随月表纬度变化的变量。

来自太阳辐射能量是导致月表物体温度变化的主要方面,取样钻机着陆于月表将受到影响。真空环境使得钻机钻进过程中的散热途径非常有限,导致钻具温度不断升高。

（2）导热系数和比热。

对月壤自身热特性的描述最重要的两个参数是月壤导热系数 λ 和比热 c。

在月表浅层(小于 3 cm)月壤以微细粉尘的形式存在的区域,月壤的导热系数 λ 随温度 T 的改变而剧烈变化,变化范围为 $0.9 \sim 1.6$ mW/(m·K)。随着深度 h 的增加,月壤导热系数将逐渐增大,并稳定在某个恒值,当 $h > 0.5$ m,$\lambda \approx 0.01$ W/(m·K),现有学者研究得出月表浅层月壤的导热系数绝大多数分布于 $1 \times 10^{-3} \sim 30 \times 10^{-3}$ W/(m·K)。

Jones 等学者研究得出了月壤比热 C 是月壤温度 T 的函数,并通过试验得到了月壤比热 C 与温度 T 间的关系表达式,即

$$C(T) = (A_0 + A_1 T + A_2 T^2 + A_3 T^3) \times 10^{-3} \tag{7.11}$$

式中，$A_0 = -189.972$；$A_1 = 5.724$；$A_2 = -0.0127$；$A_3 = 1.31 \times 10^{-5}$。绘成曲线如图 7.32 所示。

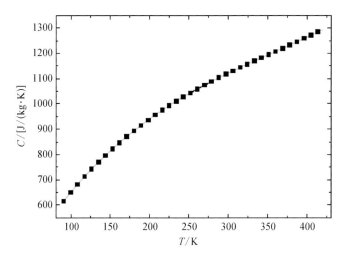

图 7.32　月壤比热随温度变化曲线图

（3）月壤内聚力与内摩擦角。

钻具对月壤的取样作用实际上是使月壤颗粒间产生错位与滑移，一般用抗剪性来表述月壤抵抗这种滑移错位的能力。月壤的抗剪性由内摩擦角 φ 和内聚力 c 进行表征，月壤的内摩擦角 φ 一般取值为 $30° \sim 60°$，表层月壤的内聚力 c 为 $0.1 \sim 3$ kPa，φ 与 c 随月壤的不同地点和深度等而发生变化。文献［22］给出了 φ 和 c 的最佳估计值，如表 7.15 所示。

表 7.15　月表不同深度的月壤内摩擦角 φ 和内聚力 c 最佳估计值

深度/cm	内摩擦角 φ/(°)		内聚力 c/kPa	
	变化范围	均　值	变化范围	均　值
$0 \sim 15$	$41 \sim 43$	42	$0.44 \sim 0.62$	0.52
$0 \sim 30$	$44 \sim 47$	46	$0.74 \sim 1.1$	0.92
$30 \sim 60$	$52 \sim 55$	54	$2.4 \sim 3.8$	3.0
$0 \sim 60$	$48 \sim 51$	—	—	$1.3 \sim 1.9$

3）模拟月壤温度场有限元仿真分析

（1）模拟月壤制冷温度场有限元建模。

月壤均匀地填充在月壤筒内部，月壤筒为钢结构材料，制冷系统采用低温制冷循环器，通过依附在月壤筒外壁上的紫铜冷却管实现制冷。

（2）比热容。

月壤的比热 C 与温度 T 间的关系表达式为

$$C(T) = (A_0 + A_1 T + A_2 T^2 + A_3 T^3) \times 10^{-3} \tag{7.12}$$

式中，

$$A_0 = -189.972, \ A_1 = 5.724, \ A_2 = -0.0127, \ A_3 = 1.31 \times 10^{-5} \tag{7.13}$$

通过式(7.12)和式(7.13)计算得到的部分温度对应比热容如表 7.16 所示。

表 7.16　比热容随温度变化

摄氏温度/℃	物理学温度/K	比热容[10^{-3} J/(kg·K)]
30	303	742.843 2
20	293	726.391 9
10	283	709.703 6
0	273	692.699 8
-10	263	675.301 7
-20	253	657.430 7
-30	243	639.008 4
-40	233	619.956
-50	223	600.195
-60	213	579.646 8

4）结论

经过论证分析，钻进真空热特性试验设备详细设计按照真空度 1 Pa 进行设计，可以保证真空度等效性；所选用的泵组空载时，1 h 后即可达到需要的 1×10^{-3} Pa 真空度，带载时，3.5 h 后即可达到需要的 1 Pa 真空度；所选用的低温冷却循环器 21 h 可以使得模拟月壤 300 mm 直径处降温到-40℃。以上论证充分说明试验的合理性和可行性。

2. 热特性试验的实施

由于钻进过程热特性试验研究的复杂性和不确定性，将其大致划分为 14 步，通过试验方法的摸索、迭代改进，确定最终的热特性实施方案，依据试验结果修正热学模型，如图 7.33 所示。

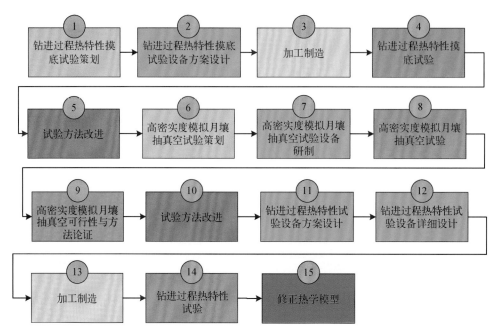

图 7.33 钻进过程钻具热特性试验研究流程示意图

3. 模拟钻进热环境设计

钻进过程钻具热特性试验方案的组成和功能如表 7.17 所示,由四大系统模块组成,即钻具系统、真空系统、监测与测量系统、控制台系统,并与试验平台配套设备设有接口,每个系统模块相互独立,通过接口相连接,进行通信和协调工作,如图 7.34 所示。

表 7.17 钻进过程钻具热特性试验系统组成说明

总体方案	各组成子系统	功 能 简 介
钻进过程钻具热特性试验方案	钻具系统	提供真空钻削热特性试验钻具用来试验钻具在真空中钻模拟月壤和月岩的热特性钻
	真空系统	建立以及维持真空钻削热特性试验中真空月壤筒中的真空热环境(抽真空、加热及恒温保持),保证钻头热特性测试试验在模拟月球真空热环境下进行
	监测与测量系统	监测试验过程中回转电机和进给电机的扭矩、转速和下钻力,真空月壤筒内的真空度和环境温度,钻具和钻头温度测量点的温度,模拟月壤和月岩中测量点的温度,并对所有传感器反馈的信号数据进行测量、采集、储存
	控制台系统	系统的计算机控制中心,可以对整套试验平台中的各子系统和设备进行监控,收集并分析检测和测量系统得到的数据,并根据分析结果控制试验平台各设备执行相应的动作,或经过数据分析处理得出拟合曲线等直观的试验结果

总体方案	各组成子系统	功　能　简　介
试验平台配套设备	钻进试验平台	驱动钻具进行测试的机械平台,由台架和驱动装置构成
	钻进负载	模拟采样器在钻取采样过程中的月球地质环境,由模拟月壤和模拟月岩组成

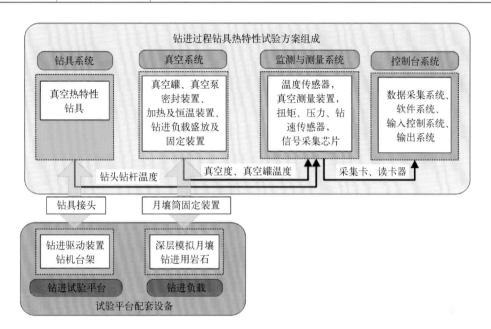

图 7.34　钻进过程钻具热特性试验方案系统组成

钻进过程热特性试验设备的布局如图 7.35 所示。

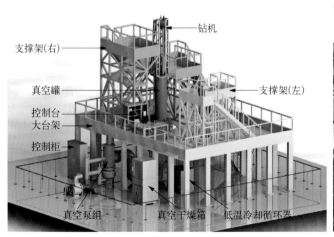

(a) 整体布局图

(b) 实物图

图 7.35　钻进过程热特性试验设备

所有传感器的信号均为实时监测,钻探开始前,系统首先通过移动架车平台调整钻具和月壤筒的相对位置,到达试验初始状态。在操作人员将机械部件安装到位后,通过计算机控制真空系统和加热恒温系统使试验条件达到所需的真空热环境。然后,分别设定钻具回转电机和进给电机速度,进而通过运动控制卡和驱动器实现相应电机运动,完成样品钻探测试。在钻进过程中,控制系统接收监测系统得到的扭矩、钻杆下压力、钻杆转速、钻头温度信号,一旦出现异常情况,将控制钻具按照设定策略执行相应动作。在整个测试过程中,控制系统不停地记录分布在各处的温度传感器反馈的信号,并在试验结束后在计算机中进行分析,得出具有实际参考价值的直观试验结果。

钻进过程热特性试验设备(图 7.36)可实现模拟钻取月壤深度 2.5 m,钻进工作时真空度<10 Pa。通过采用表面热辐射、内部介质循环制冷的加热制冷系统对模拟月壤进行温度调节,可调节范围为−40 ~ +80℃,取芯钻具与模拟月壤内部温度测量范围为−50 ~ 800℃。钻进真空环境模拟器总体结构设计效果如图 7.37 所示,其总体尺寸为 7 825 mm × 1 630 mm × 5 855 mm。

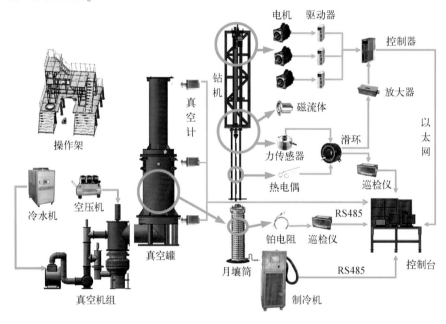

图 7.36　钻进过程热特性试验设备硬件组成

钻进真空环境模拟器主要由真空罐组件、真空获得系统、加热装置、制冷装置、恒温装置、固定台架组成,如图 7.37 所示。真空罐组件为钻机和月壤提供一个真空环境。真空泵为真空获得系统的主要组成部分,将真空罐的腔体抽到试验所需要的真空状态。加热装置为钻进试验环境加热,以模拟月表的高温状态;制冷装置为钻进试验环境制冷,以模拟月壤内部的低温状态,在加热制冷的同时,制造一个绝热的环境,防止热扩散,以更好地监测钻进过程中的热特性。

在真空罐底座上设计一个直径 630 mm 的抽气口,为主要工作抽气口。真空罐下段侧

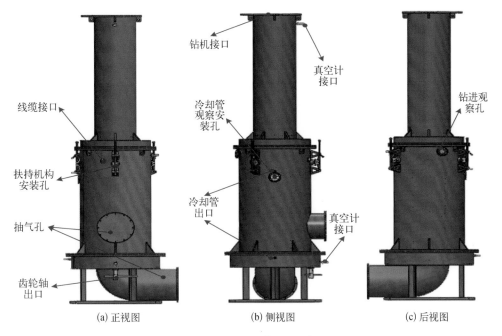

| (a) 正视图 | (b) 侧视图 | (c) 后视图 |

图 7.37 真空罐接口分布

壁上设计一个直径 500 mm 的抽气口为预留抽气口,以方便在试验的过程中增加真空泵从而缩短抽真空的时间。

温度控制子系统如图 7.38 所示,具体包括一个可编程逻辑控制器(programmable logic controller, PLC)用于中央控制,一个真空计用于测量真空机组的真空度,三个温度钎用于测量模拟月壤内部的温度场,一个温度巡检仪用于采集温度信号,三盏碘钨灯用于加

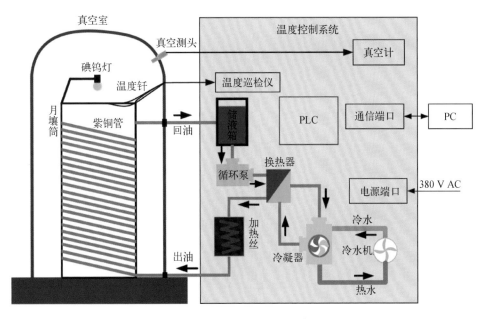

图 7.38 温度控制子系统

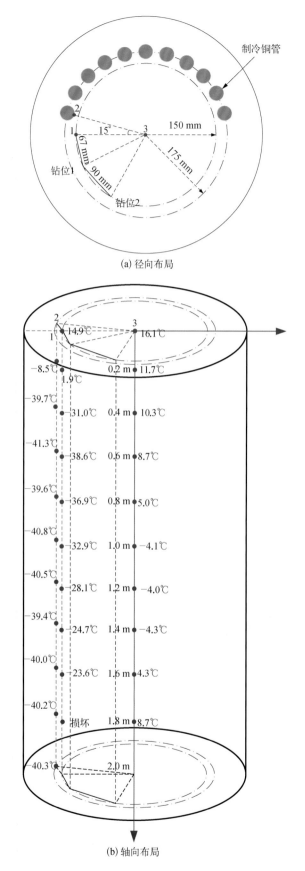

制冷铜管

150 mm

175 mm

2

15°

3

67 mm

90 mm

钻位1

钻位2

(a) 径向布局

2
1
3

−8.5℃ 14.9℃ 16.1℃
1.9℃ 0.2 m 11.7℃
−39.7℃ 31.0℃ 0.4 m 10.3℃
−41.3℃ 38.6℃ 0.6 m 8.7℃
−39.6℃ 36.9℃ 0.8 m 5.0℃
−40.8℃ 32.9℃ 1.0 m −4.1℃
−40.5℃ 28.1℃ 1.2 m −4.0℃
−39.4℃ 24.7℃ 1.4 m −4.3℃
−40.0℃ 23.6℃ 1.6 m 4.3℃
−40.2℃ 损坏 1.8 m 8.7℃
−40.3℃ 2.0 m

(b) 轴向布局

图 7.39　模拟月壤温度场测点布置与监测

热表层月壤,一个储液箱用于储存冷却液,一个循环泵用于循环冷却液,一个换热器用于冷却液和冷凝器的换热,一个加热丝用于将冷凝系统迅速升温,一个冷凝器用于冷却以及一个冷水机用于给冷凝器降温。

4. 模拟月壤温度场测试方案

在模拟月壤中的纵向与横向多维度布置温度传感器,横向距 67~150 mm 布置具有纵深的温度钎,纵向每隔 200 mm 布置 1 个传感器,充分测试模拟月壤中的温度梯度,如图 7.39 所示。

设计有温度信号传导相应的动密封接口,动密封接口采用磁流体与波纹管组合密封,可在钻进过程中实现良好的密封效果。

5. 钻进机具温度梯度识别与控制

钻进机具中布置多个温度传感器,其中 1 号传感器测量的是最前端钻头切削刃切削钻进对象处的温度,反应的是钻头切削刃处最极限的温升情况,后面的传感器监测温度的传递与分布情况,钻头传感器布置如图 7.40 所示。

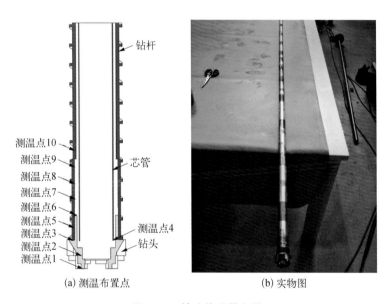

(a) 测温布置点　　　　　　　(b) 实物图

图 7.40　钻头传感器布置

温度传感器采用多点蚀刻,实现在狭小空间内多点测温。钻杆内壁用胶带直接将热电偶丝贴在钻杆内壁上,并确保与钻具直接接触。经过充分调研市场上的温度传感器,基于测温范围、测量精度、传感器尺寸、响应速度等因素考虑,方案选用热电偶温度传感器。热电偶是一种基于热电效应的传感器。热电效应是指将两种不同材料的导体(或者半导体)连接起来构成闭合回路,当两个连接点之间存在温差时,两点之间便产生热电势进而形成电流。不同的金属将产生与温度梯度呈线性相关且相异的电势。如果将这些金属的一端连接起来,构成温度传感器的测量端,另一端未连接的则为参考端,该未连接端将出现电压值与温度成正比的电压,故热电偶能够测量温度且不需要任何电压、电流的激励。

测温均选用定制热电偶传感器,由热电偶丝、绝缘管、固定接头、弹簧、补偿导线组成。为方便热电偶传感器在钻杆内部的布局,统一定制热电偶,结构如图 7.41 所示,各参数具体尺寸如表 7.18 所示。

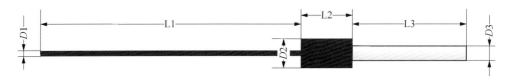

图 7.41　热电偶尺寸图

表 7.18　热电偶尺寸

符　号	名　称	尺寸大小
D_1	偶丝直径	0.5 mm
D_2	保护管直径	4 mm
D_3	引线直径	3 mm
L_2	保护管长度	12 mm
L_3	引线长度	50 mm
L_1	偶丝的长度	根据需要进行定制

7.3.5　钻进热特性试验结果分析

1. 模拟月壤钻取的热特性

如图 7.42 所示,试验共进行不少于 30 次,这里选取了 4 次具有典型特征进行分析,包括模拟月壤以及模拟月壤中预设岩石的工况,第 1 次试验针对深层月壤中预设模拟月岩进行钻进,钻进至深度 1 850 mm 左右遇到预设岩石(可钻性 6.4 级),总钻进时长为 24.55 min;第 2、3、4 次试验针对深层模拟月壤进行钻进,其中第 2 次试验在钻进至深度 1.3 m 时遇到 40 mm 岩石阻挡,持续 15 min 后钻进深度至 1 428 mm,第 3、4 次试验均达到 2 m 的钻进深度。

试验过程中通过对钻具各温度传感器的数

图 7.42　模拟月壤真空钻取试验

据监测,钻头是钻进过程中主要的生热部件,钻头前端切削具温升最高,对钻具 3 个关键位置的温度数据变化进行了统计与分析,并绘制温度曲线,如图 7.43 所示。

通过对以上的最高温升结果和温升曲线分析,可以得出以下几个方面:

(1)试验 1 在钻进至深度 1 850 mm 左右遇到预设岩石(可钻性 6.4 级),岩石钻进持续了 5 min,产生的温度最高达到了 136℃,温升达到了 112℃,表明钻头与孔底的岩石不断地切削与摩擦产生导致温度迅速上升,钻头平均的温升速率高达 27.3℃/min;

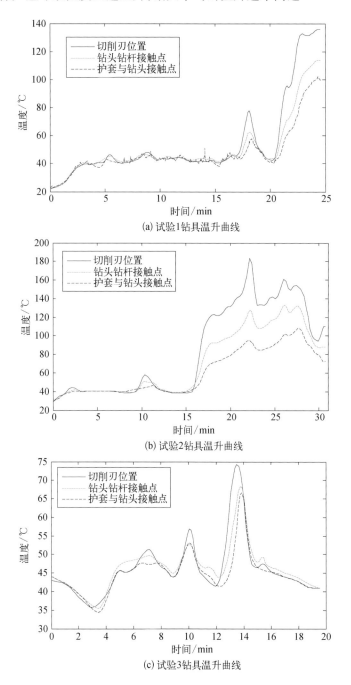

(a) 试验1钻具温升曲线

(b) 试验2钻具温升曲线

(c) 试验3钻具温升曲线

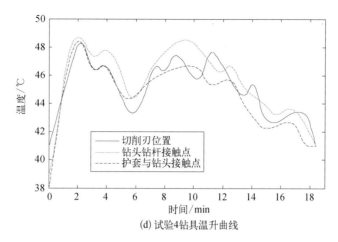

(d) 试验4钻具温升曲线

图 7.43 钻具温度随时间变化曲线

（2）试验 2 钻进总时长达到了 44 min,钻头最高温升 139℃,这是由于钻进模拟月壤的过程中遇到了较多的 10~40 mm 的岩石颗粒,产生了持续较大的孔底钻压力;

（3）试验 3、4 钻进过程顺利,温升较为平缓,分别为 51℃ 和 24℃。

以上 4 次试验钻头的温升区别较大,表明钻头温升与孔底的实际状态存在较大的关联,而在钻进过程中孔底状态实时反映在钻压力和扭矩参数上,因此钻压力和扭矩参数与钻头温升理论上存在一定的相关性,以温升最高的试验 2 为例,将试验 2 的温度曲线与钻压力、扭矩曲线进行对比,如图 7.44 所示。

从以上曲线中可以分析得出,钻头温度与钻压力的变化趋势保持一致,说明钻头前端切削具的温升与钻压力存在很强的正相关性,这符合前面所述的热特性理论模型;钻头温度与扭矩的变化趋势存在一定的正相关性,但相关性较弱,表明需要通过热特性试验结果进一步修正理论模型[23]。

通过以上试验结果可以分析得出以下几个方面:

（1）针对月壤钻取过程中,温升较为平缓,存在热平衡,钻头最高温升未超过 100℃,说明在月壤钻进规程下的具有热安全性;

（2）针对月壤中预设临界颗粒(10~40 mm)或较大岩石(>40 mm)钻取过程中,钻进至岩石界面时温度急速上升,但在钻进规程作用下同样存在热平衡,说明在钻进规程下的具有热安全性;

（3）通过月壤与月壤中预设岩石的试验验证,说明在钻具与钻进规程下具有热安全钻取的能力。

2. 模拟月岩钻进热特性

由于没有月壤的导热,单独对岩石进行钻取的生热情况尤为苛刻,但通过这种最苛刻的工况,可以揭示苛刻工况下的热特性规律,探寻钻进热特性极限边界。

模拟月岩分别以月球多孔玄武岩、黏结集块岩、致密玄武岩为模拟对象,如表 7.19 所示。

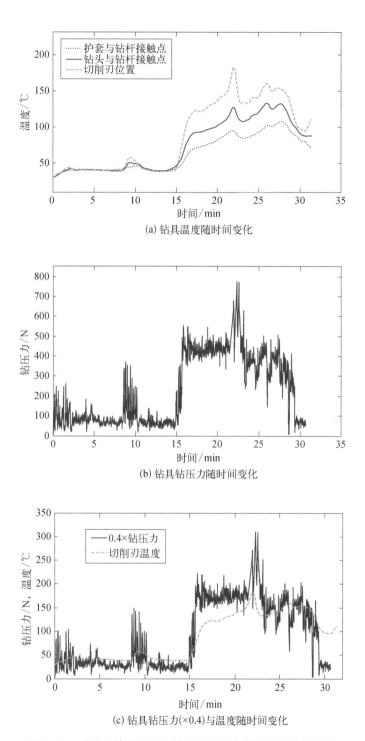

(a) 钻具温度随时间变化

(b) 钻具钻压力随时间变化

(c) 钻具钻压力(×0.4)与温度随时间变化

图 7.44 试验 2 钻进过程中钻头温度与力载随时间变化曲线

表 7.19　试验钻进负载

序号	名称	性 能 指 标	模拟目标	照　片
1	模拟月岩	硬质砂岩：可钻性 4 级，比较坚固，地矿部标准	月球多孔玄武岩	
2		硬质黏土砖：可钻性 3 级，中等坚固，地矿部标准	月球黏结集块岩	
3		玄武岩：可钻性 7~8 级，十分坚硬，地矿部标准	月球致密玄武岩	

钻进过程采用温升较大的回转切削钻进模式(无冲击)，开展了多次钻进热特性试验，钻取过程中采用了岩石的自主钻进规程，如图 7.45 所示。

通过多次真空下岩石钻进热特性测试，验证了钻进岩石是钻进生热量的最大工况，并针对岩石钻进工况进行了热特性测试，出现的极限温度为钻头处，最高温度为 502℃，取芯管顶端处温度为 254.8℃，由于温升较大后采用了岩石的钻进规程，之后温度趋于平

(a) 硬质砂岩真空钻进　　(b) 硬质黏土砖真空钻进　　(c) 玄武岩钻进后状态

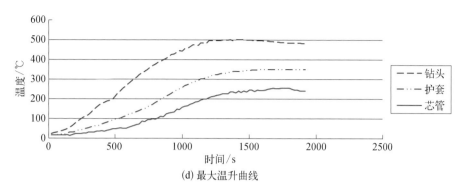

(d) 最大温升曲线

图 7.45 钻进过程热特性试验图片

衡,不再升高[10]。

试验表明,在岩石连续钻进条件下不存在热平衡,钻具温度持续升高,在采用断续钻进的规程后,温度达到了平衡状态。

3. 月壤生热模型回归结果及应对热安全策略

热特性试验包含了标称月壤钻进、40 mm 岩石颗粒阻挡的标称月壤钻进、铺层岩石阻挡的标称月壤钻进 3 种钻进工况,其中 15 min 未能突破 40 mm 岩石颗粒阻挡的标称月壤钻进工况在钻进过程中温升最高,钻头前端切削具最高温升 139℃,芯管最前端最高温升 56℃。结合典型的试验结果,对月壤钻取的生热理论模型进行回归修正,根据前面所述的理论模型:

$$\Delta T = \frac{2\pi R_1 \mu_1 FN + \pi \mu_2 MN - W_月}{c_钻 mJ}$$

$R_1 = 0.014 \text{ m}; N = 120 \text{ r/min}; m = 0.064 \text{ kg}; c_钻 = 0.46 \times 10^3 \text{ J/(kg·℃)}$。则式(7.7)简化为[4]

$$\Delta T = \frac{0.359\mu_1 F}{J} + \frac{12.8\mu_2 M}{J} \tag{7.14}$$

试验表明,钻头与月壤的摩擦系数以及热功当量系数 J 均与钻压力存在很强的正相关性,因此设相关性系数 $k_1 = 0.359\mu_1/J$,$k_2 = 12.8\mu_2/J$,则表示为

$$\Delta T = k_1 F + k_2 M \tag{7.15}$$

温升是稳态积累的过程,i 时刻的温度为 T_i,并进行平均值滤波,即

$$T_i = \Delta T + T_{i-1} \tag{7.16}$$

$$T_i = \frac{\sum_{j=0}^{N-1} T_{i-j}}{N} \tag{7.17}$$

通过试验结果得出修正系数为

$$k_1 = \begin{cases} 0.144, & F < 100 \\ 0.126, & 100 \leq F < 200 \\ 0.24, & 200 \leq F < 300 \\ 0.3, & 300 \leq F < 400 \\ 0.336, & 400 \leq F < 500 \\ 0.36, & 500 \leq F \end{cases} \quad (7.18)$$

平均值个数取 $N=14$，系数 $k_2=0.5$，可以通过钻压力 F 和扭矩 M 实时拟合出钻头前端的温升曲线，如图 7.46 所示。

从图 7.46 中可以看出，2 次试验的钻头实测温升与温升模型拟合曲线变化趋势相同，在温升较低的区间内偏差值不大于 ±10℃，模型基本准确[23]。

通过热模型可以看出，生热与钻进过程中的钻压力与扭矩存在很强的正相关性，可以通过钻压力与扭矩参数的监测，实时计算获得该时刻下的钻具温度，能够进行热安全预示。采用的"钻进-空回转-钻进"的钻进规程能够使取芯钻具的热特性达到稳态，可以作为钻进热安全策略。

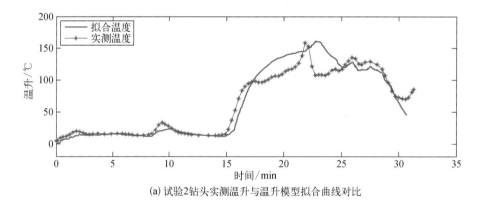

(a) 试验2钻头实测温升与温升模型拟合曲线对比

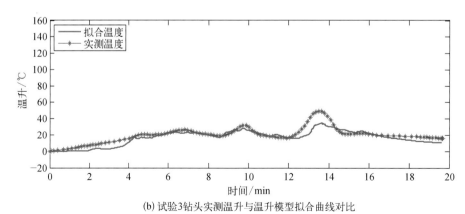

(b) 试验3钻头实测温升与温升模型拟合曲线对比

图 7.46　钻头实测温升与温升模型拟合曲线对比

7.4　专项研究三：钻进规程与钻进策略试验研究

钻取困难且采样风险很大,钻进规程变得特殊又复杂。为保证取样效果,需要制订动态调整的钻进规程,控制钻杆塞流应力场,保证足够的进芯动力和合理钻头底部应力,实现"钻得动,取得着"。同时,针对特别苛刻的工况和风险状态,制定动态调整规程与有效解决预案。由于月壤钻取剖面复杂,现有理论不能包络全部月壤工况钻取行为;理论模型需要试验进行修正,基于试验研究为主线,需要在大量地面模拟工况钻进试验数据下,提取共性作用特性与普适性解决策略,凝练形成钻进规程与钻进策略,形成无人自主高适应性钻进规程。

7.4.1　钻进规程与钻进策略试验研究

钻进规程对月壤剖面特性适应性分析：钻进规程面对分解后模拟月壤剖面工况;同时根据实际月壤进行苛刻度维度上拓展剖面,合理拓展钻进规程能力,提高钻进规程对各种工况的适应性。月壤的力学性质主要由密度、颗粒形状及级配、相对密实度和孔隙比、内摩擦角与内聚力、颗粒硬度等特征描述,这些参数演绎丰富钻取特性,钻进规程就是提取共性应对基线,并辨识与自适应控制,控制目标是安全钻进下可靠获取样品。

钻进规程考核剖面分解为标称工况、挑战工况、极端工况及其他剖面,这些模拟月壤剖面基本包络月壤钻取苛刻剖面,通过这些工况可以提取共性作用规律,以设计具有普适性钻进规程。

钻进规程设计关注焦点：模拟月壤工况下能自动适应月壤相对密实度变化、月球剖面可能存在的级配变化,且对月壤中临界尺度 13 mm 以上大颗粒能具有较强的适应能力。

为了包络月壤钻取苛刻度剖面,设计了特征工况和标称、挑战、极端系列月壤,以考核不同剖面特性的钻进规程适应性,如表 7.20 和表 7.21 所示。

表 7.20　试验汇总与验证结果

序号	试验设计项目	月壤工况剖面工况	试 验 结 果	设 计 验 证
1	均质模拟月壤钻取	1~5 mm 级配 5%,相对密实度为 90%	不少于 30 次试验,100%完成钻取,平均取芯率大于90%,进尺速度可调节的范围较大	取芯钻具能够 100%完成均质模拟月壤钻取
2	低密实度标称模拟月壤钻取	标称模拟月壤(最大颗粒 13 mm),相对密实度为 70%、90%	钻进域宽载荷平稳较小(扭矩小于 6 N·m),并且取芯率大于 70%	取芯钻具能够 100%完成低密实度标称模拟月壤钻取

续　表

序号	试验设计项目	月壤工况剖面工况	试　验　结　果	设　计　验　证
3	标称模拟月壤钻取	标称模拟月壤,相对密实度为103%~109%	正确规程下,能够100%完成钻取并达到预定深度,平均取芯率大于80%	取芯钻具能够100%完成标称模拟月壤钻取
4	不同颗粒级配月壤剖面			
5	定点颗粒群月壤钻取(A1)	密实度100%,最大20~41 mm×6颗/层	正确规程下,100%完成钻取并达到预定深度,平均取芯率大于50%	① 该工况包络了最苛刻工况(挑战),通过施加正确故障解决策略,取芯钻具能够100%突破密实、颗粒密集月壤; ② 验证了钻具突破颗粒月壤能力; ③ 突破苛刻工况时,钻杆的动力学效应表现显著,钻杆具有足够的刚度
6	岩石工况钻进(A2)	泥灰岩、石灰岩、大理岩、硬质大理岩	钻透30 mm(除硬质大理岩),钻进过程中进尺速度3.75 mm/min,钻压小于500 N,扭矩小于10 N·m,满足钻进安全性要求	立刃钻具已经基本具备了突破30 mm、5级岩石的钻进能力,并能将岩块打成碎块收纳,突破厚度有待于进一步验证

表 7.21　不同工况模拟月壤试验钻次

序　号	工　况　类　别	月　壤　状　态	钻　数
1	标称工况	标称模拟月壤	300钻
2	挑战工况	挑战1~9模拟月壤	80钻
3	极端工况	极端1、2、4、6模拟月壤	40钻
4	其他工况(特征工况)	原态火山渣原料、巩筑压实	80钻
5	较大均匀颗粒(特征工况)	基础、1~2 mm、3~4 mm 0.075 mm以下与1~2 mm混合	50钻 50钻
6	大均匀颗粒(特征工况)	基础、12~14 m、3~4 mm 0.07 mm以下与1~2 mm混合	50钻 50钻
7	细小均匀颗粒(特征工况)	基础、0.1~1 mm、 0.075 mm以下与1~2 mm混合	50钻 50钻

序　号	工 况 类 别	月 壤 状 态	钻　数
8	细小颗粒(特征工况)	基础、0.1~5 mm	100 钻
9	定点 1 层/3 层颗粒(特征工况)	基础玄武岩/火山渣	100 钻
10	微小颗粒(特征工况)	0.05~0.1 mm	100 钻
总计	共计 1 100 钻		

1. 钻取用标称、挑战、极端级配模拟月壤

钻取试验用标称模拟月壤主要参数如表 7.22 所示。

表 7.22　钻取用标称模拟月壤参数

工　况		标称模拟月壤	实 测 值	测 试 单 位
颗粒形态		棱角状、次棱角状	棱角状、次棱角状	中国地质大学实验室
粒径范围		0~41 mm	0~41 mm	中国地质大学实验室
最小干密度		—	1.265 g/cm³	清华大学实验室
最大干密度		—	2.004 g/cm³	清华大学实验室
密度		—	—	529 在线检测
内聚力		—	3.55 kPa	中国地质大学实验室
摩擦角		—	30°~42°	中国地质大学实验室
含水率		<1%	0.4%	中国地质大学实验室
其他参数	月壤筒直径	剖面直径 512 mm	512 mm	北京卫星制造厂有限公司
	月壤筒高度	2 500 mm	2 500 mm	北京卫星制造厂有限公司
	月壤有效高度	—	—	北京卫星制造厂有限公司
	月壤使用次数	—	—	北京卫星制造厂有限公司

钻取挑战模拟月壤工况定义了 10 种,极端模拟月壤工况定义了 6 种,主要体现在颗粒级配的调整。

2. 标称级配月壤钻取试验数据及分析

标称月壤工况是大概率月壤工况,图 7.47 为进行标称月壤钻取得到的力载曲线,其有如下典型规律:

(1) 拉力(钻压)、回转电流(扭矩)、提芯力三者趋势相同,当拉力出现峰值和波谷

时,回转电流(扭矩),说明形成塞流力载耦合,提芯力比钻压小一个量级以上,提芯力发展趋势可以看出进样量状态,但少量进样量时提芯力体现不充分。

(2)由于进给速度快,出现塞流区域颗粒流形成拉力(钻压)集聚与崩溃,表现出峰值效应,这是颗粒流运移典型特征,提芯力出现颗粒扰动,这种扰动发展强度较弱,处于可控状态,钻压均值稳定在150~250 N;提芯力波动增加至100 N附近;回转电流稳定在1.2~2.5 A。

(3)经过300钻标称月壤基本上确定了钻进参数基线及与密实度相关的操作参数域,塞流形成力载行为与可控区域,为钻进规程形成提供有效数据,通过钻进比可以形成钻进参数基数系列,同时也兼顾排粉临界转速,采样量在域值内稳定。

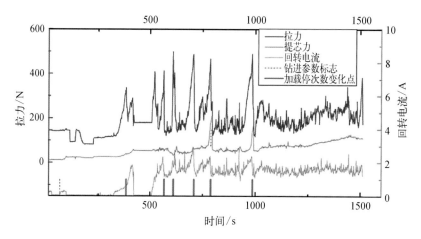

图 7.47　标称月壤工况钻取力载曲线

3. 细小均质月壤钻取试验数据及分析

成熟月壤颗粒一般较细,将1 mm以下级配基础月壤当成均质月壤工况,采用鉴定件产品开展钻取试验,其力载曲线如图7.48所示。

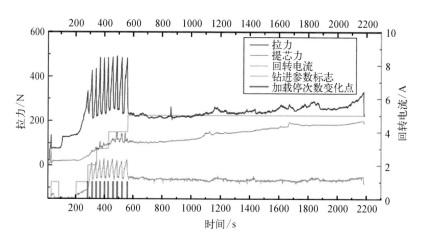

图 7.48　细小均质月壤工况钻取力载曲线

对比标称月壤工况钻取力载曲线,其典型特征如下:

(1)拉力变化斜率较低,一旦钻进参数匹配到位,拉力波动较小;

(2)提芯力较大,平缓增加,波动较小,进样量充足;

(3)细小颗粒排粉能力弱,钻进比需加大,在钻进比失配时表现出振荡性塞流强度发展,细小颗粒拉力(钻压)与回转电流(力矩)发展平缓,但塞流发展有短暂过程,为此要求钻进规程钻进比具有调节能力,在力载超标前进行预估控制。

4. 挑战月壤钻取试验数据及分析

规定了 10 种挑战工况(工况是自行定义的规范),其中钻取较为困难的工况为挑战 4 工况、挑战 8 工况,相应力载曲线如图 7.49 和图 7.50 所示。

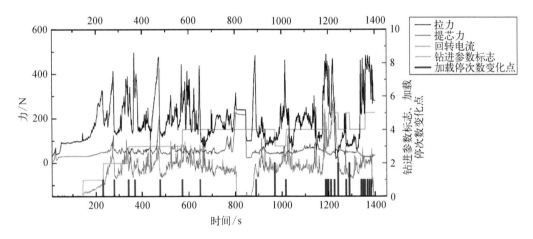

图 7.49　挑战 4 模拟月壤钻取试验

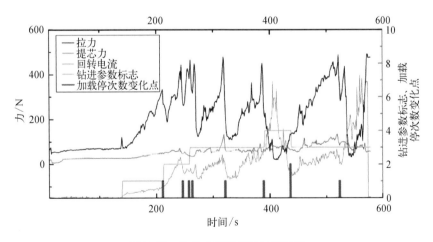

图 7.50　挑战 8 模拟月壤钻取试验

1)挑战 4 月壤工况

图 7.49 中,拉力、提芯力对应左侧纵坐标,回转电流、钻进参数标志、加载停次数变化

点对应右侧坐标。其中加载停次数变化点值为 1 对应停机次数增加,加载停次数变化点值为 2 对应回档时加载停机次数减小。

挑战 4 月壤工况特性如下:

(1) 拉力(钻压)、回转电流(力矩)存在较强的相关性,呈现激烈波动,曲线波峰特征显著,由于颗粒不断遮挡进样口,进样量不充分,提芯力曲线毛刺是钻压激励耦合所致,提芯力变化较小,取样量不饱满;

(2) 提芯力超限时与拉力(钻压)和回转电流(力矩)存在强相关;

(3) 拉力、回转电流波动剧烈;拉力在 90~300 N 波动(峰值除外),回转电流在 1.5~3 A 波动;

(4) 存在多次进给停止,也就是钻进规程中一种调节钻进比的方式,以此完成硬质大颗粒置换或粗糙颗粒流塞流挤密的疏通。

2) 挑战 8 月壤工况

图 7.50 中,拉力、提芯力对应左侧纵坐标,回转电流、钻进参数标志、加载停次数变化点对应右侧坐标。其中加载停次数变化点值为 1 对应停机次数增加,加载停次数变化点值为 2 对应回档时加载停机次数减小。

挑战 8 月壤工况特性如下:

(1) 拉力(钻压)、回转电流(力矩)存在较强的相关性,提芯力上升趋势不明显但波动剧烈,钻压在 100~400 N 波动(峰值除外);

(2) 由于颗粒增大,效应钻压与力矩耦合加强,孔底应力场出现振荡造成提芯力变化,没有钻压急剧上升曲线,逐渐发展上升,颗粒没有在钻具正下方,但颗粒在正下方,切削具也能咬合强力波动,需要一定处理时间;

(3) 多次停止进给要求处理大颗粒挤密,利用钻头回转进行置换效应处理;

(4) 钻进规程要适应大颗粒高强度挤密现象,以钻压为阈值采取停进给回转策略,规程上识别大颗粒能力并进行置换处理,时间在 20 s 内,防止样品流失。

5. 极端月壤钻取试验数据及分析

极端工况表现为中间某层存在较大颗粒,这是人为制造必须触碰大颗粒的工况,图7.51 为极端 4 模拟月壤的力载曲线。

极端工况力载曲线特征如下:

(1) 正常钻进取样过程中拉力、回转电流(力矩)、提芯力规律与标称月壤强度增强;

(2) 碰到大颗粒时出现较大的拉力峰值点;

(3) 对密集大颗粒采取高速动力学效应加速置换,在钻进规程中加入提钻功能,松弛孔底并反复拨动,直至突破;

(4) 在钻进规程设计中,实施基线参数下调节钻进比,调整时机与判据由载荷综合推演后确定,试验表明,钻进比存在一定范围,调节依据是控制塞流可控应力水平,调节时机一定在动力裕度内预估控制。

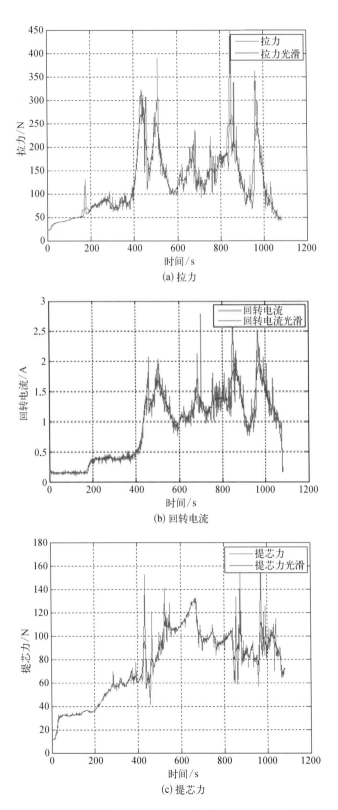

(a) 拉力

(b) 回转电流

(c) 提芯力

图 7.51　典型极端 4 月壤工况钻取力载曲线

6. 挑战、极端月壤钻取效果评价

除极端 2 模拟月壤外,本次试验中其他月壤剖面均属于钻取子系统能力范围,预编程跳出次数少于 3 次。针对极端 2 模拟月壤,当前预编程规程能保证取到样品,但要提高取样量,需要跳出采用遥控规程操作。挑战极端月壤钻取结果对比分析如表 7.23 所示。

表 7.23 挑战极端月壤钻取结果对比分析

序号	编 号	取样量	工况	相对密实度	备 注
1	GC32-19	452 g			预编程跳出 1 次
2	GC32-20	473 g			—
3	GC32-21	475 g			2~4 mm(480 mm)
4	GC32-22	414 g		99%±2%	12~13 mm(480 mm)
5	2017042101	480 g	极端 6		—
6	2017042102	1 颗颗粒	极端 2		提芯力波动剧烈,但稳定值很小
7	GC32-24	347 g	极端 1		—
8	GC32-23	566 g	极端 3	自然堆积	—
9	GC32-25	551 g	极端 5		—

(1)利用标称形成钻进规程,增加阈值保护和空转与提钻回转等解决预案中,基本能突破以上挑战工况;

(2)钻进规程中在解决大颗粒故障过程中,要有 3~5 个解决预案,逐步采取解决;

(3)完成了挑战 1~9 模拟月壤、极端 4 模拟月壤的钻取试验,极端 1、3、5、6 均较容易取样,特别是极端 1、3、5 这类密实度特别低的月壤,取样良好,钻进过程非常顺利;极端 2 很难取样,最后只取到了 1 颗颗粒,这就是临界颗粒风险,中间多次出现提芯力超限;

(4)在密集大颗粒钻进中,控制解决时间,在规程中密切监控提芯力走向与阈值,提芯力反映进样量状态,也是钻取解决故障过程中断强制的判据。

7. 大均匀颗粒试验研究

1)均匀颗粒 12~13 mm 的月壤钻取试验

月壤开展了 50 钻试验,钻进深度在 0.6~0.8 m 会出现转矩(回转电流)超限,采取策略后,短时间仍再次出现回转电流超限。全过程提芯力有 1 钻出现瞬间超 200,但未导致预编程跳出。提芯力增大发展也与颗粒流力链发展有关,此时策略需要摸索。12~13 mm

月壤力载与钻进参数曲线如图 7.52 所示。

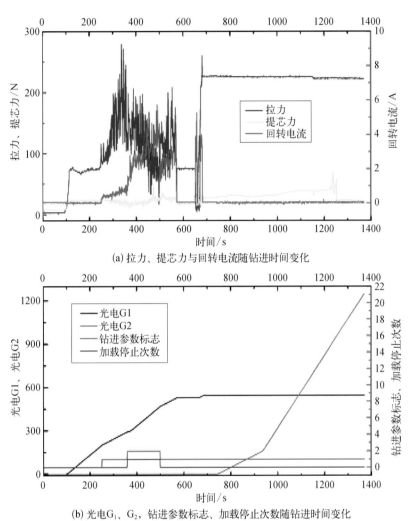

(a) 拉力、提芯力与回转电流随钻进时间变化

(b) 光电G$_1$、G$_2$、钻进参数标志、加载停止次数随钻进时间变化

图 7.52　12~13 mm 月壤力载与钻进参数曲线

（1）在临界尺度以下,钻取采样器能适应 12~13 mm 颗粒月壤,钻取采样器能保证提芯正常工作,明显确认临界尺度 12~13 mm 孤立颗粒不易形成力链,也就是说大颗粒力链效应不显著;

（2）由于采用了坚硬玄武岩,小于 13 mm 粒径能够突破,采用标称钻进规程可以适用,钻进策略需要辅助,钻取过程通过优化切削具与规程,对于钻进过程临界颗粒卡口是基本可以规避的,对于远大于临界尺度 2~4 倍颗粒,需要辅助冲击可以突破。

2）均匀粒 2~4 mm 月壤钻取试验分析

2~4 mm 颗粒月壤开展了试验,全部钻进完成了全程。钻进过程有 1 钻提芯力超200,遥控策略顺利解决;提芯整形阶段有 2 钻提芯力在 200 N 左右,但未超 300,预编程顺利完成。2~4 mm 月壤力载与钻进参数曲线如图 7.53 所示。

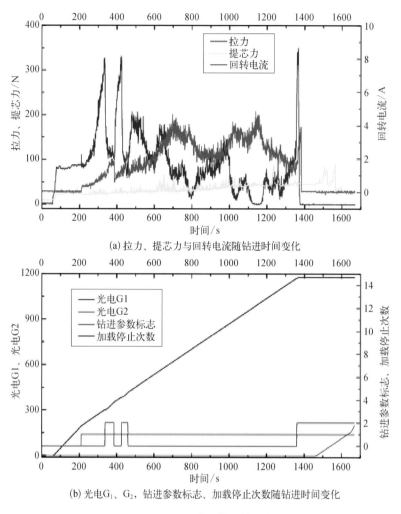

(a) 拉力、提芯力与回转电流随钻进时间变化

(b) 光电G₁、G₂，钻进参数标志、加载停止次数随钻进时间变化

图 7.53　2~4 mm 月壤力载与钻进参数曲线

（1）在基础月壤中加大 3~4 mm 的颗粒后，排粉能力增强，形成塞流钻进区域变窄，规程要及时调节。

（2）多钻中存在提芯力毛刺和超标，团聚小颗粒会形成拱，拟制提拉效应，这种干扰要通过相位与曲线形态与钻压解耦，同时也会产生提拉阻力，轻度故障利用振动冲击解决，最后考虑松弛应力，振动破坏拱力链解决。

（3）以上在规程中遇到提芯力超标故障，程序自动跳入解决软件包，逐次解决，形成轻重缓急故障解决预案，小颗粒钻取苛刻度不能小觑。

8. 火山渣原态月壤试验数据及分析

本次试验还开展了故障试验，相关力载曲线如图 7.54 所示。前期还开展了火山渣月壤（模拟角砾岩）钻取试验，全程采样预编程工作，取样良好，说明钻取子系统也适应大颗粒为火山渣的月壤状态。详细试验曲线如图 7.54 所示。

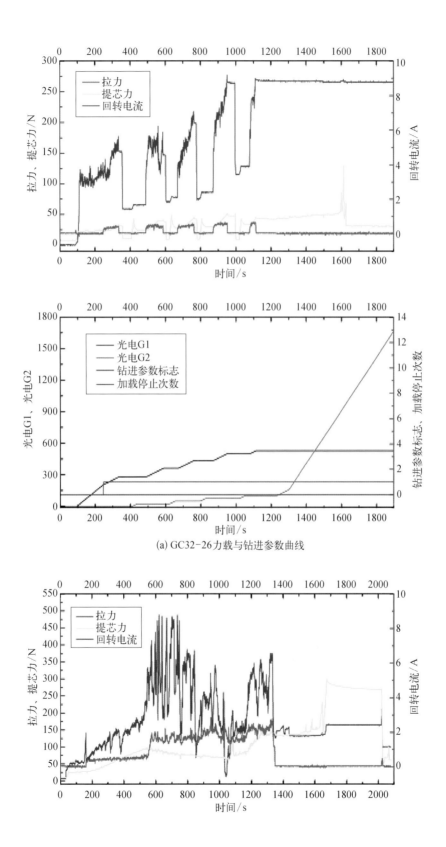

(a) GC32-26力载与钻进参数曲线

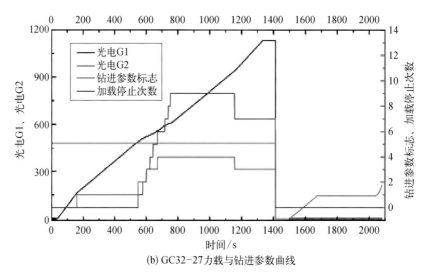

(b) GC32-27力载与钻进参数曲线

图 7.54 火山渣原态月壤钻取试验数据

试验力载与钻进参数曲线规律如下：

（1）利用火山渣月壤,较好模拟月球角砾岩情况,这也是一种成熟月壤区普遍存在的情况；

（2）火山渣由于硬度小,在钻进过程中切削顺利,火山渣破碎严重,取芯顺利；

（3）由于离心力与排土过滤效应,颗粒会向钻孔中心集聚,为此规程中不要采用大回转钻速长时间运行,避免颗粒团聚；

（4）软质颗粒与密实度小于90%的硬颗粒都是容易突破的工况,对于钻进规程的参数域较宽,不需要精细化调整钻进比,但密实度达到100%时需要精细化调节钻进比。

7.4.2 试验结果的讨论与分析

1. 试验结果的总结与分析

针对标称级配月壤,通过试验确定了钻进参数基线,在此基线及一定调节范围内,按钻进规程运行均能取到样品；2 m 钻进过程预编程跳出次数小于10%,且均能顺利解决,在挑战与极端工况中跳出预编程概率在30%~40%,显然解决故障策略及预估控制需要精细化控制。

针对月壤剖面,密实度越低,越容易取样；针对表面 0.6 m 以上月壤密实度小于100%,即使 0.6 m 以下月壤状态属于超高密实度状态,预编程能以 75%以上概率钻进完成全程。

（1）在颗粒级配良好的工况下钻压与扭矩存在较强正相关,只有挤密和细粉工况存在负相关,即提拉钻进,无论哪种情况,此时提芯力波动上升；

（2）拉力、回转电流波动剧烈,钻压在 100~400 N 波动(峰值除外),扭矩在 2~20 N·m 波动；

（3）高密实度标称月壤,目前钻取子系统能够保证取到样品,85%以上概率能钻取完成全程,均能取到月壤,平均取样量 400 g,2 m 钻进过程中可能发生预编程跳出事件,除了大颗粒卡钻且钻具拨动能力不够事件,其他均能正常解决,其中钻具拨动能力不足为主要特征。

目前保存标称月壤工况月壤样本共 302 钻,钻进过程中根据不同试验目的钻进深度并没有全部达到 2 m。取样量全部超过了 100 g,最高取样量 598 g。总体情况如下,标称月壤取样试验数据分布如图 7.55 所示。

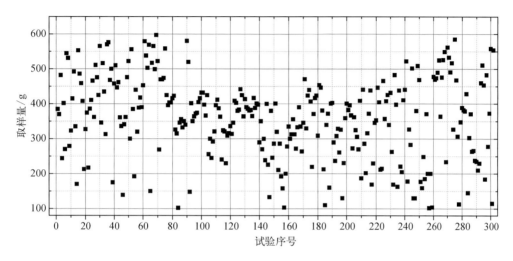

图 7.55　标称月壤取样试验数据分布

所有取样量的分布区间如图 7.56 所示,取样最多在最高概率发生在 350~400 g。整体呈现正态分布。

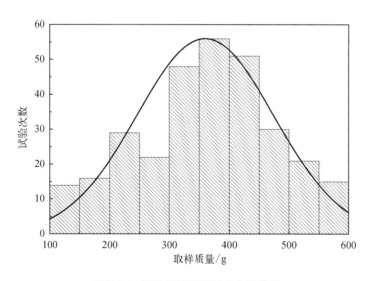

图 7.56　标称月壤取样量分布规律图

各个区间所占全部样本数的百分比如图 7.57 所示,其中 350~400 g 占比 18.54%,含量最高。取样量在 300~450 g 样本量已经超过 50%,主要原因为前期研制性试验大量采

用试验平台最大钻进深度只能达到 1.5 m,较好取样量为 400 g 左右。300 g 以下取样量包括如下因素:

（1）在可钻进参数域确定试验过程中,确定其下边界时的取样量会小于 300 g;

（2）当月壤中的大颗粒解决策略不成熟时,大颗粒堵钻导致取样量少。

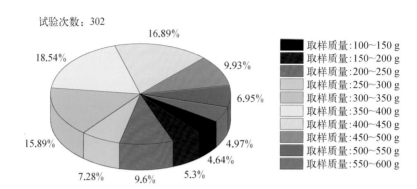

图 7.57　标称月壤取样量区间百分占比图

将所有钻进深度等效至 2 000 mm,筛选出 81 钻(主要为采用产品状态开展的试验),进行了统计分析。等效完成后其取样分布情况如图 7.58 所示。

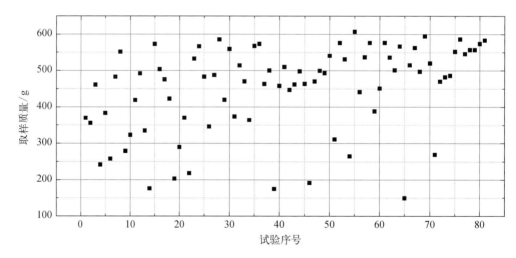

图 7.58　标称月壤取样量归一化后分布图

将所有样本情况按照取样区间整理,可以看到取样分布不符合正态分布。最大区间取样量在 450~600 g;且随着取样量的减少,发生的钻数也在减少。

2. 正常工况下钻进力学参数波动范围

经过统计标称月壤的钻取试验结果,回转电流、拉力和提芯力波动范围如下:回转电流波动的下限值在 0.3 A 附近,上限值在 2 A 附近。拉力下限值在 64 N 附近,拉力上限值在 418 N 附近,提芯力下限值在 35 N 附近,上限值在 179 N 附近。以上拉力范围与钻进规程预编程逻辑规定值接近,提芯力上下限值与空载提芯力和提芯力上限阈值接近,回转电流波动范围较小。标称月壤回转电流与提芯力上下限规律如图 7.59 和图 7.60 所示。

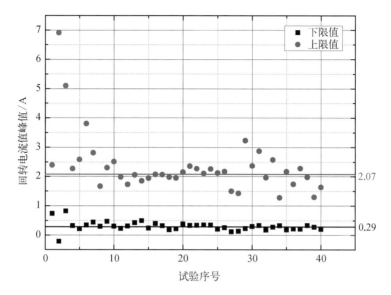

图 7.59　标称月壤回转电流上下限规律

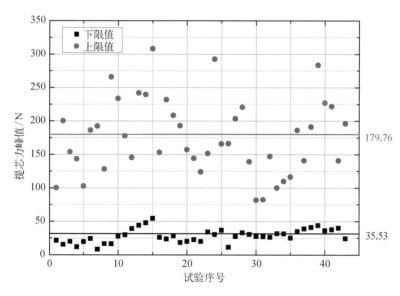

图 7.60　标称月壤提芯力上下限规律

（1）通过试验数据分析与挖掘,制定简洁、易用的工作状态判断准则。

（2）分析钻进能力和取样能力的极限工况、故障工况的适应性,提出应对措施。月壤工况辨识方法虽然能够准确搜索出月壤工况,但效率较低。因为实际钻进过程中,必须经过一段时间的演化,最后达到稳定状态。然而,可靠安全取样需要系统以最快的速度识别系统状态并匹配参数。为达到以上效果,需要结合实际月壤状态,合理优化自动辨识方法,提高辨识速度。

3. 钻取能力的评价

钻取子系统月壤钻取能力可以分为如下几个方面来评价。

1）钻取子系统对月壤密实度的适应能力

前期试验表明,钻取子系统能适应自然堆积状态到相对密实度100%模拟月壤的工况。

2）钻取子系统对月壤级配的适应能力

目前钻取子系统已经对采样封装模拟月壤开展了钻取试验,同时还开展了基础模拟月壤、3~4 mm 颗粒单一月壤钻取试验,均能取到月壤(包络区域见图 7.61 红色和绿色粗线包围区域)。其中颗粒越细,取样效果越好。

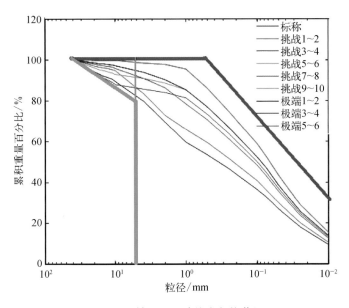

图 7.61　钻取子系统能力包络范围

3）钻取子系统对大颗粒月壤的适应能力

前期定点专项试验表明,目前钻取子系统对大颗粒具有一定适应能力,详细验证结果如表 7.24 所示。

表 7.24　钻取子系统对大颗粒适应能力评价

颗 粒 尺 寸	考 核 情 况	颗 粒 尺 寸	考 核 情 况
10~13 mm 单颗	试验 5 次,故障 0 次	17~20 mm 单颗	试验 8 次,故障 5 次,均突破且突破后良好
14~16 mm 单颗	试验 6 次,故障 2 次,均突破且突破后良好	21~41 mm 单颗	试验 8 次,故障 6 次,1 颗卡在钻头正下方

颗 粒 尺 寸	考 核 情 况	颗 粒 尺 寸	考 核 情 况
14~16 mm 多颗集群（3~4颗）	试验1次,故障0次	14~16 mm 多颗集群（6颗）	试验1次,故障1次,解决
17~20 mm 多颗集群（3~4颗）	试验10次,故障3次,解决	17~20 mm 多颗集群（6颗）	试验3次,故障3次,解决
21~41 mm 多颗集群（3~4颗）	试验9次,故障7次	21~41 mm 多颗集群（6颗）	试验4次,故障4次,解决后对后续造成影响

根据上面的结果,目前取芯钻具配合钻进规程后,已经具备自动解决 3 颗 17~20 mm 以下颗粒的能力,对单颗 20 mm 以上颗粒,或者 6 颗 16~20 mm 以上颗粒,可能会发生预编程跳出。大颗粒月壤突破第一是取芯钻具合理性,第二是规程中策略有效性。

4）钻取子系统风险汇总

钻取子系统风险汇总如表 7.25 所示。

表 7.25　钻取子系统风险汇总

序号	风险名称	发生概率	影　　响	解决难度
1	软袋磨损风险	低	① 导致预编程跳出来； ② 严重情况下导致软袋出现小孔	容易
2	大颗粒堵钻	低	① 导致预编程跳出来； ② 识别不及时可能导致大颗粒被切削成柱,较长时间堵住进芯通道	难
3	正常通道不进样	低	影响取样量	解决容易,识别困难
4	大颗粒卡钻杆侧面	低	导致扭矩超限,无法钻完全程	不解决

4. 月壤钻进参数域的特征提取

上面的风险状态表明,要识别三类钻进工况,即均质月壤工况（13 mm 以下）、大颗粒工况（13 mm 以上）、表面岩石工况。岩石工况辅助相机可以识别,本书不详细说明,只说明如何识别均质月壤工况和颗粒工况及相应钻进策略。

均质月壤的钻取特性

根据月壤取样机理,钻进过程中要保持系统正常进样,系统必须工作在正常钻进取芯状态;结合系统取芯率大于 70% 的要求,存在一个钻进参数组合区域（后面为可钻进参数域）,满足取芯率大于 70%,钻进安全区域。根据前面月壤工况分析,选择标称月壤级配,由于月壤分布密实度渐进增大,相对密实度 70%、90%、100% 三种模拟月壤为典型代表性工况,研究其可钻进参数域。

（1）相对密实度 70%模拟月壤可钻进参数域。

相对密实度 70%模拟月壤可钻进参数域如图 7.62 所示。

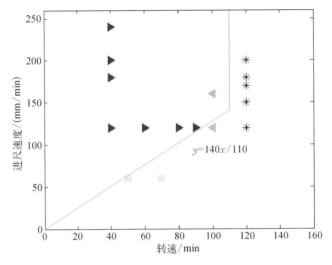

图 7.62 相对密实度 70%模拟月壤可钻进参数域

选取最小转速 40 r/min，最大转速 120 r/min，进尺速度适当选择在 50~240 mm/min 开展主参数研究。黄色方块表示取芯率小于 70%的钻进参数，绿色、蓝色三角块表示取芯率接近 70%的钻进参数，黑色梅花标记表示 120 r/min 转速下的数据。绿色直线以上区域为可钻进参数域

（2）相对密实度 90%模拟月壤可钻进参数域。

相对密实度 90%模拟月壤可钻进参数域如图 7.63 所示。

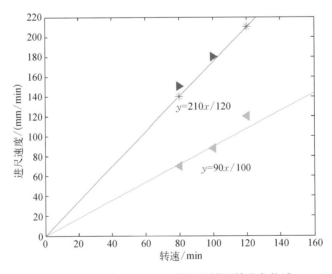

图 7.63 相对密实度 90%模拟月壤可钻进参数域

红色三角块表示根据力载安全性初步决定的钻进参数上界，粉色梅花标记表示试验中实际能稳定在 600 N 附近的钻进参数，绿色三角块表示取芯率接近 70%的钻进参数

（3）相对密实度 100% 模拟月壤可钻进参数域。

相对密实度 100% 模拟月壤可钻进参数域如图 7.64 所示。

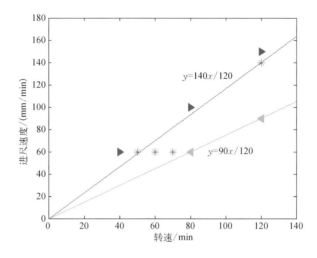

图 7.64 相对密实度 100% 模拟月壤可钻进参数域

红色三角块表示根据力载安全性初步决定的钻进参数上界，
粉色梅花标记表示试验中实际能稳定在 600 N 附近的钻进参数，
绿色三角块表示取芯率接近 70% 的钻进参数

通过上面的规律可以知道，不同月壤的可钻进参数域范围是钻进比确定的范围。以上三种月壤的可钻进参数域范围及正常钻压力范围可以总结如表 7.26 所示。

表 7.26 不同密实度月壤可钻进参数域

月 壤 工 况		相对密实度 70%	相对密实度 90%	相对密实度 100%
可钻进参数域	上界	无	210/120（mm/min/rpm）	140/120（mm/min/rpm）
	下界	（140 mm/min）/（110 r/min）及 110 r/min	90/100（mm/min/rpm）	90/120（mm/min/rpm）
正常钻压力		20~150 N	50~350 N	100~400 N

注：以上钻进域体现极限参数，得到一种参数选择界定，揭示内在可调控规律。

7.4.3 钻进规程形成与设计

目前钻进规程按控制方式设计了两种工作模式，划分为预编程与遥控工作模式。其中预编程程序嵌入控制器中，可以 0.05 s 为一个周期监控钻取子系统中状态，相关参数不需要通过 153B 总线传输至地面，直接在控制系统内部经过预编程程序逻辑运算，得到控制驱动参数。由于月面以 4~6 s 为一个周期传回数据，遥控工作模式从发生风险状态到做出应对措施反馈到控制系统中需要 15 s（地面反应时间按 5 s 计算）以上，该时间足以使得风险工况已经演变为故障工况。要保证整个钻取采样器能够正常连续工作,面对月面复杂工况,系统需要工作在预编程模式。受控制系统计算能力限制,预编程程序不能过于复杂,需要遥控工作模式作为补充。预编程与遥控工作模式应用设计如表 7.27 所示。

表 7.27　预编程与遥控工作模式应用设计

序号	工作模式	应　用　设　计	备　　注
1	预编程	主要工作模式,在设定的特征参数范围内自主进行月面钻取工作,地面监视	主要针对月壤工况,针对岩石工况
2	遥控	备用工作模式,可实现所有可能钻进参数组合的钻取工作,根据反馈至地面遥测数据地面判断后实施遥控操作	针对特殊工况和异常工况、岩石工况

7.4.4　钻进规程有效性验证与优化

1. 定点预设颗粒月壤

由于标称月壤钻取试验中 13 mm 以上大颗粒存在不确定性,钻进规程研制试验专项设置了定点预设颗粒模拟月壤验证钻进规程对颗粒的适应性。

其中采用单颗月壤可以在预设区域直接放置大颗粒,铺层以 3 颗大颗粒形式代表,集群以 6 颗大颗粒形式代表;颗粒形状采用楔形、钝形、球形代表。其中定点预设颗粒月壤颗粒如表 7.28 和表 7.29 所示。

表 7.28　综合验证定点预设颗粒

编　号	I	II	III	IV	V
第一层	30~41 mm 1 颗	20~30 mm 1 颗	16~20 mm 1 颗	16~20 mm 1 颗	14~16 mm 1 颗
第二层	30~41 mm 3 颗	20~30 mm 3 颗	16~20 mm 3 颗	16~20 mm 3 颗	14~16 mm 3 颗
第三层	30~41 mm 6 颗	20~30 mm 6 颗	16~20 mm 6 颗	16~20 mm 6 颗	14~16 mm 6 颗

表 7.29　构型及方位定点预设颗粒

编　号	I	II	III	IV	V
第一层	30~41 mm,尖形小头朝上	30~41 mm,钝形正下方	30~41 mm,球形正下方	14~16 mm,钝形小头朝上	14~16 mm,尖形小头朝上
第二层	30~41 mm,尖形小头倾 45°	30~41 mm,钝形倾斜 45°	30~41 mm,球形偏心 15 mm	14~16 mm,钝形偏 45°	14~16 mm,尖形偏 45°
第三层	30~41 mm,尖形平放偏心 15 mm	30~41 mm,钝形平放偏心 15 mm	30~41 mm,大斜面与水平面成 75°夹角	14~16 mm,球形正下方	14~16 mm,尖形平放

注:以上直径均指最大包络直径。

通过钻进规程专项试验,试验结果如表 7.30 所示。

表 7.30　定点预设颗粒试验取样结果

序号	试验类型	试验编号	取样量 /g	取样长度 /mm	钻进深度 /mm	备　注
1	综合定点第一孔	Ccz20151117 – 1	390	1 350	2 008	自动跳出 2 次
2	综合定点第二孔	Ccz20151117 – 2	453	1 705	2 008	顺利
3	综合定点第三孔	Ccz20151118 – 1	579	1 740	2 008	顺利
4	综合定点第四孔	Ccz20151120 – 1	538	1 740	2 008	顺利
5	综合定点第五孔	Ccz20151121 – 1	503	1 765	2 008	顺利
6	位形定点第一孔	Ccz20151127 – 2	569	1 980	2 008	顺利
7	位形定点第二孔	Ccz20151126 – 1	150	800	2 008	跳出+遥控
8	位形定点第三孔	Ccz20151126 – 2	517	1 660	2 008	顺利
9	位形定点第四孔	Ccz20151125 – 1	565	1 800	2 008	顺利
10	位形定点第五孔	Ccz20151127 – 1	499	1 800	2 008	顺利

根据上面的试验结果可以看出,当前针对标称月壤中 30 mm 以下大颗粒有较强的适应能力,30 mm 以上大颗粒会对钻取造成较大影响,较严重时会导致系统从预编程跳出;颗粒群会对后续排粉造成较大影响,从而导致再次碰到颗粒时很容易出现钻压迅速升高的情况,且根据颗粒群中颗粒的大小对排粉的影响程度还不一样,颗粒越大,影响越大。大颗粒且上表面为平面位形较难突破,较容易被切削,大颗粒钻进切削状态如图 7.65 所示。

(a) 设置状态　　　　　　　　　　(b) 切削后状态

图 7.65　大颗粒钻进切削状态

综上,钻进规程总体对标称月壤有较好的适应能力,能较高概率地保证系统达到取样 500 g 的要求,但少数工况下,特别是钻头正下方存在大颗粒且接触面为平整光滑面时容易发生切削大颗粒现象,较难突破。

按所设计钻进规程运行钻取采样器大概率能突破坚硬颗粒铺层,这是比实际月壤苛刻的工况,能够充分体现钻进规程合理性。

2. 盲钻演练与验证试验

盲钻试验是最接近实战情形,也是验证钻进规程最有效性的手段。

1) 工况 1 试验总体情况描述

开展了盲钻月壤钻取试验,调整阈值,最终取样 244.5 g。试验曲线如图 7.66 所示。

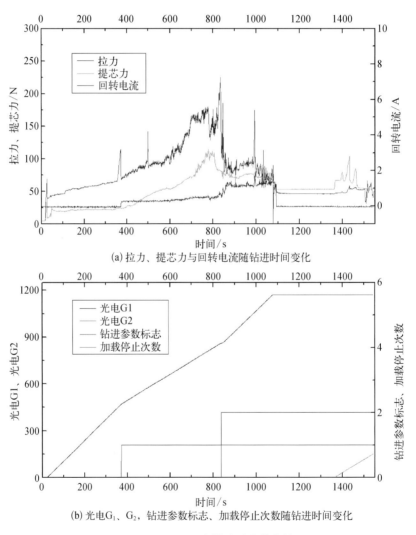

(a) 拉力、提芯力与回转电流随钻进时间变化

(b) 光电 G_1、G_2,钻进参数标志、加载停止次数随钻进时间变化

图 7.66　工况 1 盲钻试验力载曲线

以上盲钻规程执行情况如下:

(1) 刚开始调整阈值至 $F_{接触}$ = 120 N,$F_{上界}$ = 250 N,$F_{下界}$ = 80 N,月壤钻取过程采用

预编程工作;

（2）钻进取芯阶段工作,预编程启动工作后,光电运行至 470 圈时回转启动,空程 950 mm,至 1 173 圈钻进完成全程;

（3）预编程完成提芯整形阶段;

（4）本试验预编程完成全程,取样 244.5 g。

2）工况 1 工况反演分析

基于钻进参数变化及力载特征,分析月壤工况如表 7.31 所示。

表 7.31　工况反演与力载特征

序号	钻进深度 /mm	钻进参数变化	力载特征	工况反演	实 际 工 况	
					深度/mm	工　况
1	0~600	1	拉力慢慢增加	有小颗粒	0~600	Apllo 12、Apollo 14（相对密实度 70%）
2	787	2	出现拉力增大	变密实	600~1 000	标称
3					1 000~1 300	极端 4
4		2		有大颗粒	1 300~1 800	挑战 2

3）试验小结

对于盲剖面验证,钻进规程预编程自适应运行,采取策略体现规程准确辨识能力,识别会出现多工况耦合判读,通过试钻数据判读与剥离,估测出钻取剖面构造及特性,通过定位反演,进行至少三次逻辑推演,判读定性准确率 95%,采用有效处理方法,逐步突破了钻进剖面,对于 5% 偏离有些故障特征量区分度弱,但不影响处理效果。

7.4.5　钻进策略及解决预案验证

1. 基于钻采作用特性的月壤密实度对规程的影响分析

试验规划了 17 种考核模拟月壤工况,其规定了 3 种相对密实度:0%（自然堆积状态）、89%±2%、99%±2%,且均为单一均匀密实度。实际月壤剖面的相对密实度也是变化的。根据《Lunar Sourcebook》,相对密实度在不同的深度是从小到大连续变化的,其中 0~30 cm 相对密实度在 70% 左右,30~60 cm 相对密实度在 90% 左右,60 cm 以下基本在 100% 左右。

不同相对密实度的模拟月壤,需要匹配不同的月壤参数,其中密实度越低的模拟月壤需要钻进参数组合中进尺速度/回转速度越高。月壤钻进策略工作流程中规定的 5 组月壤钻进参数组合中回转一档加载二档对应松散密实度（70%）状态,回转二档加载三档对应最大密实度（100%）状态。月壤钻进策略工作流程中采取了自动搜索算法,能够自动匹配不同月壤密实度匹配的钻进参数。

由于实际月面密实度渐变,且事先并不知道,为了验证当前钻进规程对复杂剖面的适应能力,设计了复杂剖面模拟月壤钻取试验。本试验模拟月壤采用标称月壤原材料仿照实际月壤剖面制备,钻进规程按鉴定件预编程程序逻辑工作,考察预编程程序对复杂剖面月壤的适应能力。试验结果如表 7.32 所示。

表 7.32　变密实度工况钻取试验结果

试验序号	试验编号	工作主参数	钻进深度/mm	取样长度/mm	实际采样质量/g	月　壤　参　数
1	Sy20150807	预编程	1 950	1 700	500	0~300 mm 相对密实度 70%;300~700 mm 相对密实度 90%;700 mm 以下相对密实度 100%

本试验取样 500 g,达到了预期的取样效果,说明目前钻进规程变密实度月壤剖面具有较强的适应能力。

2. 钻进规程对月壤级配中颗粒粒径变化适应性分析与验证

17 种考核工况中,去除密实度的变化,共有 9 种级配曲线。图 7.67 为 9 种级配下不同粒径下颗粒含量的百分比。标称月壤为粒径处于中间位置,极端 1~2 颗粒最大,极端 5~6 和挑战 9~10 的颗粒粒径最小。

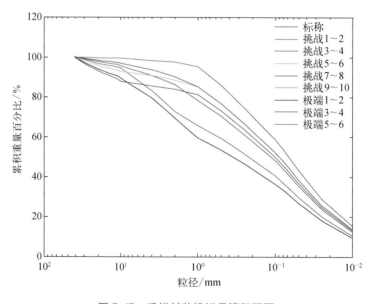

图 7.67　采样封装模拟月壤级配图

按 1 mm 以下颗粒重量含量排序,情况如表 7.33 所示。

表 7.33　采样封装模拟月壤 1 mm 以下颗粒含量

项　目	1 mm 以下颗粒重量百分比排序					
	第一	第二	第三	第四	第五	第六
工况	极端 5~6、挑战 9~10	标称、挑战 5~6、极端 3~4	挑战 7~8	挑战 3~4	挑战 1~2	极端 1~2
重量百分比/%	95.28	85	81.22	78.16	65.8	59.37
80%分界	√	√	√	—	—	—

每种考核工况的颗粒量并非平均分配,每种考核工况都表现为在某一个或者几个尺寸区间比较集中。根据图 7.68 可以看出,9 种考核工况模拟月壤存在两个共性富集区,分别为 75 μm 以下和 0.1~1 mm;挑战 1~2 和挑战 3~4 又存在第三个富集区,主要集中在 2~10 mm。

月壤颗粒范围可以采用 0.1~1 mm、1~2 mm、2~4 mm 颗粒模拟月壤的钻取特性代表,混合颗粒介于以上月壤的钻取参数包络范围之内。

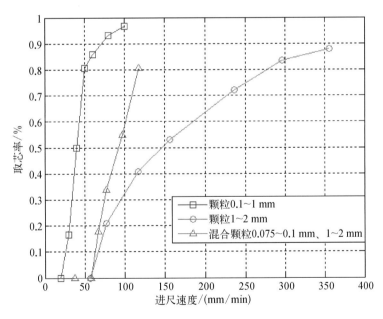

图 7.68　不同颗粒 120 r/min 下进尺速度与取芯率关系

对于较细颗粒,月壤钻进策略工作流程参数组合中回转 120 r/min,进尺速度 50 mm/min 有效包络全为 1 mm 以下细颗粒,进尺速度 100 mm/min 有效包络 2~4 mm 颗粒。对于其他混合颗粒的钻进参数范围,预编程钻进规程参数组合适应的月壤包络能有效包络嫦娥五号月面钻进过程中的可能月壤级配波动。

3. 钻取子系统工作状态判别方法及应对措施

结合相关试验力载特征及试验过程中采取策略效果,钻取子系统工作状态判别方法及应对措施如表7.34所示。

表7.34 钻取子系统工作状态判别方法及应对措施

序号	工作状态	判别方法	应对措施	备 注
1	系统工作正常	预编程工作正常,钻进参数变化平稳,提芯力波动增加	—	—
2	软袋磨损风险(进芯通道颗粒不畅)	提芯力超过200 N	回转二档,加载停,开冲击10 s	解决后再次进入预编程;解决2次,再次发生则解决后进入提芯整形阶段
3	大颗粒卡钻故障	拉力和回转电流持续在高位,T_{zj}快速增加,提芯力无明显增加	回转二档,加载停,开冲击10 s	解决1次,第二次发生则执行钻进到位策略后进入提芯阶段
4	大颗粒卡钻杆侧面(提拉钻进)	拉力迅速降低,回转电流迅速增大	在产品能力范围不采取措施,监测	退出预编程后执行钻进到位策略后进入提芯阶段
5	进芯通道正常不进样	提芯力无明显变化或者降低	减小钻进参数T_{zj}和加载停机次数J	紧急制动,遥控注入相关值后再次进入预编程

4. 钻进风险辨识与解决策略

不同的月壤会表现不同的钻进风险和力载特性,具体如表7.35所示。

表7.35 月壤钻进风险和力载特征

序号	工 况	风 险	钻进力载特征
1	均质细粉	月壤过细小导致排粉不畅	力载波动较小,进样顺畅
2	均质1~3 mm颗粒	进芯卡滞	钻压力平稳,提芯力波动
3	密实且大颗粒	钻进堵钻或卡钻	钻压扭矩峰值波动剧烈
4	松散月壤	取不到样品	钻进力载较小

月壤钻取过程中可能发生的风险虽然很多,但根据导致风险发生的机理,可以总结成如下类别:

(1)钻进参数不合理导致排粉不畅。回转速度过低或进尺速度过大,都可能导致钻进过程排粉不畅,钻进过程拉力过大。

（2）钻进参数不合理导致排粉压力过低。根据取芯钻进机理可以看出,如果进尺速度过低或者回转速度过快,排粉压力过低,系统不进样品。

（3）颗粒导致排粉或者进样通道卡住。颗粒导致的故障是一种偶发性故障,存在一定随机性,与每钻实际碰到的工况有关。但颗粒工况导致的钻进故障会直接导致系统不进样,同时会导致拉力值迅速升高,钻杆支持力可能超过允许值。因此,颗粒工况需要迅速解决。

（4）岩石工况。钻具接触月面时碰到一颗大岩石属于非常低概率的事件,该工况需要专门设计规程解决。

结论:通过特征剖面组合与盲钻试验方法,逆向思考导致异常及故障因素,推演故障模式与定位,有效验证规程设计合理性与策略有效性。

5. 月岩钻进及取芯策略

如果判断遇到岩石,进入岩石钻进规程,钻具执行岩石钻取过程可以细分为接触岩石阶段、岩石切削阶段、岩柱断裂及取样阶段,各子阶段特点如表 7.36 所示。

表 7.36　岩石钻进取芯过程中遥控与预编程工作任务分工

序号	子阶段	钻具与岩石作用特点	应 对 方 案
1	月面工况判断	岩石硬度较大,钻进速度慢	利用岩石钻进速度作为识别判决,兼顾安全
2	接触岩石阶段	① 大块岩石表面粗糙凹凸不平,导致钻杆回转接触岩石过程承受较大冲击。钻头刃尖易被打断,钻杆可能承受较大横向作用力导致钻杆折断; ② 岩石表面可能倾斜较大角度,钻具直接向下进给可能导致钻杆弯曲变形超过设计能力,导致钻杆断裂	需要设置定芯规程实现表面打磨钻进,为岩石稳定钻取创造良好定位条件
3	岩石切削阶段	① 岩石质地较均匀,钻进过程力载变化缓慢; ② 岩石钻进需要 1 mm/min 左右的平均进尺速度	利用加载钢丝绳刚度低,采用进-停策略实现大档位下小平均进尺速度控制
4	岩柱断裂及取样阶段	① 若系统设计有断芯功能直接执行断芯动作; ② 若系统未设计断芯功能,需要利用回转产生的钻杆涡动制造横向力载打断岩石芯柱	本方案兼顾月壤连续取芯需要,未设计断芯系统,利用钻杆回转实现断芯

6. 临界尺度粒径月壤钻进风险分析与解决策略

1）粒径小于 13 mm 钻进风险分析

由于钻具的钻头内径为 13.8 mm,月面钻进过程中,13 mm 以下月壤会发生如下风险,如表 7.37 所示。

表 7.37　13 mm 以下颗粒导致钻进风险

序号	风险状态	力载特征	发生机理	解决方法	解决后力载特征	发生概率
1	10~13 mm 颗粒卡在排粉槽	钻进拉力缓慢上升,直到超过允许值	颗粒卡在排粉通道导致排粉发生挤密	降低进尺速度;增加回转速度,从而便于排除卡住的颗粒;或者采用冲击使得卡在排粉槽颗粒排开	钻压迅速回到正常值或者下降值很小;回转电流迅速减小,回原钻进参数后,钻压和扭矩正常	较低
2	多颗大颗粒卡在钻头进芯口	钻进拉力上升速度较快,扭矩同步增加	颗粒堵住进芯通道,无月壤进样导致排粉需求增加,排粉挤压力迅速增加,钻进力载迅速增大	系统自动解决,较严重时采用回转2档,加载停止工作10 s即可解决	故障解决后,回到原工作参数时钻进压力和扭矩恢复正常	发生次数一般,但大部分情况都可以自己解决
3	钻进参数不合理,导致排粉挤密	钻进拉力载缓慢上升,直到超过允许值	钻进参数导致排粉能力与排粉需求匹配失衡	改变钻进参数	钻压和扭矩在新的钻进参数下能稳定	很高
4	钻进参数不合理,导致无法取到样品	拉力值比正常进芯拉力小	排粉能力超过排粉需求导致进芯力动力不足	调整钻进参数	钻压和扭矩在新的钻进参数下能提高且稳定到正常钻进拉力和扭矩	较低
5	1~4 mm 颗粒卡在取芯内管与外管之间	提芯力较大	机械故障,颗粒进入取芯机构内外管之间,造成间隙变小,软袋翻转阻力增大	回转2档,加载停止10 s,开始冲击。以上参数导致系统内部压强降低,通过冲击,颗粒掉出	提芯力回到正常值	较少

2) 粒径大于 13 mm 钻进风险分析

颗粒直径大于 14 mm 颗粒一般不可能进入钻头孔内,但其卡在钻头顶部和排出过程中发生故障的概率迅速增加,且其发生故障造成的后果一般比 13 mm 以下小颗粒造成的故障严重。

更恶劣的条件下,还会发生复合风险,主要如表 7.38 所示。

表 7.38　钻进过程复合风险

序号	风险状态	力载特征	发生机理	解决方法	解决后力载特征	发生概率
1	排粉能力降低+大颗粒	拉力超过限制,且解决速度很慢	排粉能力降低,钻头底部压力大,当碰见大颗粒时不容易波动	停进给回转,加冲击,调整钻进参数	力载稳定到正常值	较低

序号	风险状态	力载特征	发生机理	解决方法	解决后力载特征	发生概率
2	岩石工况导致钻进风险	钻压力迅速增加	岩石硬度与月壤体硬度相差非常大,需要非常低的进尺才能切削	1~2 mm 进尺	拉力在正常值	很低

7. 月面 1/6 重力环境验证

1/6 重力环境对钻取过程的影响可以分为两个方面,第一个方面是 1/6 重力导致月壤收到的体力与地球环境发生变化,可能导致相匹配的钻进参数组合发生改变;第二个方面是 1/6 重力导致钻进机构自重对钻进力的贡献减小,从而影响钻进规程中相关阈值的设置。

1) 1/6 重力对钻进参数匹配影响分析

月壤的钻进过程中,月壤破坏准则为库仑屈服准则,该屈服准则关键特性为屈服力与法向压力相关联。对于松散月壤,月壤的法相压力主要由月壤重力提供,因此其屈服力受到 1/6 g 重力影响较大,该分析与离散元方法计算出的趋势相同。但实际月面 2 m 钻进过程中,月壤主要处于高密实度状态,尤其塞流内部摩擦效应远大于重力效应。该状态下月壤的屈服力主要与内部应力相关联,受月壤自重影响较小,因此重力导致体力对钻进状态的影响可以忽略。在钻进规程研制过程中,采用 9.6° 倾斜钻取法,在技改设备取芯性能测试平台采取钻进参数 120 r/min/130 mm/min 对标称月壤开展钻取试验,试验效果与垂直状态下没有明显区别。1/6 重力对钻取影响对比如表 7.39 所示。

表 7.39 1/6 重力对钻取影响对比

试验序号	试验编号	工作主参数	钻进深度/mm	最大提芯力/N	采样质量/g	装置与水平方向夹角/(°)	月壤状态	试验平台
1	Sylg2015001	120 r/min/130 mm/min	2 000	55	470	9.6	标称	取芯性能试验平台
2	20150523	120 r/min/130 mm/min	2 000	100	515	90	标称	钻具性能测试平台

由于在与水平面夹角 9.6° 条件下,重力沿着轴向的分量为 1/6 重力,基本可以等效 1/6 重力对钻取的影响。根据同样取芯钻具下不同倾斜姿态的标称月壤取样结果可以看出,两者取样量与设计取样量 500 g 的偏差没有超过 8%,说明 1/6 重力对钻取效果的影响不是很大。对比其最大提芯力可以发现,与水平面夹角 9.6° 时的提芯力有所下降,说明低重力条件下提芯力可能会下降,样品滑移倾向减弱,舒畅流由于月壤黏性及达尔西力,临界转速与地球相当,惯性效应呈现较弱。

2) 钻进规程对月壤 1/6 g 重力环境试验性验证

由于月面 1/6 g 重力环境无法在地面直接试验,采用钻取标称级配的低重力月壤等效逼近1/6 g环境,其中标称月壤级配模拟月壤1 mm以下颗粒全部采用松散状态0.8 g/cm³ (相对密实度100%时密度为1.05 g/cm³)的颗粒,1 mm以上颗粒采用标称月壤规定材料, 开展钻取试验。钻进规程对月壤1/6重力环境适应性验证结果如表7.40所示。

表7.40 钻进规程对月壤1/6重力环境适应性验证结果

试验序号	试验编号	工作主参数	钻进深度/mm	实际采样质量/g	换算后采样质量/g	月 壤
1	Sylg2015002	预编程	2 000	269	470	低重力模拟月壤
2	sy20150628	预编程	2 000	501	501	标称模拟月壤

提芯力与标称钻取没有差别。总体折算后取样效果与标称偏差小于10%,而此时平均密度接近原来的一半,相当于重力变化为1/3 g。因此,本钻进规程能适应月壤1/6重力环境。

3）月面1/6重力影响综合评价

以上采用多种方法从不同角度验证了1/6重力对钻取效果的影响,由于塞流摩擦的作用,相关结果说明月面1/6重力环境对取样效果没有明显影响,同时目前的钻进规程能有效适应1/6重力环境下的月面钻取效果。

8. 模拟1/6重力环境钻取试验

取芯钻具与钻进规程及故障解决策略经过了足够数量(300钻以上)模拟月壤钻取试验验证,均实现有效钻进,可获得模拟月壤样品,通过苛刻工况的试验验证,验证了取芯钻具与钻进规程具有突破密实、颗粒密集月壤工况的能力。

月壤1/6重力很难通过试验的方法得到,为了验证1/6重力对钻取的影响,一般采用等效的方法来验证,包括9.6°倾斜钻取法与低重力模拟月壤钻取法。

1）9.6°倾斜钻取法

9.6°倾斜钻取法采用目前技改设备取芯性能测试平台开展,其中月壤筒与钻具所在平面与水平面夹角9.6°,重力沿着轴向的分量为1/6重力,基本可以等效1/6重力对钻取的影响。根据同样取芯钻具下不同倾斜姿态的某状态月壤取样结果可以看出,两者取样量偏差没有超过8%,说明1/6重力对钻取效果的影响不是很大。对比其最大提芯力可以发现,与水平面夹角9.6°时的提芯力有下降,说明低重力条件下样品的滑移会显著减弱,填充效果并未受到影响。

2）低重力模拟月壤钻取法

钻取某状态级配的低重力月壤,其中1 mm以下颗粒全部采用松散状态密度为0.8 g/cm³(相对密实度100%时密度为1.05 g/cm³)的颗粒,在1 mm以上颗粒采用玄武岩材料,开展钻取试验,试验结果表明,钻压均值在100~200 N,相对较小,等效取样量(按密度比例折算为玄武岩材料)相差不大。

月壤样品粒子堆积所产生的张力效应与折叠软袋的展开刚度处于同一量级,以至于无法突破,无法恢复成圆形,表明样品的堆积效应减弱,有效抑制样品的掉样效应。

9. 层序保持特性验证

针对取芯样品层序保持特性的要求,进行了专项钻进取芯层序特性试验。对某工况模拟月壤在制备过程中进行铺层,分别用铝箔和涂红漆铝箔作为铺层分界面,原始铺层设计如图 7.69 所示。

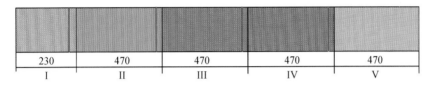

| 230 | 470 | 470 | 470 | 470 |
| I | II | III | IV | V |

图 7.69　层序保持特性原始铺层设计(单位:mm)

对该铺层模拟月壤进行了 5 次钻进取芯试验,获得样品重量及对样品剖开后进行铝箔位置测定后,对铝箔进样情况位置进行测量、拍照记录,如图 7.70 所示。

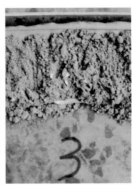

图 7.70　采集样品剖开后的铝箔位置记录

经过试验分析,钻取过程中没有破坏月壤样品的原始铺层顺序,未发生层序错位现象,验证了其原位取芯的取芯原理,并说明了取芯钻具具有很好的层序保持特性。

7.4.6　地月贯通智能钻进策略

月面钻取过程中,在轨控制单元嵌入钻进控制策略受控制单元资源处理能力约束较大。利用地面强大运算能力分析下传遥测数据,结合在轨控制策略,可实现天地协同智能控制。天地协同钻进策略关系图如图 7.71 所示。

1. 智能化自主钻进规程架构

月壤的形态多样,既有窄带分布的颗粒状月壤,又有块状的月岩,且不同着陆地点的月壤力学特性差异较大。苏联 Luna 20 和 Luna 24 探测器的无人自主钻取采样器在钻进过程中均采用固定的钻进参数,无法适应钻进对象突变的工况,曾出现钻取采样器样品采取率低、钻进阻力急剧增大,甚至被迫停钻等现象。因此,在钻进过程中应能够感知钻进

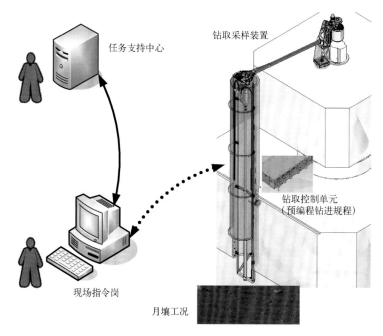

图 7.71　天地协同钻进策略关系图

对象的变化,能够及时识别出相应的故障工况,适时调整智能化自主钻进规程,可以提高钻取采样器的适应性和可靠性,是未来技术发展的趋势。

如图 7.72 所示,智能自主钻进规程需要对钻取采样部分进行故障判别和分析,并构建钻取分析软件。由于钻取过程中可能产生各种各样的问题,因此通过在地面进行大量钻取试验,获取大量的、宝贵的试验数据,在分析、总结的基础上建立钻取故过程专家知识库系统,实现钻取故障分析,为钻取采样任务提供有效的分析和预测工具。

这种钻进策略在动态识别钻进对象的基础上,从预先试验数据库中搜索适合的钻进

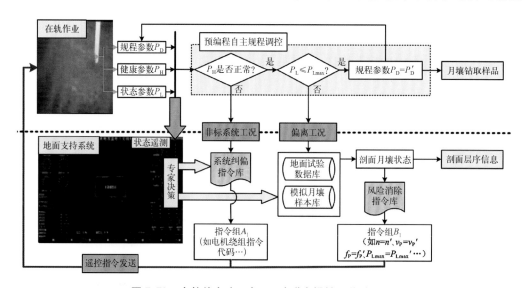

图 7.72　在轨信息交互与天－地联合操控工作流程图

规程组合,能够适应未知地质条件的钻进任务。此外,这种方法还可以兼有故障诊断的功能。这种钻进策略适应性好,算法灵活,对物理模型和地质信息的依赖性不强。

2. 月壤类型智能识别方法

月壤类型识别为非确知月壤的智能钻进参数控制奠定了基础,相关的识别方法主要分为基于知识的方法和基于数据的方法。

基于知识的方法指根据已知的关于研究对象的知识,整理出若干描述特征与类别间关系的准则,形成专家知识库,建立计算机推理系统,对未知样本通过专家知识库推理决策其类别。

基于数据的方法指收集一定数量的已知样本,用这些样本作为训练集来训练一定的模式识别机器,使之在训练后能够对未知样本进行分类,即机器学习。下面即以机器学习中的长短神经网络方法进行星壤类型智能识别方法说明。

对钻具系统而言,不同的月壤状态将导致机构作用力、力矩、速度、温度发生变化,因此可设置相应的传感器对这类状态信号进行获取,从而感知风化层月壤状态。由图 7.73 可见,钻取采样纵向运动的钻进速度 v(可通过位移 s 差分)、加载力 f_t 可通过加载机构进行控制,径向运动的回转转速 n_r、回转扭矩(与电流 i 成正比)可通过钻进机构进行控制,同时提芯绳的提拉力 f_k 可对芯管收纳月壤的阻力进行感知,而加载机构、钻进机构的电机随着工作时间、负载的变化,其工作温度 t_t、t_r 也随之变化。

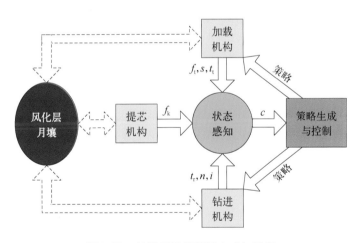

图 7.73　钻取采样月壤状态感知示意

因此,可获取关于风化层月壤状态的关键参数矩阵 x,可表示为

$$x = \begin{bmatrix} n_r & i & t_r & f_t & v & t_t & f_k \end{bmatrix}^{\mathrm{T}} \tag{7.19}$$

以一定时间段内的瞬时信息构成序列输入,通过有效的状态感知方法,生成状态感知输出信息 c,其应能体现局部月壤的特征,为策略生成与控制提供依据信息,形成器上自主或天地协同回路。

由于各传感器数据为基于时间的序列信息,门控型循环神经网络对该类数据处理具有广泛的应用,并取得了良好的效果。针对风化层月壤钻进过程,设计如图 7.74 所示的

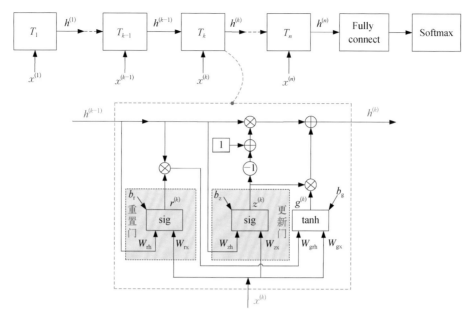

图 7.74　月壤密实度分类网络

密实度分类网络。

　　风化层月壤钻进过程中,探测器以一定的时间间隔下传传感器数据,每帧下传数据可作为一个时间步数据 $x^{(k)} \in R^{p \times 1}$ ($k = 1, 2, \cdots, n$),其中 p 为传感器特征数据维数。设用于密实度分类的数据序列长度为 n,n 可围绕标称值 n_0 上下波动,每个时间步单元 T_k 具有相同的门控结构,重置门、更新门输出取值为 $0 \sim 1$,具有门控特性,重置门输出 $r^{(k)}$ 决定了前面时间步信息量 $h^{(k-1)}$ 的遗忘因子,更新门输出 $z^{(k)}$ 决定了传递至后面时间步的信息量 $h^{(k)}$ 的组合因子。门控单元 T_k 可描述如式(7.20)所示:

$$\begin{cases} r^{(k)} = \sigma(W_{rh}h^{(k-1)} + W_{rx}x^{(k)} + b_r) \\ z^{(k)} = \sigma(W_{zh}h^{(k-1)} + W_{zx}x^{(k)} + b_z) \\ g^{(k)} = \tanh(W_{grh}r^{(k)} \cdot h^{(k-1)} + W_{gx}x^{(k)} + b_g) \\ h^{(k)} = (1 - z^{(k)}) \cdot h^{(k-1)} + z^{(k)} \cdot g^{(k)} \end{cases} \tag{7.20}$$

式中,$g^{(k)}$ 为组合信息。设门控单元内部维数为 q,则 $g^{(k)}$、$r^{(k)}$、$z^{(k)}$、$h^{(k)}$、$h^{(k-1)} \in R^{q \times 1}$,权值矩阵 W_{rh}、W_{rx}、W_{zh}、W_{zx}、W_{grh}、$W_{gx} \in R^{q \times q}$,偏置矩阵 b_r、b_z、$b_g \in R^{q \times 1}$。门控单元采用 sigmoid 和双曲正切两种激活函数描述,如式(7.21)所示:

$$\begin{cases} \sigma(x) = \dfrac{1}{1 + \exp(-x)} \\ \tanh(x) = 2\sigma(2x) - 1 \end{cases} \tag{7.21}$$

　　风化层月壤钻取采样过程中的传感器数据序列经门控单元循环处理,不断提取数据特征,为区分月壤的密实度情况,以最后一个门控单元输出 $h^{(n)}$ 为输入,通过全连接层与

Softmax 层对当前风化层钻进月壤密实度进行分类。设 Softmax 层输出为 c 类，全连接层神经元数量为 m，则其数学描述如式（7.22）所示：

$$\begin{cases} Z_{Fc} = W_{Fc}h^{(n)} + B_{Fc} \\ Y_{Fc} = \text{relu}(Z_{Fc}) \\ Y_o = \text{Softmax}(W_s Y_{Fc} + B_s) \end{cases} \quad (7.22)$$

式中，$W_{Fc} \in R^{m \times q}$；$W_s \in R^{c \times m}$ 为权值矩阵；$B_{Fc} \in R^{m \times 1}$、$B_s \in R^{c \times 1}$ 为偏置矩阵；$Z_{Fc} \in R^{m \times 1}$ 为全连接层加权输入；$Y_{Fc} \in R^{m \times 1}$、$Y_o \in R^{c \times 1}$ 分别为全连接层、Softmax 层输出。全连接层、Softmax 层激活函数描述如式（7.23）所示：

$$\begin{cases} \text{relu}(x) = \begin{cases} x, & x > 0 \\ 0, & x \leq 0 \end{cases} \\ \text{softmax}(x) = \dfrac{\exp(x)}{\sum\limits_{i=1}^{c} \exp(x_i)} \end{cases} \quad (7.23)$$

为建立传感器特征数据与（模拟）月壤密实度的映射关系，选取如式（7.24）所示的交叉熵函数为目标函数 L，进行监督学习，即

$$L = -\sum_{o=1}^{c} d(o) \ln Y_o(o) + \frac{1}{2}\lambda \sum_{i,j} W_*(i,j)^2 \quad (7.24)$$

式中，d 为训练样本 Softmax 层目标输出，采用 one-hot 编码；o 为输出类别序号；λ 为 L_2 正则系数；W_* 为各层权值矩阵；i、j 表示其元素序号。根据反向传播原理，可得目标函数对权值矩阵的偏导数，如式（7.25）所示：

$$\begin{cases} \dfrac{\partial L}{\partial W_s} = e \cdot Y_{Fc} + \lambda W_s \\ \dfrac{\partial L}{\partial W_{Fc}} = W_s^T e \cdot \text{relu}'(Z_{Fc})(h^{(n)})^T + \lambda W_{Fc} \\ \dfrac{\partial L}{\partial W_{gx}} = \sum_{k=1}^{n} \delta_g^{(k)}(x^{(k)})^T + \lambda W_{gx} \\ \dfrac{\partial L}{\partial W_{grh}} = \sum_{k=1}^{n} \delta_g^{(k)}(h^{(k-1)} \cdot r^{(k)})^T + \lambda W_{grh} \\ \dfrac{\partial L}{\partial W_{zx}} = \sum_{k=1}^{n} \delta_z^{(k)}(x^{(k)})^T + \lambda W_{zx} \\ \dfrac{\partial L}{\partial W_{zh}} = \sum_{k=1}^{n} \delta_z^{(k)}(h^{(k-1)})^T + \lambda W_{zh} \\ \dfrac{\partial L}{\partial W_{rx}} = \sum_{k=1}^{n} \delta_r^{(k)}(x^{(k)})^T + \lambda W_{rx} \\ \dfrac{\partial L}{\partial W_{rh}} = \sum_{k=1}^{n} \delta_r^{(k)}(h^{(k-1)})^T + \lambda W_{rh} \end{cases} \quad (7.25)$$

式中,e 为输出偏差,$e = Y_o - d$;relu$'(\ )$ 为 relu 函数导函数;$h^{(0)}$ 为隐含层初始状态;$\delta_g^{(k)}$ 为组合信息灵敏度,$\delta_g^{(k)} = \partial L / \partial g^{(k)}$;$\delta_2^{(k)}$ 为更新门灵敏度,$\delta_z^{(k)} = \partial L / \partial z^{(k)}$;$\delta_r^{(k)}$ 为重置门灵敏度,$\delta_r^{(k)} = \partial L / \partial r^{(k)}$,灵敏度递推关系如式(7.26)所示:

$$\begin{cases} \delta_h^{(k)} = \begin{cases} W_{Fc}^T W_s^T e \cdot \text{relu}'(Z_{Fc}), & k = n \\ \delta_h^{(k+1)}(1 - z^{(k+1)}) + W_{zh}^T \delta_z^{(k+1)} + W_{grh}^T \delta_g^{(k)} + W_{rh}^T \delta_r^{(k+1)}, & k < n \end{cases} \\ \delta_g^{(k)} = \delta_h^{(k)} \cdot z^{(k)} \cdot (1 - g^{(k)} \cdot g^{(k)}) \\ \delta_r^{(k)} = W_{grh}^T \delta_g^{(k)} \cdot h^{(k-1)} \cdot (1 - r^{(k)}) \\ \delta_z^{(k)} = \delta_h^{(k)} \cdot (g^{(k)} - h^{(k-1)}) \cdot z^{(k)}(1 - z^{(k)}) \end{cases} \tag{7.26}$$

式中,$\delta_h^{(k)}$ 为目标函数对各门控单元隐层输出 $h^{(k)}$ 的偏导。同理可得,目标函数对全连接层及 Softmax 层偏置矩阵的偏导数为

$$\begin{cases} \dfrac{\partial L}{\partial B_s} = e \\ \dfrac{\partial L}{\partial B_{Fc}} = W_s^T e \cdot \text{relu}'(Z_{Fc}) \end{cases} \tag{7.27}$$

目标函数对门控单元偏置矩阵的偏导数为

$$\begin{cases} \dfrac{\partial L}{\partial b_r} = \sum_{k=1}^{n} \delta_r^{(k)} \\ \dfrac{\partial L}{\partial b_z} = \sum_{k=1}^{n} \delta_z^{(k)} \\ \dfrac{\partial L}{\partial b_g} = \sum_{k=1}^{n} \delta_g^{(k)} \end{cases} \tag{7.28}$$

为实现权值、偏置的迭代更新,对获取的传感器数据进行分批训练,每一批次进行一次权值及偏置更新,如式(7.29)所示:

$$\theta_*^{b+1} = \theta_*^{b} - \eta \sum_{l=1}^{N} \left(\frac{\partial L}{\partial \theta_*} \right)^{(l)} \tag{7.29}$$

式中,θ_* 表示各权值或偏置矩阵;b 为样本分批序号;N 为每批样本的数量;l 为每批中样本的序号;η 为学习率。

训练过程中,对目标函数及样本分类正确率进行交叉验证;预测过程中,利用获得的最佳权值及偏置进行正向计算,实现风化层月壤钻进过程月壤密实度快速感知分类。

可见,密实度分类算法对不同状态的模拟月壤具有较好的泛化能力。随着钻进过程中传感器特征数据随遥测下传,以一定时间间隔(代替序列长度)组织各时间步输入,利用密实度分类算法实现小滞后密实度状态感知,验证过程中,最小时间间隔约 22 s(试验中遥测下传时间间隔为 1 s),平均时间间隔约 33 s,可为工作策略的维持或调整提供依据。

7.5 试验验证

对于月壤剖面不确定性、月面环境的特殊性,需开展系统性的地面拟实验证,试验过程中涉及拟实验证等效方法设计、新理论与仿真结合等,通过试验验证与仿真分析来充分验证月球钻取采样器的功能性能,印证其在轨工作能力,即运用人类智慧和认知水平,无限逼近明晰月球状态,支撑钻取采样器设计与月球作业能力。

与传统的宇航空间机构不同,钻取采样器是针对月壤钻取并获得月壤样品,本章基本不阐述航天器建造规范规定的功能性能测试项目,仅阐述部分重要空间钻取采样器关键属性专项研究。

重点介绍部分拟实专项验证试验,具体包含以下几个方面内容:

(1)从月壤钻取总体任务需求分析来看,从工程认知角度对月壤钻取任务实施进行模拟,从而验证月壤钻取的可实现性及地面模拟的等效性;

(2)对月壤钻进特性进行专项研究,以取芯钻具为核心创新作用机具,对月壤与钻具之间的相互作用关系需要进行分析与验证,例如,对于与作用尺度相当的岩石,需冲击碎岩,需将能量高效传递到作用界面上,以对月壤钻取的实际效能进行工程评测,通过载荷分离方法以分解力载的作用特性;

(3)钻取采样器的设计与传统空间机构不尽相同,对复杂地月飞行、月面工作力学载荷响应特性进行分析,对月壤钻取特殊驱动机构机械性能进行评估,对月面环境下低重力面内展开的实现均进行专项性能测试研究;

(4)月壤钻取采样环境复杂,作用特性多变,需要进行综合性能测试,对其工程实现进行地面拟实验证研究,以在地面进行相对全面的试验验证,可以从各方面进行多种在轨工作方案实际作用特性评估,以能够及时响应在轨工作策略调整需要;

(5)钻取采样器整体工作性能评价需要构建专用监控体系,以从工程和月壤钻取适用性方面综合进行分析和模拟,并对其在轨地面支持方案进行专项研究。

7.5.1 避让展开机构试验验证

1. 展开及锁定性能测试需求

展开机构为末端带一定质量负载的悬臂梁,需要在模拟月球的1/6 g 低重力环境下实现预定空间轨迹的运动,其解锁、展开与锁定性能对着陆器、上升器、表层采样具有非常重要的影响。解锁失效导致表层采样无法完成,样品采集量达不到要求;同时无法为上升器起飞提供必需的空间。此模拟方法受方式限制,并不能在任意角度进行展开测试,故并行采用惰性气体气球补偿对展开进行功能测试,主要应用在钻取采样器总装后的展开试验中。

2. 力平衡法低重力展开功能测试

在钻取采样器整机功能测试中,需要对展开功能进行测试,采用惰性气球补偿实现低重力模拟方法,如图 7.75 所示。

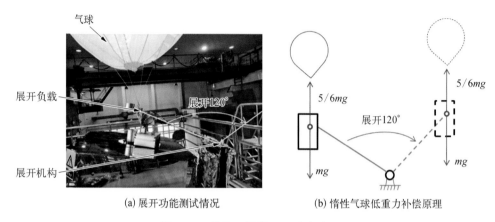

(a) 展开功能测试情况　　　　(b) 惰性气球低重力补偿原理

图 7.75　钻取采样器展开功能试验

采用小分子量惰性气体填充气球后,测试其浮力,达到展开负载重力的 5/6,将其系在展开负载重心位置,从而令展开负载受浮力影响,展开时仅考虑 1/6 地球重力即可,从而达到模拟月球表面重力环境的目的。

由于采用集中力等效均匀质量的动力学效应,难以实时等效,此方法更适合于静力裕度展开,展开过程受到空气阻尼影响,模拟动力学效应难以反映实际情况。

采用此测试方法可以对展开功能测试,主要测试目标为展开机构能够带动负载展开。但是气球一般较大,在展开圆弧运动中会引入空气阻力影响,降低展开速度,增加展开到位时间,对于展开后锁定时带来的冲击也会造成削弱影响。

3. 力分解法低重力展开测试方法

根据上述功能要求,避让机构展开与锁定性能测试设备采用"斜面力等效法"的原理模拟月面 1/6 重力场,如图 7.76 所示,通过调整展开斜面的角度与避让机构支撑装置的安装角度模拟着陆器的俯仰与侧倾姿态。设备主要由机械平台、机械平台角度调整计算软件、数据采集分析系统、控制系统及扭矩测试设备五个部分组成。

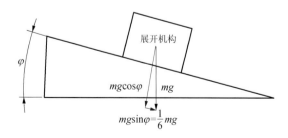

图 7.76　斜面力等效法原理

将展开机构安装在与水平面成一定角度的支撑平台上,如图 7.77 所示,通过调整支撑平台与水平面之间的夹角,展开机构在展开平面内模拟 1/6 的重力作用,达到营造 1/6 重力场的目的。

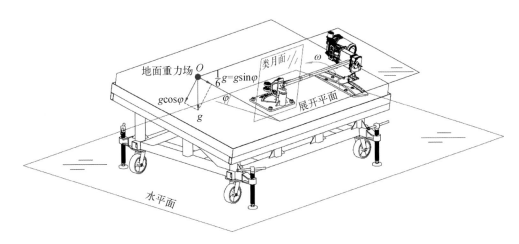

图 7.77　正常姿态下地面重力场等效原理图

展开机构俯仰性能摸底试验在 1/6 重力试验台进行,将试验平台调整到 9.59°开展试验,通过调整展开机构在试验台面上展开机构安装座的安装角度来完成不同姿态的俯仰性能试验,具体如表 7.41 所示。

表 7.41　不同俯仰姿态角度汇总

模拟俯仰角度	展开机构安装座角度	展开机构状态
标称姿态测试		

测试时通过高速摄像机记录避让机构的全程展开的过程,获取避让机构展开过程中特性数据。通过软件对数据采集系统采集的数据进行定量分析,为评价避让机构展开性能提供依据,其中高速摄像机为现有设备。通过支撑装置下方的压力传感器采集到的数据进行定量分析,为评价展开机构的锁定冲击特性提供依据。

7.5.2　钻取采样系统拟实环境功能、性能检测与验证

要开展钻取采样系统验证,首先需要在地面构建"月壤钻取地面支持系统"与综合性能试验物理平台集成,该系统用于开展钻取研究,模拟天地交互控制钻取活动,验证常压

常温环境下钻取采样器作业信息采集与展示、钻进规程设计阶段试验研究等;然后开展钻取综合性能测试研究,最后开展全面拟实环境、全流程"真空高低温钻取采样试验",以验证模拟在轨作业性能,系统性能测试验证包括以下几个方面:

(1) 平台建设与信息采集与试验;

(2) 局部拟实环境下产品功能、性能检测;

(3) 拟实环境下作业验证。

这三个方面形成系统级全面验证。

1. 需求分析

钻取采样器在经历空间飞行环境后,在月面真空高温环境下开展月壤钻取采样作业。开展热真空月壤钻取试验能够拟实全流程验证月面作业过程及潜在风险识别,如验证钻取采样器各处的热变形协调性、验证传动副、啮合副间隙热匹配合理性、验证月尘污染影响、真空下摩擦特性、高温真空下驱动能力、展开能力、压紧释放机构粘连特性、暴露材料及制造工艺的缺陷等,充分而全面地验证钻取采样器预期研制状态与达标评价。

在此试验中,需要配备热真空环境模拟器,在钻取采样器本体上营造热环境,设置月壤筒以实施温度剖面模拟下的钻取,有足够的空间可以满足钻进行程要求、避让展开空间需求。

2. 测试系统组成

钻取采样器热真空钻取测试系统如图7.78所示,选用大型热真空模拟器,为大圆筒形结构,总高度9 m以上,内廓直径9 m,满足操作空间需求,地面为平面,利于搭建试验平台。

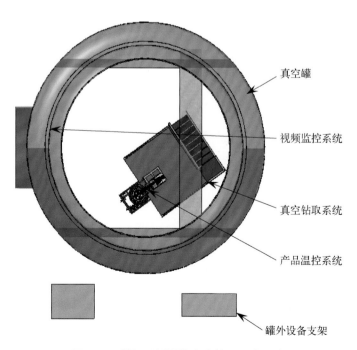

图 7.78　钻取采样器热真空钻取测试系统

模拟器配备视频监控系统,可以对产品工作状态进行实时监测并录像;配备产品温控系统,一方面控制红外笼的温控效果,另一方面采集钻取采样器各处温度信息,进行实时温度曲线绘制,评判其生热特性。在模拟器外设置试验间,试验队成员在此对钻取采样器工作状态进行控制,实时监测相关信息。

应用于真空钻取试验的罐内钻取支持系统如图 7.79 所示,在模拟器中合适位置搭建的试验平台,一方面安装模拟着陆上升组合体的模拟墙,用于安装钻取采样器;另一方面搭建人员操作平台,便于对产品进行操作。在钻取采样器下方设置月壤筒,深度达 2.5 m,满足 2 m 钻进行程要求。容器内工装平台等均为不锈钢结构,并进行放气设计,以免影响模拟器真空环境。

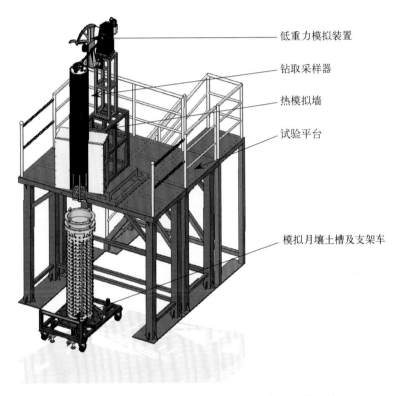

低重力模拟装置

钻取采样器

热模拟墙

试验平台

模拟月壤土槽及支架车

图 7.79 应用于热真空钻取试验的罐内钻取支持系统

热试验模拟墙的设计中,着陆器接口采用模拟舱体结构,模拟舱体结构四周为与模拟墙舱体支撑结构连接的安装边界,舱体与钻取采样器的接口远离安装边界。

模拟月壤土槽如图 7.79 所示,为了适应抽真空的要求,在筒壁上和筒内部制作有多个排气孔阵列管,内部 300 目丝网防止月壤流动,保证月壤出气的通畅性。在月壤压实过程中,钻取区域是级配月壤,周边为较大颗粒月壤,利于抽出月壤中的气体。

模拟月壤抽真空试验先在实验室短筒摸索,钻取月壤颗粒级配必须良好,不超过 200 mm 的直径月壤柱,试验表明使用高真空泵(1×10^{-3} Pa)可以实现 1~10 Pa 水平,先抽真空后压实更是有效方案。

根据热分析情况,对于钻取采样器上各处热敏感点,如钻进机构的大功率驱动电机、传动机构、加载机构的驱动电机、展开机构的驱动端、整形机构的驱动电机和传动机构,粘贴热敏电阻,实时采集温度信息。考虑到产品的高温工作特性,整形机构处工作温度最高,以此处为控温点,控制其整体红外加热情况。

3. 试验方法介绍

真空高温钻取采样试验按以下步骤开展,分为三个主要部分,即前置试验、真空热试验和后置试验。前置试验和后置试验均在热真空模拟器关闭前开展,为常温常压状态,主要为测试产品常态性能,在前后进行测试可以进行直接对比,模拟经过热真空试验后其性能有无变化,并可以与真空热试验进行纵向对比,比较热真空环境对产品工作性能的影响。钻取采样器热真空钻取试验系统如图 7.80 所示。

1) 前置试验

整形带载电机械性能测试,对钻取采样器的整形机构上电状态进行检查,对功能性能进行检测,模拟其状态是否正常。

钻进取芯带载电机械性能测试,对钻取采样器的钻进取芯部分进行上电状态检查,向下小行程钻进取芯,并带载测试,模拟其状态是否正常。

图 7.80 钻取采样器热真空钻取试验系统

此试验后转入热真空环境,关闭模拟器,抽真空,加热,确保真空度满足要求,产品达到热平衡状态后转入后续真空热试验。

2) 真空热试验

真空高存储试验,待温度达到高温热平衡状态,钻取采样器通电,保持至满足全程工作时间,分析其存储一段时间后产品状态稳定性,降至常温后再进行此试验,以进行对比,观察两次试验状态是否一致。此试验后降至常温,再升温至工作高温,转入热真空钻取试验。

热真空钻取试验,待产品温度达到高温热平衡状态,进行真空高温钻取试验,对标称模拟月壤进行钻进取芯、提芯整形、样品分离、避让展开全程试验验证,评测其真空高温拟实环境下产品功能、性能及综合效能评定。

此试验完成后,确认试验满足方案要求,降至常温,消除真空状态,模拟器开门,转为常温常压状态,转入后置试验。

3) 后置试验

后置试验具体项目与前置试验相同,但顺序与之相反,用于观察与前置试验对比产品经过热真空试验后性能是否会发生变化,并与热真空试验对比,比较环境的影响。

钻取采样器及配套工装设备均安装在热真空环境模拟系统中,在另外的操作室中对真空模拟系统进行控制。钻取采样器安装在模拟墙上,下面放置模拟月壤筒,周边模拟月面热辐射环境设置了红外灯阵加热装置,根据热控分析情况,对不同部位进行加热,模拟真实热环境。在热真空模拟系统真空度降至指标要求后,开启灯阵进行加热,到预计高温后,模拟在轨工况进行遥控钻取采样。

试验前,在钻取采样器上各处共粘贴了 44 组温度传感器进行监测,试验过程中温度分布情况如图 7.81 所示。从图中可以看出,16 个控温点均满足或超过热环境高温指标要求,其他测温点处的温度均满足产品鉴定级高温指标的温度要求,试验过程有效。

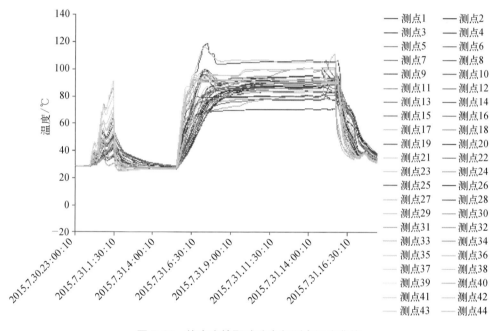

图 7.81　热真空钻取试验全部测点温度曲线

本次试验在真空高温环境下,较为真实地模拟了月面钻取过程,经遥控钻取采样获得了 232 g 模拟月壤样品,满足系统指标要求。机构等处的温升情况相对来说较为真实,对后续工作具有指导意义。从每个机构处的温升情况来看,均低于机构组件热真空机械性能测试过程中的温升,机构组件工作能力能够包络月面钻取需要。出现此状态的原因为在机构组件热真空机械性能测试中,输出端加载均按额定负载施加,单次工作时间为额定工作时长,此额定负载和时长均相比较在轨需要设置了余量。在真空模拟钻取试验中,实际工作负载为波动状态,均小于额定负载,工作时长相对来说也小于额定值,故温升相对较低。

（1）通过此试验验证了产品热设计及载荷设计正确性,针对出现局部问题及参数漂移进行分析与修正;

（2）无人自主钻取采样动作全流程衔接紧密、效果良好,对遥控指令演练推迟 4 s 以

模拟地月时差产生风险,暴露出月尘污染等问题进行处理;

(3)为月壤专门配制抽真空系统,否则很难达到月壤真空度,同时如果真空度不到位残余气体会影响钻取,试验积累大量经验,验证产品作业能力及环境适应能力,也同时优化产品设计与控制方法;

(4)热真空下载荷并没有显著变化,尤其月壤处压实月壤无法等效亿年月壤颗粒间岩化和太阳风作用。

7.6 在轨工作情况

时间回溯至 2020 年底,随着嫦娥五号发射年的到来,国家头版头条的宣传更是将时隔 44 年再次采集月球样品返回的事件上升到了世界瞩目的高度。

2020 年 6 月,北京卫星制造厂有限公司接受探月工程中心和空间技术研究院的指示,为保证任务的顺利开展和过程的安全可靠,成立了专门的发射场试验队,队员们自此开始了为期百天的封闭式工作,1 个月内完成产品从北京到海南发射场的转运,3 个月内完成发射场自检、与整器进行了一系列的测试,数据证明了产品设计正确、验证充分、过程受控。钻取装器共执行流程 95 项,工序 305 项,团队设置了装器最终状态检查 40 项、强制检验点 10 个,关键检验点 20 个,保留过程影像证明记录上千张,保证了产品发射前状态的明确性,为落月后采样工作奠定了坚实的基础。

7.6.1 飞控准备

于 10 月将持续开展的策略规程验证结果进行最后的整理,形成指令、遥测使用说明,做好信息交互准备;以二维、三维、健康状态监测等显示软件链接飞控指挥中心和任务支持中心,做好信息判读准备;以飞行程序、状态判读、处置预案文件等,做好落月后系统工作执行的准备。飞控指挥中心作为指令上行地点,一方面兼顾天地同步演示验证,提供及时有效的执行策略;另一方面通过指令发送,确保操作处置的安全可靠,确保任务的可靠性完成。

为应对所有可能出现的工况,团队将预案划分成产品局部失效和工作对象超出预期范围两大类型,根据不同工作阶段准备了 44 预案卡,详细注明了发生概率、发生危险程度、遥测判读方法、解决步骤、对应指令及上行时序、过程二次判断等。为落月后工作时序衔接、工作时间包络保障、工作执行提供最大能力的保障。

7.6.2 月面工作

嫦娥五号探测器携钻取采样器于 2020 年 11 月 24 日在海南文昌基地发射,经历 8 天的飞行,于 12 月 1 日 23 点 11 分着陆月球,着陆区位于风暴洋高地与月海的交界处,西经 51.8°、北纬 43.1°,如图 7.82 所示。

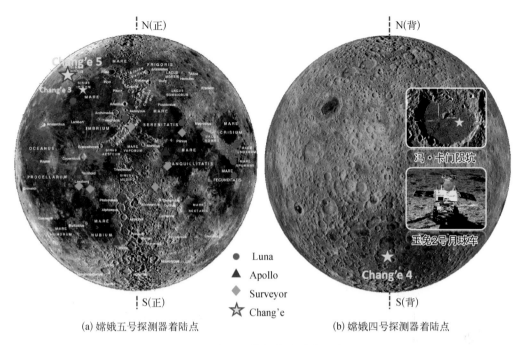

(a) 嫦娥五号探测器着陆点   (b) 嫦娥四号探测器着陆点

图 7.82 探月三期任务着陆点示意图

8 天的在轨飞行过程中,热控分系统时刻为钻取子系统产品提供环境温度保障,虽然产品并未动作,但是呈现高低起伏的温控曲线,飞控中心进行实时监控。

2020 年 12 月 2 日的月亮呈现满月,明月充满神秘的力量,当晚子夜在遥远月球人类时隔 44 年后再次开展探月三期月球采样活动。在任务支持中心,相关人员目光都聚焦月面着陆飞行轨迹成像图。嫦娥五号探测器平稳着陆于月球正面风暴洋北部的吕姆克山脉,这是人类从没有到达过的区域,阳光在月面上投下颇长的探测器影子,着陆区域在离高地很近的风暴洋月海处,地表可见多处白色漂石,颜色可能随月壤返照和灯光发生不同变化,熟悉的采样器与封装容器呈现的黄色余晖非常清晰。

按探测器预定流程,各项工作有条不紊地开展,整器状态确认、太阳翼展开、模式切换,1 点 20 分钻进压紧火工品起爆,钻进压紧释放机构解锁,距离真正的月面工作越来越近,操控人员观察屏幕上滚动刷新的指令条,记录指令员的播报发令。随着地波雷达月壤结构探测仪剖面反演形成后,采样封装分系统的规划时序正式运行。状态与遥测数据判读流程如图 7.83 所示。

12 月 2 日凌晨 1 点 48 分,指令下达,钻取采样器加电,并自动进行上电后自检,任务支持中心遥测数据判读状态正常,所有传感器信号正常,钻进机构压紧释放火工动作正常,钻机处于悬挂状态,采样器在月面初始工作环境温度在 0～10℃,产品具备工作条件。着陆姿态均在 5° 以内,这比设想的着陆姿态更加理想,为了在规定的时间内完成钻取采样器的工作,向飞控指挥中心通告了可以进行采样工作任务,随即钻取采样器开始按顺序执行相关动作流程。

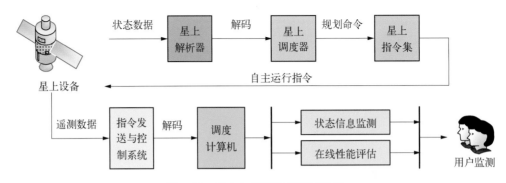

图 7.83　状态与遥测数据判读流程

　　钻取采样器上电自检，所有传感信息完备正常——解锁正常——空程滑行正常——接触月面反馈正常——回转钻进开始——预编程启动，开启无人自主钻取动作，如图 7.84 所示。

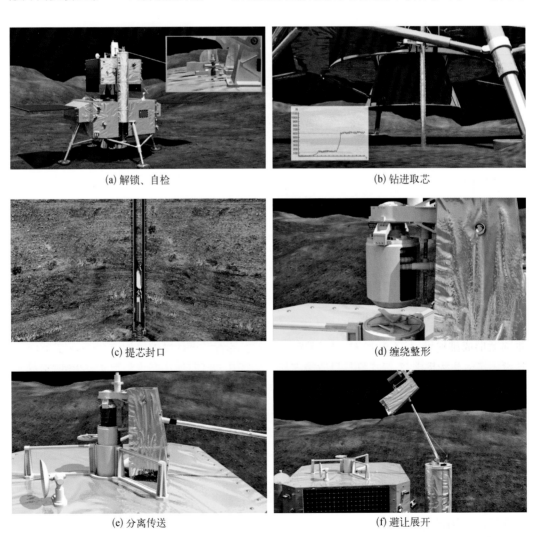

(a) 解锁、自检

(b) 钻进取芯

(c) 提芯封口

(d) 缠绕整形

(e) 分离传送

(f) 避让展开

图 7.84　在轨工作流程示意图

在轨工作时,当破断拉锁破断后采样器进入了自适应钻进取芯工作阶段,钻头和钻具逐渐在相机视场中出现,回传只能看到慢速下滑钻具,由于月球的真空回传视频图面静寂听不到一点声音,银色钻杆呈现淡褐蓝色,月壤呈现橙色,月面真实钻进效果如图7.85所示。

在钻头接触到月面时,月面土壤出现了龟裂形状,月壤呈现黏性,钻进初期在300 mm深度范围内没有任何粉末排出,信号反映月壤已进入取芯管,这些现象与地面钻进完全不同。

图 7.85　月面真实钻进效果

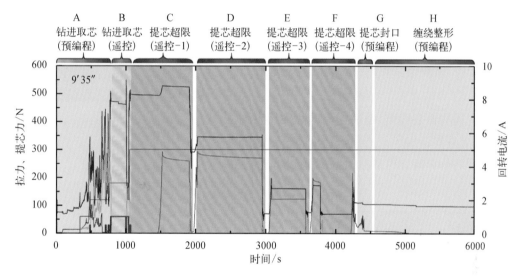

图 7.86　钻取采样器钻进取芯

监视相机的返回图像显示,钻具不断向下移动,超过300 mm后回转功能启动,在钻杆外侧逐渐形成排粉堆,且不断增大。从遥测数据判读,随着钻进深度的增加,越来越多的月壤样品进入了取芯软袋内部,且进样数量比较理想。如图7.86所示,从遥测数据还可以看到,钻取采样器的回转工作电流一直在波动,反映力载波动频繁,月面下方层理状态复杂,并非均质。

在钻进深度410 mm左右力载遥测数据出现了剧烈的波动,反映了该深度下出现了比较奇刻的工况。由于无人自主应对预案准备充分,依靠着钻取采样器的高适应能力,410 mm深度月壤被成功突破,但随之而来的是更为剧烈的力载数据振荡,采取了强化预案解决。在钻进深度750 mm左右力载急剧增大,面对力载遥测数据不断超过阈值,通过地面监控系统钻取专家库数据与专家组分析,钻具前端月壤为大颗粒集聚状态,致使钻进力载超限。因此,进行地面人工决策,启动针对性的有效解决预案,在预案执行达到预期效果后,重新进入自适应钻进取芯。在提芯阶段,突发钻压力与提芯力同时超限状态,此时封口还远没有到达底部,根据异常数据定位了 3 种卡滞模式,在取芯袋作用底部,月壤颗粒形成自锁力链造成卡滞,采用较为柔和预案 1、2 处理不能解除故障,讨论处理分析采用强化等级的解决预案 3,指令发出后,延迟 10 s 钻压力及提芯力阈值突然下滑,数据异常解决,三次处理时间历经了惊心动魄的 43 min,是继续钻进突破还是按任务规划确保既得样品? 依据地波雷达反演颗粒群密集地质剖面,继续钻进对后续样品封装造成极大风险,结合在目前苛刻的工况下伴随着大概率损失已取样品的行为,探测器总师审时度势、依据前期制定战略,切入下一个钻取环节。

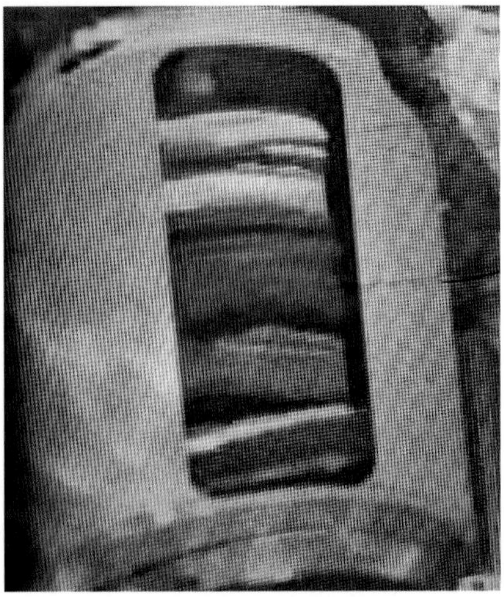

2 点 30 分提芯整形阶段开始,在经过"漫长"的提芯整形流程后,长度为 2.0 m 的软袋被一圈圈收拢至整形机构内部,如图 7.87 所示。

4 点 03 分,开始进入剪切分离阶段,从探测器顶部的监视相机可以看到,钻取样品初级封装容器与整形机构分离,顺利落入下方的密封封装装置内部。

4 点 53 分随着火工解锁指令,在上升器上表面的整形机构与器表脱离,在展开机构的作用下向外展开,为上升器让出了上升通道,分离过程顺利,与地面不同的是分离过程是在 1 s 内完成,低重力与弹性势能影响显著。

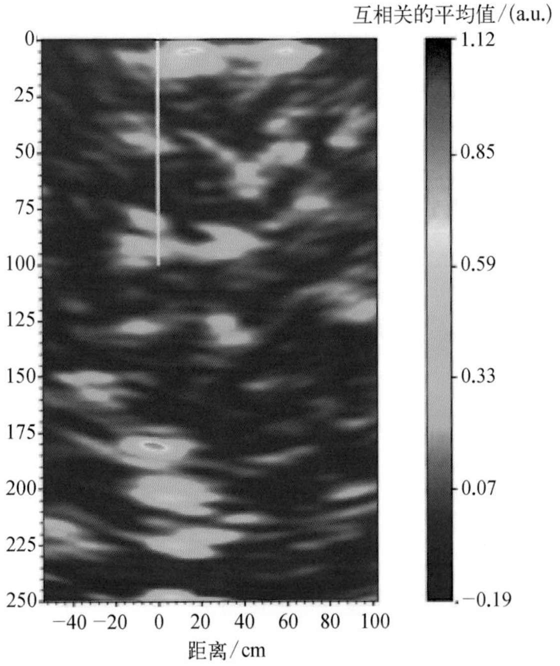

图 7.87 样品初级封装状态

图 7.88 月壤结构探测仪及钻进过程数据反演层理构造

嫦娥五号在轨运行:2020 年 12 月 2 日凌晨,嫦娥五号钻取子系统在轨工作 3 h5 min,钻进 1.03 m。其中钻进取芯发生 1 次遥控介入,提芯整形遥控介入 4 次,剪切分离遥控介入 3 次。后续开展了针对在轨数据反演,根据数据推测实际月壤颗粒形态与摩擦角及黏性,极易产生自锁力链,也反映地面拟实环境与在轨真实工况的差异,为后续月球采样积累实践经验。同时,与月壤结构探测仪数据相互佐证,推测出了钻进剖面的层理状态信息,如图 7.88 所示。

钻取任务成功完成,获取了具有颗粒群、较高科学价值、层理特性的样品,月壤为 20 亿年左右年轻玄武岩,采样量 259.72 g 完成了预期科学目标。单次无人自主采样量位居世界首位,年轻玄武岩填补 Apollo、Luna 31～35 年演化过程的信息空白,刷新了人类对月球演化的传统认知,为月球演化的研究提供了全新的方向。

采样器在整个采样过程表现极为健壮有效,信号完整准确,控制到位,故障解决预案正确有效,得出以下几点经验:

(1)实际月壤比模拟月壤还要难以钻进,主要表现在颗粒形态差异与内摩擦角更大,实际中,即使最大粒径几毫米级配的月壤,在撞击与太阳风作用,长时间真空下岩化效应,以及一些弱力等作用下对钻取影响都值得进一步探索;

(2)月壤的静电效应显著,表现出极大黏性,造成样品排粉不畅,这是地面拟实缺失项;

(3)着陆器羽流吹扫了月面,月尘没有造成较大影响,但还是要加强月尘防护;

(4)钻取采样器在月面完整执行了无人自主采样任务,整个采样器运行正常,运动与力载参数合理,说明采样器参数设计有效,钻取采样器设计具有正确性、有效性;

(5)要进一步增加钻取信息,低重力明显增强月壤与取芯袋界面弱力效应;

(6)钻进取芯解决预案判读准确,解决有效;

(7)未来优化,增加参数智能化评估,预估控制,有必要在消除力链上进行主动策略,避免风险形成;

(8)地外天体采样是世界性难题,首次研制,缺乏经验,通过地面 14 年研制,钻取采样器成功完成月球无人自主任务,为嫦娥六号采样奠定技术基础。

钻取采样器获得富含新鲜玄武岩石块样品,坚硬玄武岩造成多次大力载波动,采样器动力裕度与有效策略解决故障,也明确了需进一步优化产品设计与解决策略、拓展拟实试验研究条件,为后期钻探装置研制积累宝贵经验。

珍贵钻取样品交由国家天文台处理,在保护气氛下保存,图 7.89 展示了月壤剖面,月

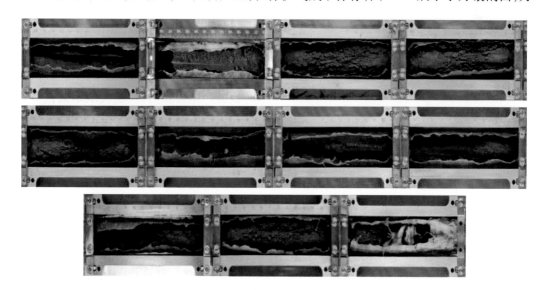

图 7.89　样品返回后解剖图

壤颗粒在 5 mm 量级,连续剖面获取月壤具有更高的科学价值,未来月壤将被科学家深入研究。

采样系统都是深空探测任务中的重要载荷,是获取星壤样品最直接的手段,利用采样收集机构获取采样样品并对样品进行分析研究,是深空探测中的重要任务和关键技术。嫦娥五号月球无人钻取采样器采样返回任务的成功,验证了采样设计、地面试验验证以及环境模拟等技术的有效性和完整性,形成了一系列的标准和规范,为月球探测以及行星探测等后续任务的采样设计及地面试验验证工作奠定了一定的技术基础。探月三期嫦娥五号钻取采样器获取样品,实现了我国科学家使用自己样品从事研究的梦想,将推动我国月球科学发展。

7.7 本章小结

类似的空间样品作业系统的研发可以参考这些专项研究。钻取采样器的本身是一个全新探索性产品,产品继承性弱,产品成熟度低,为此开展多项专项试验验证,并圆满完成在轨应用,在轨应用表明,采样器在轨工作面临极其不确定的复杂工况,工作过程中故障预案有效,突破了大颗粒集聚苛刻工况,成功获得了 259.72 g 样品。

(1) 研制针对以土力学性质为核心的钻取用模拟月壤,为钻取采样器的研制、钻具的迭代优化和钻进规程的设计提供了边界依据。提出了具有土力学等效方法的钻取用模拟月壤方案及三维激励共振拱筑、钻取作用工况覆盖方法,解决了着陆区复杂月壤工况的钻取作用特性地面等效验证需求的难题,为月壤钻取力学参数地面试验验证提供基础条件。

(2) 首次发明斜面倾斜微重力气浮展开方法,解决了展开过程动力学效应,将真实试验结果与仿真分析相结合,均能有效反映展开锁定实际过程,为低重力展开探索出一条有效途径。提出低密度模拟月壤+倾斜法低重力地面等效方法,综合机构低重力地面等效方法,融合力热环境边界实现等,开展月球环境钻取采样拟实验证,解决了月壤真空、钻进生热、低重力状态的地面等效模拟难题,实现了钻进温度场、应力场的特性识别、低重力对钻取影响的定量评估。

(3) 开展综合性能测试,全流程验证产品研制各阶段钻取作业能力,所构建地面半物理仿真平台为钻进机理研究、钻进规程设计提供研究平台。提出了集合真空模拟月壤、月面热边界、机构低重力环境于一体的方法,全要素模拟方法定向多孔隙抽真空模拟月壤制备方案,实现月壤力、热特性的地面拟实,解决了月球无人自主钻取采样系统在轨作业能力地面综合等效模拟的难题,实现了月壤钻取、样品转移、展开能力的综合验证与评估,验证在轨工作能力。

(4) 采用预编程自适应钻进规程,提出了以拉力阈值为主判断量按钻进比顺序搜索的钻进参数自主辨识方法,解决了不确定月壤剖面在轨自适应钻进控制难题,实现了高效钻进和取样量化匹配,月壤状态自主辨识。

(5)多维度层次化保护策略,提出了作业能力层次化划分及力、热、电控多维度保护方法,解决了复杂作业动作下系统安全与最大工作能力平衡的难题,实现了苛刻工况下产品状态安全调控处置能力。

(6)通过数千次的地面钻进试验,建立地面知识库及解决预案,提出了月壤钻进复杂工况与载荷信息映射模型库,解决了不确知风险带来的在轨调控难题,实现了月壤钻取的健康状态预判、解决预案的实时评估与处置,在轨工作也表明,解决预案有效,支撑在轨工作。通过在轨工作,对低重力等环境与实际月壤特性认知发生质的变化,优化设置参数。

--------- 参 考 文 献 ---------

[1] Mckay D S, Carter J L, Boles W W, et al. JSC‐1: A new lunar soil simulant[J]. American society of civil engineers, 1994: 857‐866.

[2] Willman B M, Boles W W, Mckay D S, et al. Properties of lunar soil simulant JSC‐1[J]. International Journal of Rock Mechanics and Mining Science & Geomechanics Abstracts, 1996, 33(1): 13A‐13A.

[3] Weiblen P W, Murawa M J, Reid K J. Preparation of Simulants for Lunar Surface Materials[J]. The American Society of Civil Engineers(ASCE), 1990: 428‐435.

[4] Batiste S N, Sture S. Lunar Regolith Simulant MLS‐1: Production and Engineering Properties[J]. Engineering, Construction & Operations in Space II, 2005, 90(1), 98‐106.

[5] Yoshida H, Watanabe T, Kanamori H, et al. Experimental Study on Water Production by Hydrogen Reduction of Lunar Soil Simulant in a Fixed Bed Reactor[J]. Pain, 2000, 148(1): 36‐42.

[6] Kanamori H. Properties of Lunar Soil Simulant Manufactured in Japan[J]. Proc. of Int. conf. on Engineering Construction & Operations in Space, Albuquerque, 1998: 462.

[7] Jiang M J, Li L Q. Development of TJ‐1 lunar soil simulant[J]. Chinese Journal of Geotechnical Engineering, 2011, 33(2): 209‐214.

[8] Yongchun Z. A Review and Prospect for Developing of Lunar Soil Simulants[J]. Chinese Journal of Space Science, 2005, 25(1): 70‐75.

[9] Qian Y, Xiao L, Yin S, et al. The regolith properties of the Chang'e-5 landing region and the ground drilling experiments using lunar regolith simulants[J]. Icarus, 2019, 337: 113508.

[10] Zhang T, Chao C, Yao Z, et al. The technology of lunar regolith environment construction on Earth [J]. Acta astronautica, 2021, 178(1): 216‐232.

[11] 宫顼, 王清川, 曾婷, 等. 月壤钻取采样参数测试平台的研制[C]. 中国宇航学会. 中国宇航学会深空探测技术专业委员会第九届学术年会论文集, 2012: 910‐917.

[12] 马超, 刘飞, 曾婷, 等. 无轴螺旋式模拟月壤主动填充装置研制[J]. 深空探测学报, 2019, 6(1): 57‐62.

[13] 赖小明, 白书欣, 赵曾, 等. 模拟月面环境钻进过程热特性研究[J]. 深空探测学报, 2016, 3(2): 162‐167.

[14] 全齐全, 史晓萌, 唐德威, 等. 模拟月壤钻进取样量影响因素分析及试验研究[J]. 北京航空航天大学学报, 2015, 41(11): 2052‐2060.

[15] 莫桂冬, 孙启臣, 秦俊杰, 等. 一种低重力样品容器传送精度测试系统及方法: 201811545175.5[P]. 2019‐04‐16.

［16］ 贾闽涛，赵曾，张涛，等.一种钻具热特性等效方法：201811533778.3［P］.2019-04-16.

［17］ 田野，邓宗全，唐德威，等.月球次表层取心钻具功耗特性及地面模拟实验［J］.吉林大学学报（工学版），2016，46(1)：166-171.

［18］ 贺新星，肖龙，黄俊，等.模拟月壤研究进展及 CUG-1A 模拟月壤［J］.地质科技情报，2011，30(4)：6.

［19］ 郑永春，欧阳自远，王世杰，等.月壤的物理和机械性质［J］.矿物岩石，2004，24(4)：14-19.

［20］ 赵曾，赖小明，丁希仑，等.真空模拟环境中具有高密实度特征的模拟月壤制备方法：CN201510809459.0.［P］.2015.

［21］ 赵曾，孟炜杰，莫桂冬，等.一种钻取试验方法及实验系统：201711362901.5［P］.2019-10-18.

［22］ 韩建超，秦俊杰，孟炜杰，等.一种高低温微扭矩测试装置和方法：201711456043.0［P］.2019-10-18.

［23］ 庞勇，赖小明，梁春祖，等.一种钻取用低重力模拟月壤：201811436290.9［P］.2021-12-07.

后　记

从 2000 年《中国的航天》白皮书发布后，到 2011 年探月三期工程正式启动，到 2020 年末圆满完成月面采样返回任务，我国圆满完成了"绕-落-回"探月任务。在这一历史征程中，月球无人钻取采样获得了月壤剖面样品，为我国月球探测事业的创新发展提供了浓墨重彩的一个华章。

无人钻取采样器从中国航天工程迫切需求出发，承载我国首次月面无人自主钻取采样任务，具有首创性、挑战性、战略性。北京卫星制造厂有限公司于 2006 年启动月球钻取式无人自主采样器厂自主研发研究，于 2007 年得到中国空间技术研究院自主研发课题支持，开展钻取采样器原理样机设计工作，设计过程充满了艰辛，钻取采样器的设计与传统有效载荷不同，其中蕴含丰富的科学问题与技术创新，跨越多个新学科。经过艰苦攻关，于 2009 年 5 月北京卫星制造厂有限公司在实验室成功研制出钻取采样器原理样机，实现了无人自主模式下米级深度的保持层理样品的获取和收纳，概念方案对探月三期深层样品获取任务具有较高的可借鉴性。时任探月与航天工程中心主任吴伟仁院士，对当时技术进展的评价为"北京卫星制造厂为月球采样迈出了坚实一步"。

2010~2013 年间，探月与航天工程中心组织了面向全国的探月三期月面采样关键技术竞争择优，由哈尔滨工业大学与北京卫星制造厂有限公司等单位联合开展了"月面钻取采样关键技术及原理样机研制"工作，在采样机具与月壤相互作用机理、高适应性取芯钻具设计、月面采样效能地面验证方法等方面取得了重大突破，相关成果支撑了型号产品工程研制。与此同时，北京卫星制造厂有限公司获得中国空间技术研究院创新产品项目支持，于 2010—2012 开展了月面钻取采样原型样机与工程样机研制，实现了关键技术见底、产品状态确定，钻取采样器设计建立在科学认知支撑和技术突破性创新优化的新的成熟状态。

无人钻取采样器于 2013 年转入型号研制阶段，在此期间北京卫星制造厂有限公司继续开展可靠性提升、钻具与月壤作用深化研究，经过 1300 钻实验数据凝练了钻进策略与解决预案，2020 年 12 月 2 日成功实现在轨应用，在遭遇钻进点月壤剖面内玄武岩颗粒密集的苛刻工况下，通过正确有效的操控，成功完成剖面钻进与层序取样，展现了钻取采样器的高可靠和高适应能力。通过解决在轨出现的异常负载波动问题，验证了故障应对预案的有效性。通过在轨应用，深刻验证了月壤剖面特性复杂且具有不确定这一特点，纵使我们在地面上开展了上千钻覆盖性测试验证，仍不能包络月球上这一钻的真实特性！在轨实操所获得的珍贵经验和数据，确定了未来月球钻取采样器的设计优化方向，为后续采样探测任务奠定坚实基础。

在钻取采样器研制的初期阶段,顶层探测器系统尚未完全确定,在研究过程中首先需要确定两个大方向:一个是工作模式问题,无人自主采样还是人机联合采样?另一个是采样器安装位置问题,是固定位置安装还是允许选点钻进?结合我国当时科技发展水平推测应为无人自主模式;经调研苏联采用着陆器接口无人自主方式实现样品返回,结合月球科学研究对深层剖面层理保真的科学价值需求,推理出不选点无人自主深层样品获取的方式应为主案。

面向此类空间钻探产品,设计首先要确认样品获取方式。受信息获取的局限性,仅可通过外观图片进行透析,在设计脉络上具有借鉴价值,同时不断学习和向钻探界专业人士请教,通过深度辩证思考,初步确立保持层理填充的软袋取芯技术原理,解决大深度比的样品收纳问题,通过原理样机进一步验证获取与收纳功能。

取芯方案突破了层理填充的技术瓶颈,但是也将螺旋钻具演化成"厚壁模型",排粉通量是采样量7倍,取样量为"0"的风险大概率存在。样品填充获取的简单问题演变成复杂机土作用科学问题,通过大量研究掌握取样量控制方法,实现钻取风险可控。

北京卫星制造厂有限公司与哈尔滨工业大学共同开展了关键技术攻关,取得了一系列技术成果,双方设计了多种内翻提拉取芯与封口方案,掌握了具有自主知识产权的多种封口技术。在文教授指导下,攻克了急待解决的软袋封装的"褶皱""簧收口"等力学分析世界性难题,发展的新理论直接支撑我们的工程设计;与北京航空航天大学赵新青教授合作开展封口材料研究,突破-196C°具有世界领先水平材料技术,获得成果有力支撑了样品密闭决定性环节成功;在钻取用月壤钻取模拟物研制中,中国地质大学合作,在肖龙教授指导下,北京卫星制造厂有限公司成功研制出钻取用模拟月壤,"钻取用模拟月壤,可用于钻取采样器研制"(欧阳自远院士领衔的评审组,在当时给定的评价)。在复杂剖面拱筑技术方面,与清华大学合作,在水利系陈轮教授指导下,北京卫星制造厂有限公司研制出钻取用模拟月壤及突破高密实度剖面拱筑技术,在钻进机理方面,北京大学刘才山教授、哈尔滨工业大学赵阳与设计团队,合作开展了理论与仿真和试验研究,进一步明晰钻具与月壤作用机理。中国地质大学刘宝林教授对岩石钻进工艺进行指导,合肥工业大学余尤龙教授在冲击功测试方面提供指导。感谢哈尔滨工业大学古乐教授与北京卫星制造厂联合自然基金在密珠轴系外曲率间隙动力学效应下摩擦学机理研究,明晰高载轴系寿命,在优势单位帮助下北京卫星制造厂有限公司产品设计团队不断迭代优化、设计状态逐步成熟。

嫦娥五号钻取采样器大事记:

2007.05~2009.09:北京卫星制造厂完成了中国空间技术研究院自主研发课题"月球取样装置关键技术研究",研制国内首套无人自主模式原理样机,确立钻进取芯技术原理。

2009.08~2010.12:北京卫星制造厂完成了厂级自主研发课题"月表取样装置关键技术研究",研制了原型样机,实现与探测器的共体设计,形成月面钻取采样器工程方案设计。

2011.08~2013.04:哈尔滨工业大学与北京卫星制造厂合作共同完成了探月与航天

工程中心发布的探月三期月面采样关键技术攻关项目"钻取采样机构关键技术及原理样机研制"研究工作。解决了嫦娥五号月面钻取采样方案设计、采样机具与月壤相互作用机理、取芯钻具设计、钻取采样效能地面验证等一系列关键技术。

2011.09~2014.05：北京卫星制造厂牵头完成了中国空间技术研究院产品创新项目"月球样品钻取采样装置"，研制了嫦娥五号月面钻取采样工程样机，关键技术攻关见底，产品状态明确。

2012.08~2015.06：北京卫星制造厂获得探月工程三期条件保障重大专项投资支持，与哈尔滨工业大学等单位合作研制了20余套月面钻取采样测试装备，支撑了关键技术攻关和型号产品研制。

2013.03~2018.12：北京卫星制造厂与哈尔滨工业大学等单位组建了联合研制团队，协同完成了嫦娥五号钻取子系统初正样型号产品研制及地面测试工作。

2020年11月24日：嫦娥五号探测器，在海南文昌发射场成功发射。

2020年12月2日：嫦娥五号探测器在月面上成功完成钻取采样任务，钻进月壤剖面1 m，获得剖面月壤样品260克。

2020年12月17日：嫦娥五号返回器安全着陆于四子王旗返回场，共带回了在月面上获取的1731克月壤样品。这标志着我国"绕""落""回"三期探月工程圆满收官。

截至2023年12月，我国已分发了六次月壤样品，科学家通过月球样品分析取得了多项研究成果，推动了我国月球科学的创新发展。

历经14载风雨历程，形成一支地外天体采样技术基础研究与工程研发团队，研制团队艰辛探索、胸怀家国、不忘初心。采样器设计与本著作撰写均为集体智慧结晶，感谢北京卫星制造厂几届领导高度重视与大力支持！首先感谢王中阳厂长与马向丽书记及林大庆总师，用厂自主研发经费推进了钻取采样器原理样机后续改进；感谢孙京厂长，用多年型号研制丰富经验与知识亲自培训与指导；感谢张明厂长为正样产品生产严慎细实，在冗余设计上运用逻辑思维给予指导；感谢韩凤宇厂长，在发射场精心管理与指挥；感谢马强厂长，在轨应用后期经验的梳理与凝练，支撑了嫦娥六号优化与后续深空任务；感谢邓宗全院士，在大局规划与理念创新方面的引领，尤其在轨预案方面，建设性提出时域和进程双阈值遥控策略，实现故障等级与预案权重及深度相关联科学方法，也感谢邓宗全院士带领采样器关键技术攻关团队取得了丰硕成果，为采样器的研制提供了坚实基础；感谢中国航天科技集团工程总师于登云院士，多次亲临指导，对采样器的研制提出建设性意见；感谢总体单位与嫦娥五号探测器总师及主管负责人科学牵动与引领，尤其感谢杨孟飞院士运用系统工程思想，科学引领钻取设计技术成熟，对于每个技术细节杨院士亲临指导，钻取采样器设计成熟性凝聚杨院士心血；感谢姜生元教授在百忙之中，运用高度凝练、系统思维为本书修订付出辛苦心血；感谢采样封装分系统负责人邓湘金，邓湘金博士提出按钻取可刻度等级月壤剖面参数，为钻取采样器设计提供科学作用边界；感恩中国空间技术研究院老专家技术把关与指导！感谢合作伙伴，哈尔滨工业大学、北京空间飞行器总体设计部、北京控制工程研究所与协作单位的共同努力，实现了北京卫星制造厂复杂机电关键载荷设计的历史性突破。

编　后

2018 年初,在嫦娥五号具备正常发射状态之际,我们开始筹划这本书。书稿首先做了初步规划,初稿完成后,又经历了多次修改与增删,终于向亲爱的读者献上这本书,这也是献给嫦娥五号钻取采样器全体研制人员的一份礼物。

《月球无人钻取采样器设计技术》在撰写和出版过程中,得到了许多德高望重的老专家、著名学者的热情鼓励和亲切指导。我们要特别感谢杨孟飞院士在百忙之中为本书作序,并对本书的框架和大纲提出了重要的指导意见,提供了许多有价值的信息,给予我们有益的启迪,开拓了撰写的思路。非常感谢邓宗全院士对全文的逻辑及内容提出了翔实的建议和指导,并提出了主题与主线鲜明、内容系统且聚焦的写作思路,在百忙之中拨冗为本书作序。哈尔滨工业大学姜生元教授、北京卫星制造厂有限公司马强总经理、科学技术委员会杨海涛主任担任本书的顾问并审阅了书稿,提出了建设性的修改意见。本书撰写的初心是作为神舟学院的教材,作者受神舟学院制造分院主管领导宋文晶鼓励尝试撰写本著作,北京卫星制造厂有限公司宗文波、韩建超、张加波副总经理作为主管领导,对本书的撰写进行多次指导。贾闽涛、杜博迟在原理样机研制阶段提供建设性意见。在本书的撰写之初,主创团队先后拜访了深入参与嫦娥五号研制工作的中国地质大学(北京)刘宝林、中国地质大学(武汉)肖龙等地质学专家,哈尔滨工业大学姜生元等空间宇航机构研究专家以及嫦娥五号钻取子系统相关工程人员,全面、细致地探讨和听取撰写本书在嫦娥五号钻取子系统研制方面、钻进取样多学科知识、技术要点意见与思路梳理,在马强总经理、张书庭书记、王冬书记的关怀和支持下,公司科技委主持了多次评审,为本书定稿提出宝贵意见。

作为钻取采样器设计人员,也作为本著作编者,感激北京卫星制造厂有限公司的多年培养,感谢月球中心和嫦娥五号项目办的信任,感谢科学出版社为本书付出了辛勤的劳动,他们的参与使本书增色不少。

各章节的撰写者分别是第 1 章:刘德赟、邓湘金、龚峻山;第 2 章:赖小明、姜生元、肖龙、郭宏伟;第 3 章:曾婷、张明、尹忠旺、孟炜杰、范洪涛;第 4 章:庞勇、王迎春、迟关心、张兴旺、王培明、杨帅;第 5 章:张萧、王国欣、刘硕、李君、陈永刚、张玉良;第 6 章:莫桂冬、孙启臣、刘晓庆、齐鑫哲、王露斯、叶东东;第 7 章:赵曾、王咏莉、赵忠贤、李强、赵帆。

在撰写本书的过程中,许多专家、学者给予了我们大量的帮助和支持,我们无法一一列出他们的名字,在此一并表示感谢。